一ノ瀬俊也著

近代日本の徴兵制と社会

吉川弘文館

目次

第二部　軍事救護制度の展開と兵役税導入論……一〇七

第三部　地域社会と軍事援護
――日中戦争期以降における――

図表目次

序論――課題と視角

〝普通の人々〟が国のため人を殺しまた殺される徴兵制は、なぜ近代日本社会に受け入れられ、七〇年以上の永きにわたり存続しえたのか。現在の眼から見れば非常に不思議なことのようであるが、それは徴兵を正当化し続けた多様な論理、制度の円滑な運用を支えたサブ・システムが存在していたからであった。それらの実相を分析し、人々が徴兵を表面的にではあれ自明のものとして受け入れていった過程の一端を明らかにするのが、本書の目的である。

まず近代日本の徴兵制に関する研究史の概括を行う。戦後の近代軍事史研究の主流は、たとえば陸軍の大陸政策など、いわゆる政軍関係史であったが、軍隊・徴兵制に関する研究も松下芳男の古典的名著『徴兵令制定史』『明治軍制史論』(両書とも、叙述の範囲はほぼ明治期に限られているが)以降、一定の蓄積が存在する。[1]だが一九九〇年代半ばに至るまで、その多くはどちらかといえば近代日本の歴史を負の歴史、批判・克服の対象とみる立場から、その象徴ともいうべき軍隊の否定的特質の解明に重点を置き、体制への反抗者や逸脱者、すなわち徴兵拒否・忌避者や反軍思想運動の担い手称揚に多くの頁を割いてきたように思われる。[2]もちろんそれらの研究が〈社会〉への視野、展望を欠いていたというのではない。とくに大濱徹也氏や大江志乃夫氏の社会史的研究は、[3]日露戦中・戦後を対象に、民衆の生活実態や心意の細部にまで分け入った先駆的かつ優れた研究だが、やはり強調されたのは徴兵逃れ祈願など徴兵に対する怨嗟、忌避の念であった。徴兵逃れ祈願といえば、民俗学の立場から民衆と徴兵の関わりを問うた研究も複数存在するが、ここでも結論として提示されたのは軍隊・戦争に対する反感、嫌悪の念であった。[4]

近代日本の軍隊に、悪名高い私的制裁など、非人間的・非合理的側面があまりにも多数存在したことは紛れもない事実である。だが徴兵忌避・逃亡者は統計上年々減少の一途をたどり、その間圧倒的多数の成年男子が順々と兵営に向かい、ひとたび戦争ともなれば命を落としていったことも見落とされてはならない。体制、秩序からの逸脱者は、当時においては〝例外〟にすぎなかったといっても過言ではない。民衆の徴兵、戦争への反感はあくまで水面下、本音のレベルに押し込められた。太平洋戦争の戦況悪化とともにそうした声はしだいに大きくなっていったとはいえ、結局敗戦に至るまで表面化し体制に影響を及ぼすまでには至らなかったのである。

むろん例外は全体を逆照射する鏡であり、けっして無視はできない。だが、社会全体としての徴兵に対する反感が最後まで表面化しなかった、という事実は厳然として存在する。いくら民衆の徴兵制度に対する嫌悪の念を強調したところで、なぜ徴兵制が全体としては一定度の社会的支持を受けて長期間継続しえたのか、という問題は解決しえないのである。ではいかにして近代日本の国家は徴兵制の存在を社会に対して正当化し続け、たとえ消極的だったとしても一定度の支持を調達していったのだろうか。

吉見義明『草の根のファシズム』（東京大学出版会、一九八七年）は戦時期を対象に、戦争支持の立場から銃後活動に熱心に取り組むなど、戦時体制を末端レベルで支えた民衆一人一人の意識と動向を詳細に描いた先駆的研究であったが、そうした例外を除けば、一九九〇年代半ばまでの徴兵制・軍事史研究は、戦前日本の後進性、その典型としての日本軍隊の非人間的性格批判に急なあまり、民衆の抵抗の歴史にのみ目を奪われ、〝その他大勢〟の普通の人々と徴兵・軍隊との関わり、いわば馴致の過程に目を向けることがあまりにも少なかったように思われる。近年盛んな国民国家論的立場からの軍隊分析(5)においても、近代日本の兵営は近代的「国民―主体」創出のための監禁・監視のモデル空間であったと指摘されているが、そのモデル的「国民」創出の実態、兵営の存在が国民に対して正当化された過程と論理についての説明はほとんど行われていない。

遠藤芳信氏はこうした研究状況を「なぜ、徴兵制が国民から一定の支持を受けつつ長期にわたって運営されてきたのかを解明していない」(6)と鋭く批判していたが、まさにその直後、一九九〇年代後半に入って、ようやくこうした問題意識に基づき、軍隊と社会との関係を抵抗・摩擦というよりは受容の側面から論ずる研究が多数出現するに至った。以下の諸研究は視野を近代全般、平戦両時にまで拡大し、より多様な諸問題を取り上げたものである。

加藤陽子『徴兵制と近代日本』(吉川弘文館、一九九六年)は徴兵関係法制度の改正過程を戦前期全体を対象に分析、軍が国民の支持調達のため、義務負担の「公平性」に一貫して意を用いていたことを明らかにした。荒川章二『軍隊と地域』(青木書店、二〇〇一年)は、一八七〇年代から太平洋戦争敗戦までの静岡県内を事例に、兵力動員や軍用地買収などの施策を通じて地域社会に軍隊の存在が浸透していく過程を綿密に描写する。原田敬一『国民軍の神話』(吉川弘文館、二〇〇一年)は兵営内における兵士の生活実態や兵食、戦死者慰霊の問題から、民衆が軍隊に行くことの意味を問いなおす。上山和雄編『帝都と軍隊　地域と民衆の視点から』(日本経済評論社、二〇〇二年)は荒川前掲書と同様の視角から、首都圏における軍事施設・防空体制の展開過程とともに、軍事援護や特命検閲、徴兵所在不明者など多様な「地域と軍隊」の問題を扱っている。(7)檜山幸夫編『近代日本の形成と日清戦争――戦争の社会史』(雄山閣出版、二〇〇一年)は日清戦争期の慰霊や従軍者の意識などの分析を通じて、ナショナリズムのミクロな浸透過程を描きだす。

民俗学的立場からの戦争分析も、近年著しい発展を見せている。代表的なものとして、本康宏史『軍都の慰霊空間』(吉川弘文館、二〇〇二年)は〝軍都〟金沢を事例に、従来の民俗社会が日清・日露戦争の昂揚、招魂社・護国神社などの建設を通じて〝近代的〟慰霊空間に再編成されていく過程を明らかにする。(8)この戦没者慰霊施設の問題に関しては、宗教史・社会学的視座から招魂社や忠霊塔など戦争記念施設・碑の地域的展開過程を扱った今井昭彦、粟津賢太両氏の一連の論考もある。[9]

民衆史研究会はこうした一連の研究動向を踏まえ、会誌に「軍隊と社会」と題する特集を組んで「近代民衆史は軍隊を抜きにしては民衆の日常や平時の存在を論じることとさえ難しい」とまで述べた。[10] 言われてみれば当たり前のことを、「民衆史」を標榜してきたはずの戦後歴史学は、ごく最近に至るまで十分に意識してこなかったのである。

だが、徴兵制度は日本社会のまさに隅々にまで根を下ろしており、徴兵制をめぐる軍隊と社会との「日常」的な接点はあまりにも多様であった。そのため前掲の諸研究はなお多数の課題を積み残しているように思われるし、徴兵・戦争に従った民衆の実態分析に重点を置くあまり、そもそも彼らの合意とは平戦両時を通じていかに形成されていったのかを問いかける姿勢に欠けている嫌いもなくはない。その意味で、前掲遠藤氏の批判は今なお有効と言える。

ところが一方で遠藤氏は、この徴兵に関する国家の側からの正当化、いわば〝合意〟形成の問題に関して、別の場では「徴兵制とは本質的に、「人情の機微」を越えた権力的な支配・被支配構造の世界に成立するものである」[11]とこれを否定する見解も示しており、若干の混乱があるように見受けられる。確かに徴兵制とは国家が個人に死を強いるものであり、両者の間に「権力的な支配・被支配関係」が存在したことを否定ないし軽視することはけっしてできない。しかし素朴な疑問として、一人の人間を兵士に仕立てて戦場で戦わせようというとき、彼らのなにがしかの「自発性」をまったく欠いたまま、むき出しの「権力的」な強制のみでそれを行うことなど、果たして可能だったのであろうか。むしろ歴史的諸事実に照らして観る限り、「天皇制国家」――軍がとり続けた方針とは、できるだけ露骨な「権力」の発動を抑制して兵士たちの「自発性」を調達するという方向性を持っていたように思われる。その方が結局は省力的だったからであり、本書はそのために戦前作られた諸装置と、その平戦両時にわたる機能を明らかにしようとするものである。なお、「天皇制国家の徴兵制自体は積極的・肯定的なものとして受けとめ」[12]させようとする意図などは本書にもまったくないことをあらかじめ断っておく。

前置きがやや長くなったが、本書が以上の研究状況を念頭に置いたうえで徴兵制正当化・維持のための具体的な「サブ・システム」として取り上げるのは、「軍隊教育」と「軍事救護（軍事援護）」の二点である。

軍隊教育とは兵士たちの身体を文字通り型にはめるとともに、なぜ兵士となって戦争をせねばならないのかを教え込み、理解させる作業であった。その実態を問うことは、徴兵制度の〈正当性〉が国民にいかに説明されていたのかを解明することにほかならない。そして軍事救護（軍事援護）とは兵士やその家族などに対する経済的・精神的援助、出征兵士の〝後顧の憂を断つ〟という当時の言い回しが端的に示しているように、兵士たちを安心して戦争に専念させるための国家的方策であった。いずれもこの時期の軍・政府が国民に対し徴兵制の存在をいかにして正当化し、たとえ消極的ではあれ服従、支持を獲得していったのか、民衆が軍隊、ひいては戦争に対して持った（持たされた）意識とはどのようなものだったのか、という問題に深く関わる。

本書の具体的な構成であるが、①日露戦後～大正期における軍隊教育の実相、②日露戦後～日中戦争期の軍事救護拡充論とその政策への影響、③日中戦争期以降の地域社会における物質的・精神的軍事援護の実態、という三つの課題を設定し、それぞれ第一～三部として考察を行う。最後に結論として、全体の分析結果をふまえ、近代日本徴兵制の特質について若干の提言を行う。

各課題の内容、先行研究についての詳細は各部の「緒言」に譲るが、その内容をあらかじめ簡略に述べておくと、①は軍隊教育の中で、軍は兵士たちに軍隊の存在意義をいかにして説明し、兵士の側はそれをどこまで受容していったのかを検証する、②は軍事救護、すなわち兵士家族遺族、廃兵中の生活困窮者に対する救助がいかなる政治的・社会的背景のもと整備されていったのかを、「兵役税」なる目的税導入に関する議論との関わりから論じる、③は地域社会、なかでも市町村は兵士やその家族遺族に最も近い公的機関として、とくに日中戦争期以降どのような物心両面にわたる施策を執っていったのか、それは彼らの意識にいかなる影響を及ぼしたのかを問う、というものである。

本書における分析は、日露戦後～昭和戦時期をその対象としている。それより前を扱えなかったのは、筆者の力量が及ばなかったためであるが、一方でこの日露戦後という時期が、日本の軍隊とそれをめぐる民衆意識の面において、画期となった時期だったことは強調されてよい。すなわち、吉田裕氏が指摘するように、日露戦争の経験から「兵士や下士官の自主的判断や自発的な服従を引き出すことに主眼を置いた新しい軍隊教育への転換[13]」が求められたにも関わらず、戦後の軍拡による税負担の増大、現役徴集人員の大幅な増加は、国民の軍隊に対する反感を日々底流として醸成していたのである。本書は、そのような軍隊の存在の自明性までも問われていった時期以降、徴兵制軍隊のあり方をめぐって軍と社会とがより活発な相互の働きかけを展開し、それが昭和期の戦時体制を支えた実際の諸政策・制度にまでも影響していった過程を、微細な兵士・国民の視点、言葉に基づいて問い直す試みである。

最後に、かかる試みを行うことの現在的意味について、若干述べておきたい。冷戦終結後わが国を取り巻く国際情勢が変化する中で、日本が再び自衛の枠を超えた〝武力〟を持つことと、その正当性を巡る議論が活発である。では戦前、武力の保持ひいては戦争自体をも正当化する〈論理〉がいかに正しいものとして語られ、人々に受容されていったのかをわずか六〇年前までの歴史的経験として振り返ってみることは、それを否定するにせよ肯定するにせよ、けっして意味のないことではない。たとえば本書第一・第三部で叙述する、軍隊・戦争の必然性がある一定の〝論理〟をもって語られ、ゆえに人々に受容されていった過程は、現在の「国際貢献」をはじめとする種々の〈武力〉保持・発動正当化の論理がどんなに人々の支持をえた自明のことのように見えたとしても、今一度立ち止まって考える必要性を再認識させてくれる。また近年、自衛官の献身を期待するためにも彼らへの物質的待遇を厚くすべし、との議論があるが、そうした論者は本書第二部で明らかにするように、戦前の軍が金のために働く兵士に献身など期待できないと一貫して主張し続けたことをどう考えるだろうか。

なお、本書において、引用史料・文献中の旧字は一部の人名を除き新字に改め、傍点、ルビなどはいったんすべて取り除き、筆者(一ノ瀬)が行論の過程で必要なものを新規に付した。〔 〕内は、すべて筆者による補足である。

註

(1) 藤原彰編『日本民衆の歴史9 戦争と民衆』(三省堂、一九七五年)、大江志乃夫『徴兵制』(岩波新書、一九八一年)、吉田裕『徴兵制』(学習の友社、一九八一年)、大江『昭和の歴史③ 天皇の軍隊』(小学館、一九八二年)、大濱徹也『天皇の軍隊』(教育社、一九八六年)、藤原『日本軍事史上巻 戦前編』(日本評論社、一九八七年)、同『新版天皇制と軍隊』(青木書店、一九九八年、旧版七八年)、戸部良一『日本の近代9 逆説の軍隊』(中央公論社、一九九八年)など、単行本の通史に限ってもけっして少なくない蓄積がある。また由井正臣・藤原彰・吉田裕編『軍隊・兵士』(岩波近代思想大系4、岩波書店、一九八九年)は明治中期までに限定してではあるが、近代日本徴兵制度の整備過程に関する基礎的史料を多数収録する。

(2) 戦前全体を通じた徴兵忌避に関しては、菊池邦作『徴兵忌避の研究』(立風書房、一九七七年)。昭和期における宗教上・政治上の信念に基づく兵役拒否者については、阿部知二『良心的兵役拒否の思想』(岩波新書、一九六九年)など。

(3) 大濱『明治の墓標』(秀英出版、一九七〇年。のち『庶民のみた日清・日露戦争 帝国への歩み』と改題のうえ二〇〇三年、刀水書房より刊行)、大江『戦争と民衆の社会史』(現代史出版会、一九七九年)。

(4) 徴兵逃れ祈願、戦死者祭祀など民衆の心意に対する民俗学的アプローチとしては、岩田重則『戦死者霊魂のゆくえ 戦争と民俗』(吉川弘文館、二〇〇三年)や喜多村理子『徴兵・戦争と民衆』(吉川弘文館、一九九九年)、田中丸勝彦『さまよえる英霊たち 国のみたま、家のほとけ』(柏書房、二〇〇二年)など。ただし、既存の民俗社会に対する国家の政策的介入、両者の相克の実態は今後なお追究されるべき課題と考える。

(5) T・フジタニ「近代日本における権力のテクノロジー――軍隊・「地方」・身体――」(『思想』八四五、一九九四年)など。

(6) 遠藤『近代日本軍隊教育史研究』(青木書店、一九九四年)四九頁。

（7） このうち荒川・原田著書、上山編書に対する筆者の詳細な見解は、それぞれ『史学雑誌』一一一―九（二〇〇二年）、『日本史研究』四八五（二〇〇三年）に掲載した書評を参照。
（8） 戦死者慰霊に関する民俗学・宗教社会学的諸成果については、本康前掲書が詳細な整理を行っている。
（9） 今井「群馬県下における戦没者慰霊施設の展開」（『常民文化』一〇、一九八七年）など、粟津「近代日本ナショナリズムにおける表象の変容――埼玉県における戦没者碑建設過程をとおして」（『ソシオロジカ』四五、二〇〇一年）など。
（10） 『民衆史研究』六二（二〇〇一年）二頁。本書第三部第二章は同特集の一部である。
（11） 遠藤芳信氏による加藤前掲書書評（『史林』八〇―六、一九九七年）一〇二頁。
（12） 前註に同じ。
（13） 吉田「日本の軍隊」（『岩波講座　日本通史17　近代二』岩波書店、一九九四年）一六八頁。

第一部　兵士が軍隊生活の「所感」を書くこと

――軍隊教育の一側面――

緒　言

第一部では、兵士が軍隊教育の過程で強制的に書かされた、あるいは自ら書いた日記、所感についての分析を行い、その教育的効果を明らかにすることを目標とする。

そうした行為が太平洋戦争期に至るまで日本の軍隊で行われていた事実自体は従来より知られている。たとえば山本武利氏はある日本兵捕虜が教育としての日記について「軍曹がその付け方を一週間に一度教えていた。戦地のブーゲンビル島に着いても、やめてよいとは言われなかった」と米軍に証言していた事例を紹介している[1]し、一九四一年三月歩兵第二七連隊（旭川）に入営した大内誠は、入営早々日記を書くよう命じられたが、「随時内務班長に提出を求められ、人事係の准尉や初年兵掛教官の視閲を終えて最終的には中隊長の捺印をうける仕組みになっていたから、私は一日に二行か三行、それもきまりきったことより書かなかった[2]」、本当に書きたいことは別の手帳に密かに書いていたと回想している。米軍は戦場に遺棄された兵士たちの日記を押収して「銃後の一般国民の心境や一般兵卒のモラールを採る手がかり」としたのだが、本第一部が着目するのは山本氏の「日記は思想統制の手段として効果的に使われていたのかもしれない」という指摘である。以下詳しく検証していくが、確かに「日記」は兵士を文字通り〝型にはめる〟有効な手段として機能したのである。

では日記の強制という教育方法は何時から採られるようになったのか。その手かがりとなるのが、日露戦後の一九一一年、軍隊教育実験会なる団体が発行した『新兵教育ノ実験』（兵事雑誌社）なる著作中の一節である。同書はその

「緒言」によれば、「上官ノ命ヲ奉シ名誉アル新兵教育ニ従事」中の陸軍将校（匿名、会というから複数か）が「新兵教育ノ任ニ当ルベキ青年将校」のために著したものである。

新兵ニハ手簿ヲ備ヘシムルコト。

新兵ハ昼間教練ニ多忙ナレドモ夜間ハ各班長ノ復習ヲ終レバ何等為スコトナシ故ニ各新兵ハ価格廉ナル手簿ヲ購ハシメ日々修得セル学術科ノ大要及所感等ヲ筆記セシメ後日ノ参考ニ資セシムルヲ要ス是レ其ノ記憶ヲ確実ナラシメ且兼ネテ習字ヲ行ハシムルノ利アレバナリ教官ハ時々之レヲ点検スルヲ要ス。余等ハ各班長ヲシテ一週必ズ一回点検セシメ自ラ又一月二回之レヲ点検スルコトヲ実行セリ、而シテ班長ハ全区隊新兵ノ手簿ヲ集メ之レヲ返却スルコト敏速ナラザルコトアルヲ以テ宜シク一日三四冊終始点検スルコトヲ適当ナリト信ズ結果ハ概シテ佳良ナリシガ如シ。（一八一・一八二頁）

日露戦後という時機にこうした措置が執られた背景には、戦後の軍拡が存在した。陸軍は可能な限り多数の予備動員兵力を確保すべく、一九〇七年から兵士の現役服役期間をそれまでの三年から二年で帰休させ（歩兵のみ）、代わりに各年ごとの徴集人数を増加した。だがそれは、『新兵教育ノ実験』によれば「二年現役帰休制ノ今日ニ於テハ第一年度ノ教育特ニ新兵期間ノ教育完全ナルニ非ズンバ成功得テ期シ難キハ理ノ睹易キ所ナリ何トナレバ新兵第一期以後ニ於テハ多クハ特業ニ従ヒ或ハ又勤務ニ服セザルベカラザルヲ以テ為ニ教練ニ要スル時日ヲ減ズルノ已ムナキニ至レバナリ」、他の将校の言葉を借りてより端的に言えば「短時日ニ於テ未来ノ戦争ノ為メ一以テ十ニ当ルノ精鋭ヲ養成(3)」せねばならなくなったという結果を生んだのである。兵士たちに「兵卒教科書」を与えて「熟読暗記シテ実際之ヲ履行(4)」させる既存の教育法に代わり、自らの手で教育内容を日々書きつけ記憶させるという手法が出現した背景には、このような軍の事情があった。

では『新兵教育ノ実験』の将校は、どこからそうした着想を得たのか。はるか後年のことだが、飯塚浩二は戦後丸山真男や復員後大学生となった元陸軍将校たちと、日本軍隊の性格に関する「討論」を行った[5]。この討論中、元陸軍大尉多米田宏司（陸軍士官学校五五期）・小林順一（同五六期）は士官学校でうけた教育に関連して、「日記を書くのに、思うとおり書けといわれて、思うとおりのことを書いて、そして叱られるという話」を語っている。もともと士官学校教育で行われていた「日記」教育が新兵教育に応用されたのではないだろうか。

日露戦後刊行されたある陸軍中佐の評伝は、彼が大尉・中尉として一八九七年から一九〇二年の間仙台地方幼年学校生徒監を務めたさい、生徒の「練胆会」を行っては翌日「其の性質の如何を知」るために「所感」を書かせたこと、生徒に「反省録を記せしめしこと」を、その功績の一つとして特筆している[6]。日露戦後の新兵教育を現場で担った下級将校の一部には、このような日清・日露戦間期の士官教育をうけた者も含まれるだろう。ちなみにこの中佐は新制陸軍士官学校の第一期卒業生（一八九〇年）であり、士官学校でうけてきた教育手法を自らが行う教育に応用した可能性もある。

「所感」、すなわち感じる所を折りにふれ書かせる教育手法といえば、すぐに連想されるのが学校教育中の「綴り方教育」である。滑川道夫は「綴り方」という用語が初めて法令に登場した一九〇〇年小学校令改正のころから、従来の「形式模倣」的作文教育に代わって「読み方学習によって獲得した文字語句を使って「自己の思想」を表わすのが目的という考え方がうち出され」「「心性開発」の教育思想が、この時期になって、各教科の実践に普及してきた[7]」と指摘している。こうした学校教育の手法と軍隊教育との関係の有無は残念ながら史料的限界ゆえ不明であるが、「日記」「所感」の強制という軍隊教育の手法は、同時期の義務教育のそれと軌を一にしており、ここからなんらかの示唆、影響を受けている可能性があることを指摘しておきたい。

『新兵教育ノ実験』は、日記による新兵教育を「結果ハ概シテ佳良」と自己評価している。そして日本の軍隊がかかる教育を実に太平洋戦争期まで続けたのも、おそらくそれが何らかの有効性を持っていたからであろう。そうであれば、軍が具体的にどのような型のはめ方、山本氏の言う「思想統制」を行っていたのかを、兵士たちの「日記」や「所感」から具体的に解き明かすことは、日本軍隊の特質を知るうえできわめて興味深い作業といえる。

この問題に関連する先行研究を概観しておこう。個々の兵士が記した日記に関しては、とくに日清・日露戦争期を対象に、近年著しく研究が進展した。ただしそれらはいずれも出征兵士が外地の戦場という特異な状況下で私的に記した従軍日記の分析である。(8) それらは軍事郵便研究と同様に、(9) 兵士の戦争観、外国観など興味深い問題を多々含んでいるが、平時における軍隊教育の一環としての日記を扱ったものではない。そうした種類の日記は、これまで研究者の関心を惹かず、かつ私的文書という性格上、公的機関に収集される機会もなかったためか、ほとんど発掘・分析が進んでいない。戦時における兵士の意識とその特質とて、しょせん平時の教育を通じて形成・規定されるはずのものであるにもかかわらずである。

もとよりその平時における軍隊教育に関しても、遠藤前掲『近代日本軍隊教育史研究』を代表とする多くの先行研究が存在する。しかしそのほとんどは、日露戦争期に限って言えば一九〇八年軍隊内務書改正の内容検討など、主に軍上層部の視点に立った政策史的考察に終始しているように思われる。現場の状況、すなわち兵士たちが兵営で具体的にいかなる教育を受けていたのか、という点に関しては、各連隊ごとの記録(含教育関係)がまとまった史料群としてはほとんど現存していないなどの制約もあってか詳細な考察は行われておらず、なんらかのかたちで日記を用いた教育に言及した研究も見受けられない。

むろん、兵営における兵士たちの生活実態に関する研究が皆無と言うのではない。大濱前掲『天皇の軍隊』や大江前掲『徴兵制』などが兵士の軍隊生活のさまざまな側面に言及しているし、一方で伊藤桂一『兵隊たちの陸軍史』（番町書房、一九六九年）など、自らの体験に基づくドキュメンタリー的な著作も数多く存在する。しかしそれらの多くは昭和期の兵営の描写であり、その源流である明治・大正期の兵営生活がいかなるものであったのか、ことに当時の兵士たちが日々受けた教育は、いかなるイデオロギー、論理のもとに実施されていたのかという問題に関しては、なお歴史学的に考察する余地があるように思われる。

本書が取り扱う兵士日記は教育の一部であり、上官に提出するものであるから、そこから兵士の〝内面〟を窺い知ることはおよそ期待できない。にもかかわらずこれに着目するのは、昭和戦時期の思想動員に関する、広田照幸氏の指摘に触発されてのことである。以下若干長くなるが引用する。

> 学校教育・軍隊の内務班教育・マスコミを利用した教化等を通じて達成されたのは、多くの人にとっては「善悪の価値判断の基準」＝「正義」の所在に関する承認と、「カギ言葉を繰り出すこと」の習熟＝文法の獲得とであったというのが〔イデオロギー〕「内面化」の実相だったのではないだろうか。〔中略〕そうした教化は、組織・集団の秩序を維持し、それを正当化する機能を果たす点では一定度有効であったという事である。国民精神総動員運動に見られる運動形態や軍隊内での軍人勅諭の暗唱も、「忠誠な臣民であることの定期券（パス）を見せる」機会を反復することによって、命令―服従関係が絶えず再確認され、当局や上官の命令には逆らえないものであることを教え込む効果がある。それによって庶民や下級兵士の服従の調達が可能になれば目的は達成されるのである。その意味ではイデオロギー教化は、必ずしも「無私の献身」が内面的な規範性にまで達成しなくても戦時体制を支える機能を果たしたと言えよう。いわば、イデオロギーの教え込みの内容ではなく、形式が「隠れたカリキュラム」として既存秩序の不断の再確認と実質的な服従の調達とを可能にしたのである。(10)

戦時体制下において庶民の服従を調達するさい、彼らに〝何が正義であるのか〟さえ教え込められれば、それは必ずしも「内面化」される必要はなかった、という広田氏の指摘は、戦時期に限定したものとはいえ卓抜であり、近代全般の庶民・兵士意識の分析にまで応用可能を考える。実際、近衛歩兵第三連隊に一九二三年選ばれて入営した沖縄出身の詩人伊波南哲は、厳格な訓練の中で身についた、相手を見据える「眼と用語が、軍隊の巨大な範疇にはめられて、どっしり根をおろしたかといえば、必ずしもそうではなかった。機械の付属品みたいに取扱われていた初年兵時代ならいざ知らず、二年兵の神様ともなれば、戦友同士では人間らしい言葉を使用した」が、ひとたび「上官の前にでると、忽ち急変して紋切型の言葉と、炯々たる眼光になるのであるから、すべては要領であった」と回想している。伊波は「軍隊では一定の型に嵌めておかないと、列兵を統率するのに不便をきたすので、自然に直截明瞭な紋切り型の用語を考案したのかも知れない(11)」という。

つまり兵士たちに「紋切り型の用語」、広田氏のいう形式を教えて「一定の型に嵌め」れば、それで「平和のもっともよき時代」(伊波「再販のあとがき」)、言い換えれば反戦反軍論の最も盛んだった時代においても兵士の服従は調達でき、軍隊としての秩序維持は可能だったわけである。では兵士たちに具体的にはどのような「紋切り型の言葉」がいかにして教え込まれ、「一定の型に嵌め」られていったのかが問題となろう。

そして、軍隊精神教育をひとつの規範の体系として兵士たちに定着させるためには、最低限なぜそれが「正義」であるのか、彼らにその理由を説明し、少なくとも表面的には逆らえない正当性を持った論理として理解させる必要があった。本第一部は、軍隊教育の実相を、軍が自らの存在・徴兵制度の正当性を兵士ひいては社会に向かって訴えかけようとした過程・論理としてとらえ、分析を試みるものである。以下、第一章では日露戦後に軍隊教育の一環として書かれた数点の日記、所感を、第二章では第一次大戦後の軍隊生活の中で兵士が書かされた、あるいは自ら書いた日記、所感の内容をそれぞれ分析し、軍がどのようにして兵士たちを「一定の型に嵌め」、かつ自己の存在を正当化しようとしたのか、兵士たちの側はかかる軍の論理をどこまで受容していったのかを明らかにしたい。

註

（1）山本『日本兵捕虜は何をしゃべったか』（文春新書、二〇〇一年）三五頁。
（2）大内『兵営日記』（みやま書房、一九八八年）一四・一五頁。
（3）陸軍歩兵大尉小原正忠「社会ノ趨勢ト佐倉連隊区管内各地方ノ状況並其ノ人情風俗ヲ考慮シ之ニ適応スル精神教育ノ方法手段」（『偕行社記事』四四〇、一九一一年）一一頁。
（4）歩兵第四連隊『兵卒口授問答録　第一・二編』（一八八六年）の連隊長緒言。明治一〇年代から日露戦前にかけて、各連隊が独自に日常の定則や軍人としての徳目などを記した「兵卒教科書」を編纂している。筆者が収集した範囲では、歩兵第一四連隊『兵卒教科書　内務之部』（一八八三年）、歩兵第六連隊『兵卒必携　第一編』・『同　第二編』（同年）、歩兵第九連隊第五中隊『兵卒教科書　第一編』（一八九二年）、歩兵第一六連隊第一大隊『歩兵卒問答書』（一八九九年）などがある。
（5）飯塚『日本の軍隊』（初刊一九五〇年、二〇〇三年岩波現代文庫より復刊）。
（6）磐城中学校（福島県石城郡）編『大越中佐』（清光堂、一九〇六年）二一、一一一頁。同書の主人公、大越兼吉陸軍歩兵中佐は石城郡出身、日露戦争で戦死した。
（7）滑川『日本作文綴り方教育史一　明治編』（厚徳社、一九七七年）第三章二「日露戦争へ接近時期の作文教授」。
（8）新井勝紘「従軍日記に見る兵士像と戦争の記憶」（国立歴史民俗博物館編『人類にとって戦いとは3　戦いと民衆』東洋書林、二〇〇〇年）は新井氏が存在を確認した兵士の日清・日露戦争従軍日記一覧表を収録している。松崎稔「兵士の日清戦争体験―東京府多摩地域を事例に―」、加藤聖文「ある「国民」兵士の誕生―陸軍看護手近藤近太郎の従軍日記が語るもの―」（いずれも前掲『近代日本の形成と日清戦争――戦争の社会史』所収）は兵士の軍事郵便・従軍日記を読み込み、彼らが国民としての意識を自らの内に育んでいく過程を描く。昭和戦中期の従軍日記を扱ったものに、藤井忠俊『兵たちの戦争――手紙・日記・体験記を読みとく』（朝日選書、二〇〇〇年）がある。
（9）中島三千男「日露戦争『出征軍人来翰』の分析――「慰問状」の果たした役割と出征兵士の意識」（『歴史と民俗』一、一九八六年）や、大江志乃夫『兵士たちの日露戦争—五〇〇通の軍事郵便から—』（朝日選書、一九八八年）など。

（10）広田照幸『陸軍将校の教育社会史』（世織書房、一九九七年）第Ⅲ部第二章「「担い手」集団の意識構造」三八三頁。

（11）伊波『近衛兵物語』（協英社、一九七三年）一八八頁。

第一章　日露戦後の兵士「日記」にみる軍隊教育とその意義

はじめに

本章では、日露戦後の兵士が受けた軍隊教育の実相を、歩兵第九連隊（大津）所属の重田治助なる一新兵が入営初日の一九〇九年一二月一日から翌年八月まで認めた三冊の日記（一ノ瀬所蔵、以下単に『重田日記』と略す）ほか数点の軍隊日記を素材に明らかにしていきたい。併せて陸軍歩兵少佐友岡正順『国民必読　軍事一斑』（鈴木書店、一九〇二年）など明治以降多数市販されていた兵士向け入営手引き書も適宜使用する。この兵士向け入営手引き書は兵士たちに入営前後を通じ軍隊教育の内容を予習・復習させるためのもので、在郷将校によって執筆されることも多かった。この意味で手引き書もまた、軍隊教育に関する装置のひとつである。市販されていたのは、それだけ多数の需要があったからにほかならない。

遠藤芳信氏は日露戦後の軍隊教育の特質を、一九〇八年の軍隊内務書・〇九年の歩兵操典改正過程を通じて分析、日露戦中の実戦で暴露された兵士の拙劣な戦闘技術、社会主義への警戒感、いわゆる「良兵良民主義」志向などの理由により、個々の兵士を対象とした「「形而上ノ教育」―精神教育の重要性が強調され[1]」たと指摘する。かかる時期における軍の教育方針中、兵士に日記を書かせることはどのように位置づけられていたのか。一九一三年、陸軍歩兵中尉原田指月が著した入営手引き書は、読者の兵士に次のように諭している。

兵卒は日記を書くには誠心を以て書かねばならぬ。自己を欺かねばならぬやうな書き方をしてはならぬ。日記の上に書き留めることの出来ないやうな事のあるものは、即ち真面目な軍人として賞するに足らない部類である。如何なる事であっても、包みかくすことなく記入して置くこと、之れが為には人に聞かしても見さしても少しも軍人として恥かしからぬ行ひをして置かねばならぬ。〔中略〕俯仰天地に恥ぢずといふ風に、人が見て居らうが見て居るまいが、決して軍人として恥づかしからぬ動作をして置けば、日記を書くに至つても何ら偽りを書くことは要らぬ筈である(2)

日記はあくまで上官たちの意に添うよう書かれねばならない。だがそのさい個々の兵士が自発的に、自らの心情を「包みかくすことなく」告白しているかのように装わせるところに、その教育的意味がある。つまり兵士たちは自らの「内面」と「建前」の落差を、日記執筆という身心両面にわたる作業を通じて否応なく比較・思考させられ、それは結果的に軍隊的規範、建前を上官から口頭で教えられるよりも、一層深く理解することにつながったのである。「如何なる事であっても、包みかくすことなく記入」すべき日記は、単なる教育内容の復習にとどまらず、文字通り「全人格支配」の道具として位置づけられていたと言える。以下、その実態を具体的に分析していこう。

一　軍隊教育の基礎――「日課」と「服従」

まずは『重田日記』の筆者・重田治助について、三冊中第一冊巻末の本人履歴書をもとに紹介しておこう。彼は一八九〇年二月二二日生れ、本籍は滋賀県神崎郡八日市町（現四日市市）、一九〇二年尋常小学校を退校、その後青物乾物商を営んでいた。一九〇九年一二月一日、歩兵第九連隊（第一六師団）へ現役入営した。『日記』は三冊よりなり、いずれも和装・墨書である。第一冊～第三冊はそれぞれ〇九年一二月一日～一〇年一月二〇日、一月二一日～五月一九日、五月二〇日～一〇月一三日までを記録、第一冊冒頭には印刷された日課表、軍人勅諭、上官十数名の官姓名表があり、巻末履歴書には上官のものと思われる検印がある。彼らは入営と同時に日記帳を支給され、強制的に記入させられたものと考えられる。内容はその日の出来事の摘記がすべてであり、個人的な感想はほぼ出てこない。『重田日記』は一般的な「日記」のイメージとは若干異なり、そこから得られるのは軍隊教育の実相に関わる情報のみである。

まずは兵士たちが兵営に取り込まれる第一日、すなわち彼らの入営当日を観察してみよう。それはこの時期の兵士向け入営手引き書の言葉によれば、「入営者ハ実ニ一郷一郡ノ代表者トシテ、必任義務ニ服スルモノナレバ、郷民等挙リテ盛大ナル見送ヲナスハ、単ニ祝意ヲ表スルニ止ラズ、後進者ヲシテ軍事思想ヲ発達セシムルノ一大美挙ト云フベキナリ」(3)と、入営兵士の士気を高めるとともに、「後進者」への軍事思想宣伝の場としても位置づけられていた。重田もそのような見送りをうけたのであろう。

彼ら兵士の兵営生活の基礎となるのが、「日課」と「服従」の二点である。『重田日記』第一冊冒頭の日課表によると、兵士たちの基本的な「日課」は以下の通りである。

起床	六時三十分	昼食	十二時〇分
日朝点呼	六時四十五分	衛兵呼出	三時三十分
朝食	七時三十分	夕食	五時〇分
診断	八時三十分	日夕点呼	八時〇分
会報	一時〇分（ママ）	消灯	八時三十分

この「日課」にのっとり、野外・室内における教育が行われていくのだが、そのさい重要とされたのが「服従」である。兵士たちは入営二日目にして「大尉ヨリ二等兵ニ至ル迄」の階級の存在を教えられている。以下は『重田日記』中の一節である。

少尉殿ヨリ学科アリ一軍人ハ礼儀ヲ正シクスベシ上ハ元帥ヨリ下ハ兵卒ニ至ル迄ノ官職階級アリ礼儀ヲ守ラザル時ハ何ノ用ニ立ズサレバ上官ノ命礼(ママ)ハ其事ノ如何ヲ問ハズ直ニ服従シ尚礼(ママ)敬ハ如何ナル人ヲイハズセネバナリマセン終リ（一二月二八日）

古兵（一年先に入営した兵士たち）との関係についても、『重田日記』によれば「中隊長殿ヨリ新兵古兵ニ関スル注意ヲ示サレタリ新兵古兵共同一致シテ一家ニ円満ニ治メル様ニ注意ヲシテ行動ヲ取テ学実科ニ勉励セヨト御話シアリ」（一二月二九日）、あるいは「軍人ハ艱苦ヲ共ニシ生死ヲ同シクスル家庭ナリト云フ事アリ中隊ト云フ者ハ一家ト同キモノニシテ中隊長及ビ各班長ハ即チ一家ノ内ノ父ニアタリ古兵ハ兄ニアタリ□□上官ノ命令ハ何ニモヨラズ服従セネバナリマセン」（一月一一日）と、入営前にはまったく縁のなかったであろう上官に「服従」し、古兵と新兵とが同じ「一家」として「共同(協)一致」（『軍隊内務書』綱領）するよう強制されている。新兵たちにとって、こうした「日課」と「服従」が軍隊での身体訓練・精神教育を受容する基礎となった。そして彼らには具体的な「日課」の様子を日々日記に書きつけることで、確実に教育内容を記憶するよう求められていた。では、原田歩兵中尉のいう「真面目な軍人」を育成するため行われた、心身両面にわたる軍隊教育の実相を見ていくことにしたい。

二　術　科（室内外での身体訓練）

『重田日記』をみると、兵士たちはほぼ毎日のごとく「早足」「徒手行進」「ひじまげけん垂及ビ屈伸」「器械体操」といったさまざまな運動を行っており、銃の操法についても机上での教育を経た後、入営一か月半めには実弾による射撃訓練を行っている。射撃の成績が悪いので「外出止」とされたとの記述もある。

こうした術科は、『重田日記』をみると常に「不動ノ姿勢」をもって締めくくられている（新兵教育期間中における各術科教練の時間配分は、表1を参照）。この「不動ノ姿勢」をはじめとする訓練は、フジタニ前掲論文の指摘する徹底的な時間の管理（＝「日課」の強制）とともに、兵士たちの身体を規律化し、軍隊の均質な構成物とする有力な手段であった。なぜ、かくもこうした身体の画一化・規格化が重視されるのか。遠藤芳信氏は、「実際の戦場での戦闘では〔中略〕なんら戦闘に寄与しない」はずの「不動の姿勢」が「敬礼動作や基本動作の基本姿勢」として重視されたのは「上級者が下級者の不動の姿勢の動作の型を云々し、下級者の精神や思想に対して無制限的に干渉することをねらった」[4]ためと指摘している。だが「不動の姿勢」には単なる精神・思想への干渉という以上の意味もあったと思われる。以下の入営手引き書の記述は、それを問うさいの手がかりとなる。

一体、軍隊といふものは、煉瓦を積んで建築した家と同様であつて、兵士は一片の煉瓦に過ぎない、この煉瓦が軍紀といふセメントによつて結合せられて、初めて完全な軍隊となるのである。〔中略〕そこで一人々の兵卒を等形の正しい煉瓦とするには、是非とも各個教練〔体操など、個人の身体訓練〕の効力を俟たねばならない。即ちいろはを正しく教えて固有の癖を矯め直し、完全の兵士を育て上げ、この完全の兵士が集団した結果、節制ある軍隊が出来上るのである。教官は声を涸らし、汗を流して訓練し、兵士は厳寒酷暑を厭はず、一、二、……一、二、……一、……二と言つた具合で、一生懸命に勉強する。毎日々々の訓練が重なるに従ひ、曲り首、肩上り、ねじれ膝、などが段々と直つてゆく(5)

日々の身体訓練の目的が、単なる体力の増進などではなく、「曲り首」「肩上り」などを排除した、一様の「等形の正しい煉瓦」の形成にあるとされている。そうすることによって「農夫も車夫も書生も大工も若旦那も土方も、何時

表1 「明治四十一年度，同四十二年度及将来ニ於ケル新兵術科課目百分比例比較表」

区分／課目	明治41(1908)年度		明治42(1909)年度		将来に於ける	
徒手各個教練	25.0	8.0	23.98	8.37	24.5	8.0
執銃各個教練		17.0		15.61		16.5
徒手体操	11.0	4.5	10.76	4.30	11.5	5.0
器械体操		3.5		3.11		3.5
応用体操		0.7		0.86		0.7
銃剣術		2.3		2.49		2.3
射撃予行演習	14.5	9.5	14.37	8.64	14.5	9.5
狭窄射撃		2.5		2.55		2.5
教練射撃		2.5		2.02		2.5
戦闘射撃擬習		—		1.16		—
分隊教練	6.0	4.2	6.46	4.16	6.0	4.2
小隊教練		1.8		2.30		1.8
各個野外演習	26.0	21.5	25.61	20.85	26.0	21.0
距離測量		2.7		2.86		3.0
伝令報告勤務		1.8		1.90		2.0
分隊野外演習	11.5	4.3	12.11	4.24	11.5	4.5
小隊野外演習		2.5		3.16		2.5
行軍		3.8		4.71		3.5
工作		0.9		—		1.0
敬礼演習	6.0	2.9	6.71	3.11	6.0	3.0
諳聴信号演習		0.5		—		0.5
武器被服装具手入		2.6		3.60		2.5
計	100.0	100.0	100.0	100.0	100.0	100.0
夜間 各個教練	19.0時間		11.0時間		15.0時間	
夜間 分隊教練	5.0時間		5.0時間		5.0時間	
夜間 小隊教練	3.0時間		3.0時間		3.0時間	
夜間 行軍	3.0時間		5.0時間		3.0時間	

註：数字は各年度の左欄が合計中の，右欄が内訳中のパーセンテージ。
出典は『新兵教育の実験』152〜154頁。

の間にやら一様の兵隊さんらしくなり、入営前の職業の風が見えなくなるのである(6)」という。ではなぜ兵士たちは「一様の兵隊さん」に矯め直されねばならないのか。それは日清戦前から「軍隊ノ美観ヲ装フ為一斉ナルヲ求ム換言スレハ一斉ヲ以テ軍隊ノ美観ヲ呈スルモノニシテ兵卒各自ノ姿勢及ヒ技芸ナリ此二者ハ必シモ一斉ナラサルモ軍隊ノ運用上ニハ敢テ妨ケナシト謂モ倘シ一斉ナレハ軍容太タ美ナル為メ一斉ヲ求ル所以ナリ(7)」、「服装ノ美ナルハ兵卒ノ自負心ヲ鼓舞スルモノナリ服装ハ甚タ美ナラサルモ之ヲ整頓セシメサルヘカラス(8)」と『偕行社記事』所収の諸論考が述べているように、均一・均質化された〝美しい〟軍容をもって兵士たちの「自負心」を引き出し、士気を鼓舞せんとする意図にも基づいていたのではなかろうか。前記の「等型の正しい煉瓦」という比喩が、入営前の兵士に軍隊の美点を教える手引き書中の記述であることに留意したい。

もっとも、営内における「日課」の強制、「各個教練」を通じた身体の矯正・規律化のみが身体訓練のすべてではなかった。『重田日記』によれば、

舎内ニテ体操中食後山上漣村錦織村通リテ兎狩ニ行ク途中天智天皇ノ跡ヲ見テ山ニ登リ兎狩リシモ何ノカヒモナク故帰途ニ付帰ニ近村ノ名ハアゲ二本松村南滋賀村次ハサイ川村ノ上ニテイポ(ママ)アリ柳川テイポ(ママ)ト云フ事ヲ聞キ兵営ニ帰ル途中軍歌ノサラヘヲナシ追々帰営ス（一二月一七日）

と、遠方への行軍・演習も入営直後より数回にわたって実施されている。この身体訓練の一環としての軍歌演習は、集団としての一体感の涵養、「精神教育」の観点から奨励されていた。以下は、前掲『新兵教育の実験』中の一節である。

軍歌ハ勇壮且其ノ音調壮快ニシテ高尚ニ失セザルヲ可ナリトス〔中略〕歌意悲壮痛快志気ヲ鼓舞スルニ足リ精神教育ノ資ニ供スルニ足ルモ譜調高尚其ノ抑揚長短等記憶ニ困難ニシテ字句又理解シ易カラザル如キハ只ニ軍歌ノ

趣味ナキノミナラズ兵卒ハ大声ヲ発スルノミニシテ軍歌実施ノ価値ナシト謂ハザルヲ得ザル也、新兵ノ最モ好ミテ歌ヒタル所ノモノハ戦友ノ歌ナリ是レ字句平易ニシテ其ノ意ヲ了解スルヲ得タリシヲ以テノ故也、故ニ兵卒等ニ歌ハシムル為メ選ビタルモノハ自作中隊新兵ノ歌、読法ノ歌、射撃予行演習ノ歌及戦友ノ歌、歩哨一般守則ノ歌、広瀬中佐ノ歌等ノ数種類ニ過ギザリキ（「運動遊戯及軍歌ノ種類選定ニ就テ」一七二頁）

「不動ノ姿勢」強制を通じて「服従心」の育成がめざされたり、行軍中の軍歌があくまで兵士に「其ノ意ヲ了解」させねばならないとされているなど、兵士の身体訓練は「精神教育」とまさに一体化されて行われていたことがわかる。次節では、その「精神教育」の具体的内容について検証しよう。

三　学科・精神教育

前節においてみたように、日々の身体訓練を通じて兵士たちは身体を〈規律化〉され、軍隊の均質な構成物として矯め直されていったのだが、そうした身体への暴力的干渉のみが軍隊教育の目的だったのではない。かかる干渉を正当化し、能うれば彼らの同意を獲得するための論理を構築・提示することもまた重要な課題であった。本節ではそのための教育を学科・精神教育と呼称することにする。『重田日記』によれば、学科としては初歩の戦術、勲位、赤十字に関する教育などが実施されている。一方の精神教育の基本として、軍人勅諭の掲げた忠節・礼儀・武勇・信義・質素五か条の徳目がある。『重田日記』をみると、兵士たちには、

朝学科ハ馬場少尉殿ヨリ勅諭ノ第二条ヲ復習アリ次キニ第三条ハ佐ニ（ママ）

一　軍人ハ武勇ヲ尚ブベシ

第一ニ我ガ軍人ハ武勇ト云フ二□ノ字ヲ守ラネバナリマセンタトヘハ昔ノ事ニ額ニハ矢ハ立ツルトモ背ニハ矢ハ立タジト云カク言アリ即チ之ハ進ムヲ云フ退ク事ヲ知ラズ〔中略〕勅諭ノ第三条ニハ右ニアル武士（ママ）ト云フ事ガ書キ上ゲテアルソレハ武勇デアル武勇ニ二道アリ大勇ト小勇トアリ

大勇トハ其道筋ガ通リテ何事ニモイサギヨクセネバナリマセン

小勇トハ義理ヲワキマヘズ何事ニモ粗墓（ママ）ノ行ヒアル事ヲ云フ（一月一〇日）

といった内容解説が「カク言」などの例え話を引用しつつ実施されている。

入営時に兵士たちが宣誓した七か条の「読法」も重要な教育材料になった。たとえば『重田日記』によると、「夫ヨリ読法第四条ヲ習ヒ佐ニ（ママ）　胆勇ヲ尚ビ軍務ニ勉励シ恐法（ママ）柔懦ノ所為アルべカラザル事サレバ軍人ハ胆勇ヲ尚ブ軍人ヲヨキ者云フ学科終リ」（一月一〇日）といった、個々人の「武勇」に関する指導が実施されている。

「国体」「国史」に関する教育も行われている。兵士たちの使命感を涵養するために行われた同教育の具体的内容とは、『重田日記』によれば次のようなものである。

朝学科稲田中尉殿ヨリ明日ノ紀元節ニ付テ紀元節トハ神武天皇様ガ如（ママ）メテ御位ニ御付ニナリシ目出度日ナリ日本ハ神武天皇ヨリ今ノ天皇階（ママ）下ニ至ル迄皇統連綿トシテ来タリシ国ハ外ニハナシ西洋ノ紀元ハ耶蘇ノ始マリシ日ヨリ改メシ国ナリ終リ（二月一〇日）

「国体」教育は、言うまでもなく「国史」の説明・強調と不可分である。

朝学科馬場大尉殿ヨリ皇室及ビ国体ノ事ニ付テノ話シアリ一礼（ママ）ヲアゲ皇室トハ先祖代々続キテクルノヲ云フ国体トハ大日本ノ国ガラヲ云フサレバ我国ハ気候温和ニシテベシ（別？）テ世界ヨリ日本国ヲ世界ノ公園ト云フテ居ルサレバヨーロッパ外ノ国ハ日本ノ保護シテ居ル朝鮮近国ヲ間ガアルト取ル考ニテ居ルサレバ日本ガ第一ニ外国ト戦争

シタノハ朝鮮ナリ第二ハ豊臣秀吉モ亦三韓ナリソレヨリ明治二十七八年日清戦争アリ是ハ支那ガ朝鮮ヲ支那ノ領土ト云フ所ヨリ始マリシ事ニシテサレバ支那ハ人モ多ケレドモベシテ日本ハ小国ニシテ支那ハ軍紀ガミダレタル故ニベシテ日本ハ忠義ノ一心ニシテ居ル故ニ勝利ヲヘタリ此度ハ明治三十七八年ノ日露戦争ハ支那朝鮮ヲゾク国ニスル為ニ起リシ事ニテ露国ハ支那ノ領東半島〔ママ〕ヲ九十九年間借テケンゴ〔堅固か〕ニシテ我マ、ヲシテ居ル日本ハ義利〔ママ〕ヲワキマヘルニツケコミマタ、クスルト朝鮮迄荒廻リニクルノヲ日本ハイヤナク戦争ヲシマシタソノ戦争モ勝利ヲ得マシタノハ日本ハ忠義一心ニテ又ハ挙動一知〔協同一致〕シテ居ル故ニ勝テリ露国ハ挙動一知ノ心カナキ故ニナゼ兵モ多クシテモ忠義ノ心ナキ時ハ用ニタチマセン（一月一二日）

戦争の歴史としての「国史」が、兵士たちに「国ガラ」（＝「国体」）を説明するために持ち出されている。兵士たちには、世界史上卓越した「国史」を共有することによる、連隊ひいては国民としての一体感の涵養が求められたのであった。前出の「協同一致」なる徳目の内容を説明するために、日清・日露戦争は国民が「協同一致」したから勝てたのだと、未だ生々しい〝歴史〟を素材とした講話がなされていることは注目される。ちなみに引用史料中の「世界ノ公園」という比喩については、一九〇九年一一月に民間の出版社川流堂が発行した兵士向けの軍隊生活手引き書『兵営生活』（著者不詳）の「日本帝国」解説文中に、「気候温和にして大気最も清爽なり加之山水明媚風光秀麗（中略）勝景世界に倫なく各国人常に日本を呼んで「世界の公園」と云ふ又適評ならずや」（二六、五頁）と、『重田日記』と酷似した記述がある。馬場大尉は、この『兵営生活』を参考に講話を行ったのかもしれない。

軍隊教育中、「不敗の国史」の一部として日清・日露戦争が語られるのであれば、当然それに参加して勇戦した自隊の歴史も語られねばならない。『重田日記』をみると「朝稲田中尉殿ヨリ第九連隊ノ軍歌ヲ読ミタレバ此連隊如リ〔ママ〕シヨリノ事ヲ話シサレタリ」（四月五日）といった記述があるし、より具体的に、

起床同時ニ整列シ予行演習ヲナセリ第六班ニテ連隊歴史ヲウツス

　連隊歴史

一明治七年十二月十八日軍旗ヲ拝受ス

一明治十年二月ヨリ西南役ニ参加シ三月六日田原坂ニ苦戦ス三月二十日津田連隊長ノ戦死西南役ノ死傷者将校以下二百人也

一明治二十八年二月日日（ママ）清役ニ参加シ□城守備ニ任ス

一明治二十九年一月台湾土匪討伐ニ七月六日凱戦（ママ）ス

一明治三十七年五月十四日日露役ニ参加ノ為塩大海ニ上陸五月二十五日金州城攻撃次イテ南山六月十五日得利寺ニ戦ヒ（第六中隊片山少尉戦死ス）九月二日遼陽大夜襲三十八年三月七日奉天ノ大会戦ニ小貴興堡ニ激戦シ大勝ヲ得

（四月二〇日）

午前ヨリハ赤尾軍曹殿ヨリ球（ママ）急法ニ付テ学科アリ次ニ稲田中尉殿ヨリ我連隊大隊中隊ノ日露役ニ苦戦シタル所ハ「シヨキコーホー（小貴興堡）」ナリト云ハレタリ（六月一四日）

と、兵士たちには対外戦争における「連隊大隊中隊」の苦戦とその克服という「歴史」が繰り返し語られている。兵士たちには、それを筆写、共有することによる団結心の涵養が期待されていたのだが、かかる「歴史」を可視化する道具として重要視されたのが各連隊の旗、軍旗であった。(9) 軍旗についての講話も「朝学科中隊長殿ヨリ軍旗ノ話シ明治七年十二月十八日ニ下賜被下話ニテ終ル」（一二月一七日）と『重田日記』から実施が確認できる。この軍旗が兵士の教育上発揮したと考えられる、ふたつの機能について考えてみよう。

　ひとつは、天皇の「まなざし」の体現である。軍隊において軍旗は、天皇の分身的存在であった。当時以下のよう

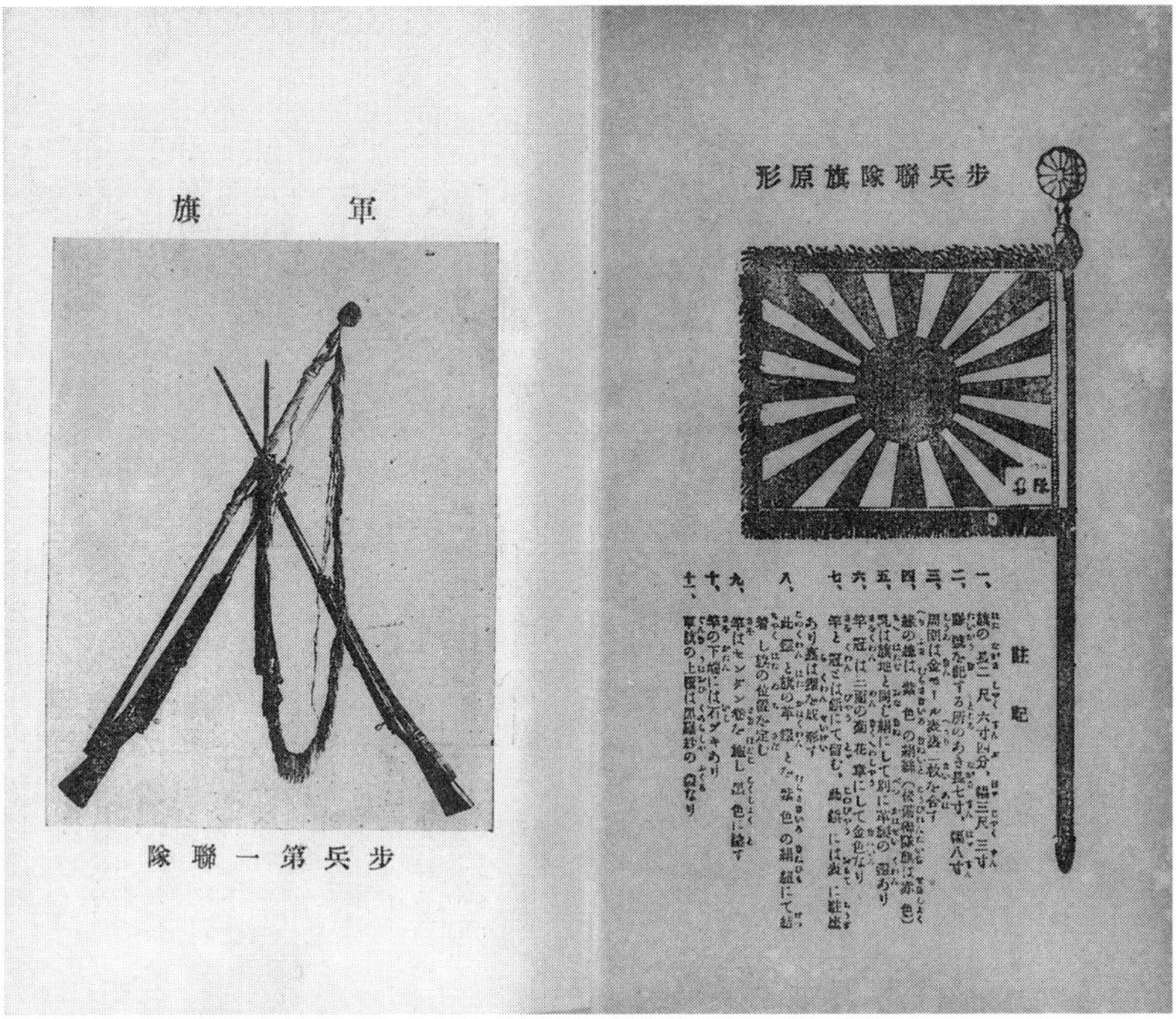

図1　軍旗の図（帝国連隊史刊行会編『歩兵第一連隊史』1918年，より）

な説明がなされている。

歩兵、騎兵の連隊が其編成が出来ると、厳かなる儀式を以て授け賜はるもので、其番号は忝くも陛下の御親筆其縁は皇后陛下の御縫ひあらせられたものである(10)

兵士たちは軍旗の向こうに天皇の存在を、そして天皇に見られる兵士としての自己を意識したのである。

もう一つは、最前述べた連隊「歴史」の象徴である。この時期の兵営手引き書には、軍旗の意義を語るさい、「連隊歴史」の象徴として語る事例が多く見られる。図1のように、日露戦後すでに歴史の古い連隊の軍旗は損傷し、ほとんど三方の房だけになっていることが多かったが、この点について前掲『国民必読　軍事一斑』は次のように解説している。

損ジタルヲ見テ、敢テ新調ヲ望ムモノサヘアリ、思ハザルノ甚シキモノト云フベシ。

実ニ此ノ損ジタル軍旗コソ、嘗テ硝煙ヲ冒シ、弾雨ヲ凌キ、激戦度ヲ重ネタル現象ニアラザラメヤ（一三〇頁）

軍旗に対し、天皇の権威の表象効果のみを求めるのならば、こうした発想はけっして出てこないであろう。一九〇九年、ある兵士が退営後「成る程素人の目には彼の旗色鮮明なる新設連隊の軍旗が、却て荘厳に見えるのも無理はない、然れども所謂竿一本の連隊旗は、硝煙弾雨の間に駆け廻りて、抜群の功を奏した紀念の名残と思へば、誰か崇拝の念油然と起こらざるものあらむやだ(11)」といみじくも述べているように、軍旗にはその連隊の栄光に満ちた「歴史」を語る役割がなによりも優先的に求められていたのであった。そうした軍旗の性格を兵士たちに印象づけさせる場として設定されていたのが、各連隊で毎年、軍旗が下賜された日に行われていた「軍旗祭」である。『重田日記』にも、軍旗祭に関する記述が存在する。

今〔日〕ハ歩兵第九連隊ノ軍旗ガ下賜ナサレタ祝日ニシテ朝起キ空内ヲ掃除シ後礼服ヲ着シ舎前ニ整列シ練兵場ニ引率セラレテ整列ス夫レヨリ軍旗ハ営門ヲ出来ルニ捧銃最敬礼シ夫ヨリ古兵ノ分列式アリ夫ヨリ営庭ニ入リ解散ス中食ス余キヨ（興）ハ芝居相撲及ヒ旗取競争等アリ中食後舎内外ニテ遊ベリ（一二月一八日）

軍旗に対し重田たちは「整列」「捧銃」を行い、また古兵は「分列式」（行進）を行って敬意を払っている。軍旗に関して軍旗祭という特別な日を設け、「整列」「捧銃」「分列式」等々、身心全体を使わせて兵士たちにその意義・歴史を強く印象づけさせる教育が実施されているのである。

連隊の歴史、軍旗を軍隊教育の素材とする発想自体は、日清戦前から「制服ノ敬スヘキ軍旗及本国ヲ愛スヘキコトヲ服膺セシムヘシ又其連隊ノ将校下士卒ノ与リシ功業ヲ語リ勇戦、服従、殉難ノ著名ナル実例ヲ連想セシメ其ノ識ヲ振作スヘシ(12)」と唱えられていたものである。しかし文字通り国を挙げた大苦戦後の勝利という日露戦争の〝記憶〟は、「拝金主義」「極端ナル個人主義」が「今ヤ殆ト社会ノ全般ニ亘リ軍隊ニモ滔々トシテ侵入シ来(13)」るという日露戦後の社会状況に対抗し、兵士の軍隊に対する帰属意識、連隊の一員としての一体感を涵養していくうえでの格好の教育材料とみなされ、より強調されていったのである。

一九一三年の軍隊教育令改正にあたって教育総監部本部長が「従来ノ教育順次教令ニ於テハ勅諭、読法、連隊歴史等ヲ学科中ニ掲ケアリト謂モ此等ハ精神教育ノ神髄タリ資料タルヘキモノニシテ之ヲ学科ト称スルハ妥当ナラス由来精神教育ハ一般学、術科ノ上ニ超絶シ其何レニモ所属スルモノニアラス」(14)と発言したように、この時期「連隊歴史」は軍人勅諭などと並んで、単なる「学科」ではない「精神教育」資料へとその地位を格上げされているのである。

そして、なぜ兵士たちは日々軍務に精励しなくてはならないかという理由も、こうした「国体」「国史」教育の延長上に説明されている。以下は『重田日記』の一節である。

皇室トハ第一代神武天皇ヨリ今日ニ至ル百二十二代年数二千五百七十年間皇統連綿トシテ長ク少シモカケズニ来シ国日本ヨリ外ニハナシサテ神武天皇ガ西ハ九州ノ端ヨリ東ハ本州ノ端迄平ゲ終リニ大和ノ国ノ橿原ノ宮ニテ御位ニツカセ給フ是紀元元年ナリサテサテ我ガ階(ママ)下ノ下ニ皇族ト云フ人ガアル之ハ天皇陛下ノ皆親戚ニ方リテ皆皇族ノ御人等ハ陸海軍ニ身ヲ励マシテ武ヲ立テ、御出ニナリマス故ニベ〔別〕シテ我等軍人ハ天皇階(ママ)下ニ忠義ヲツクシ忠義ヲツクスニハ練兵又ハ各実科ニ勉強シテ忌(ママ)タラヌ用ニセネバナリマセン終リ（一月一一日）

兵士たちが「練兵又ハ各実科ニ勉強シ」なくてはならない理由が、天皇（二五七〇年間という「歴史」によって、その正統性は説明されている）への「忠義」に求められている。ただ注意しなくてはならないのは、単純に「忠義」のみが強調されるのではなく、兵士たちが共有すべき連隊歴史、「国史」についての教育が補完的に繰り返し実施されていたことである。この意味で軍隊教育は、「国民」教育的特質を有していたと言える。

こうした歴史教育以外の精神教育についても、『重田日記』を通じて概観しておこう。

朝学科馬場少尉殿ヨリ信義ニ付テ毛利元就ノ事ニ付テ元就ガ死ヌ時ニ子供等ヲアツメテ矢ヲ取リテコイト云フテ子供等ニ一本ツ、ハヨクオレ一知(ママ)セズニイキマシタラ矢ノ如クアカズ我等モ矢ヲ五十本百本也堅メテハオレズ用ニ我等モ挙動一知(ママ)シテ何事ニモ考ヘテユカナナリマセン軍人モ誠義利(ママ)ヲワキマヘテユカネハナリマセン（一月一三日）

朝稲田中尉殿ノ学科ハ何ニ糞ヲ題ニシテ誠心上ノ心得等ノコトヲ話シナサレ又昔ハ陸軍ハ西洋ノ事ヲ習ヒテ居リシモ日露戦役ニ於テ改正ニナリシ故ニ今ハ日本独立ノ日本ハ相当ノ精神ヲ教ヘル用(ママ)ニナリタリ（一月二八日）

「信義」「義利(ママ)」「誠心」といった一種通俗的な観念も、毛利元就などの例え話を引用しつつ強調されている。日露戦争の勝利が「日本精神」の優秀性の説明要因とされているのは、この時期における兵士のナショナリズム涵養の問題を考えるさい興味深い。このような説明の平易化という方針は、歩兵第五四連隊（岡山）将校集会所が兵卒教育のために編纂した『精神教育資料　訓話編』（初版一九一〇年、改訂版一四年）「緒言」中でも、「漢文直訳的若クハ熟語多キ説明ハ一般兵卒ニ対シテハ之ヲ避ケ平易ナル俗語ト事実ノ説明トニ注意シテ主旨ノ徹底ヲ期セサルヘカラス」と述べているように、各連隊でほぼ共通であったと考えられる。

その他注目すべき教育の内容として、『重田日記』に「朝中隊長殿ヨリ誠心教育及ビ本月ヨリ給料ガ三割増故ニ其金ニテ家元ヨリ取ラヌヨーニセヨト云ハレタリ」（四月五日）という記述がある。なぜ実家からの仕送りは不可なのか。当時軍が挙げた理由は、「其ノ口実トスル所ハ、概シテ官給品ヲ毀損セシトカ、或ハ常食ノ少クシテ空腹ニ堪ヘザル等ナリ。而シテ父兄中ニハ或ハ是等ノ空言ヲ信用シ、或ハ子弟ノ愛情ニ引カサレ、送金スルモノナシトセズ、是、最モ警ムベキコト、トス」[15]というものであった。軍は自らの社会的イメージについての配慮を日々怠らず、いちいち訓戒の内容を兵士に書き取らせていたのである。

四　「連隊歴史」教育

前節で中隊・大隊、最終的には連隊としての団結心の涵養が、軍隊の精神教育上重要な課題のひとつであったこと、そのさい各連隊の有する独自の「歴史」が格好の教育材料とされたことを指摘した。以下、そうした軍隊教育の中での「連隊歴史」の扱われ方を、いったん『重田日記』から離れて他連隊の事例をもとに検証し、その軍隊教育史上における意味をさらに明確にしたい。

各連隊レベルでの「連隊歴史」の記憶化という発想自体は、先にも述べたが日清戦争前からすでに観察される。たとえば歩兵第九連隊第六中隊は一八九二年七月、独自に『兵卒教科書』を編纂し、その中に「連隊ノ起元及ヒ出師歴史」として一八七三年大阪における「予備兵隊」編成から七六年連隊編成完了、翌年西南戦争での戦闘を掲載している。だが連隊の「歴史」が誇り得るものになるためにはやはり、対外戦争の勝利が必要であった。

日露戦争中、歩兵第二六連隊（旭川）第一中隊の歩兵伍長丹沢良作は『明治三十七八年戦役　充員出征以来紀念簿明治三十七八年八月以降』と題する従軍日記を私的に作成していた(16)。滞陣中の一九〇六年二月一八日、中隊長より「明治三十七八九戦争日記ヲ作リテ各人ニ記憶スル様ニト御注意」があったので、一九〇四年一〇月二三日屯営出発～〇五年七月一日戦闘までの「中隊戦争記」を筆写している。旅順二〇三高地占領など、激戦の末の〝勝利の歴史〟を各兵士にいつまでも忘れさせまい、とする教育的配慮であろう。

ほとんどすべての連隊が自らの歴史を〝勝利の歴史〟として語ることが可能となった日露戦後に刊行された『四十一年式　歩兵教科書』（明治図書株式会社、一九〇八年）なる兵営手引き書は「二年兵制度ニ鑑ミ兵卒各自ノ精神修養ニ重ヲ置キ」編纂されたを旨を明記してとくに「連隊歴史ノ大要」なる項目を設定、「歩兵第何連隊ノ創設ハ何年ナルヤ又何年ニ編成ヲ完フセシヤ」、「軍旗授与ノ年月日如何」、「二十七、八年戦役ノ動員下令ノ年月日並ニ当時連隊長ノ姓名如何」、「三十七、八年戦役ノ動員下令ノ年月日並ニ当時連隊長ノ姓名如何」、「主ナル戦闘ノ年月日場所並ニ感状授与ノ回数如何」、「連隊ニ於ケル名誉ノ戦病死者ノ数並ニ個人感状ノ略歴如何」の設問に「余白ニ自ラ記入スルコト」としている。服役期間短縮化の中で、自隊の歴史を軸にした帰属意識の涵養という教育方針が指向されたことがうかがえる。

個々の連隊でも、独自に教育目的で自隊の日露戦史を作成する事例が観察される。たとえば『歩兵第十五連隊日露戦役史』（高崎連隊戦史編纂所〈群馬県高崎市〉、一九〇八年）は、巻頭に宣戦詔勅、平和克復勅語を掲載し、続く見開二頁に一八八五年の軍旗授与から日清戦争、日露戦争での二〇三高地や奉天会戦など一〇回の戦闘、一九〇五年二月一日高崎帰営までの略史を掲載しているが、それが「歩兵第十五連隊軍旗経歴」と題されていることに注目したい。同連隊長が「序文」中、「戦史は是れ明治三十七八年の大戦に信、上、武三州の精華たる歩兵第十五連隊同後備隊が前後十有八月に亘る間、満州の野に馳騁せる記事にして、如何に連隊軍旗の光輝を世界に発揚せしかを語」ると述べているように、まさに軍旗が「連隊歴史」の象徴として語られているのである。さきに『重田日記』などでも見たとおり、日露戦後の軍隊教育は自連隊の歴史を熱心に語り、兵士に日記で筆写させることでその帰属意識を高め、「服従」を調達しようとしていたのである。

「連隊歴史」教育に関する特異な史料として、一九〇八年に歩兵第三一連隊（弘前）第三中隊歩兵一等卒大釜多三郎が自ら記した『明治四十一年仲夏之初旬記是　歩兵第三十一連隊略歴』なる小冊子がある（一ノ瀬所蔵）。この冊子は陸軍罫紙三四枚を綴じたもので、一八九六年の編成以後の連隊歴史を罫紙一〇枚余にわたって詳細に筆写（そのほとんどが日露戦争の激戦）し、次いで〇八年の師団長、旅団長、連隊長以下の将校名を書き連ねている。陸軍罫紙に書かれていること、内容が詳細にわたっていることなどからみて、軍隊教育の一環として書かされたとみて間違いないだろう。筆写の途中、「余ハ明治四十一年十二月一日第八師団歩兵第三一連隊ニ入営セリ」との記入があることや、「明治四十二年度秋期機動演習及大演習雑記」と題して一〇月一四日～一一月二〇日の演習過程を罫紙約四枚にわたって日記風に記録、その眼でみた各地の風光を叙述していることなどは、「連隊歴史」の筆写が兵士にとって〝栄光ある〟連隊歴史の流れの中に自己を位置づけ、その一員としての意識を涵養させる作業だったことを示している。

これ以降、日露戦争の〝勝利の歴史〟は、個々の在郷軍人会分会レベルなどにおいても、折りにふれ想起、強調されていく。たとえば第一次大戦後、石川県のある町の分会は「軍備制限並びに撤廃の声早くも津々浦々に充満し」、「軍国主義打破の観念より来れる軍人に対する蔑視、更に延ては過去幾多の大戦に於て肉弾を献じて一死以て国難に殉じたる忠勇義烈の士に対する冒瀆の言辞」が頻出するという社会状況に反発、対抗をはかる過程で町出身の「国難ニ殉セラレシ忠臣烈士ノ尊キ血汐ト熱キ涙トニ彩ラレシ極メテ光輝アル歴史ヲ録」し、「万世ノ亀鑑ト為シ愈々殉国ノ気ヲ振興セシメカネテ人心ヲ悪化セシメントスル危険ナル思想」(17)を打破せんとする動きを見せている。

さらに後の満州事変時にも、在郷軍人会は「十万の精鋭を犠牲とし、数十億の巨資を投じ、苦辛経営幾十年にして築きたる帝国の生命線を放棄せんは、明治天皇の遺訓に対し、先輩流血の偉業に鑑み、吾等在郷軍人の断じて忍ぶ所にあらず」(18)などと、日露戦争の記憶に依拠して事変の正当性を広く一般社会に向けて訴えかけていった。日露戦後の兵士教育の中でかかる〝勝利の歴史〟が強調されていったことは、そのような言説を社会が正当なものとして受け入れていく基盤形成の一要素となったのではなかろうか（この点、本書第三部第三章にて改めて論じる）。

五　重田以外の兵士の「日記」

本節では重田以外の兵士、しかも上等兵という選ばれた立場にあった兵士二名がそれぞれ一九〇七、一九一五年に軍隊教育の一環として書いた「日記」を取り上げる。この二史料が『重田日記』と異なるのは、上官から受けた注意と、それに対する自己の「所感」を日々記入していることである。覆面の記者（筆名）『兵営の告白』（厚生堂、一九〇八年）は兵士が選抜を経て上等兵になることについて、次のように述べている。

曹長から肩章を頂戴する、寥々たる新兵時代の肩章に引換へ、賑かなる三個の星、願くは立派な肩章をと貫わぬ前から勝手な熱、思へば昨日と云ふ昨日迄上等兵や古兵の戦友となりて、襦袢の洗濯から武器、被服の手入まで、一切自己の品物と同様独りで遣て来た其の身が、今や一躍上等兵として班の主人公、其の態度も何となく大人振つて自ら貫目を付ける（五八・五九頁）

上等兵は退営後の郷里でも歓迎され重きをおく存在であり、それゆえ兵士たちの間に激しい昇進競争を生んだのだが、その背景には上等兵に対する軍の強い期待が存在した。この点について遠藤芳信氏は、一八八〇年代以降の軍隊教育は「上等兵養成主導の軍隊教育」と位置づけられる、日露戦後に至って「上等兵候補者教育」は一九一三年軍隊教育令改正により準法令化された、それは日露戦争の経験が生んだ「陣地奪取優先思想における前進・躍進・突撃の中核者」、あるいは「軍隊内務の権力者」として兵営内における権力構成の重要な結節点に位置づけられたためと分析している(19)。この時期そのような立場にいた上等兵に日記を書かせることは、「班の主人公」、模範的立場の兵士をして、なお一層上官の意に添うよう努力せしめる軍の方策にほかならなかった。以下その実態を分析して、彼ら上等兵が選良として身につけるべきとされた規範・態度を解明したい。

①歩兵第三連隊上等兵内田照三郎『軍人手簿』（一九〇七年一月一日〜一一月二四日）

筆者の内田は歩兵第三連隊の上等兵で、ほぼ一年近く、在営中の出来事を市販の『軍人手簿』（軍事教育会、一九〇六年）と題する日記帳に記録した。[20]この日記帳の緒言には「本簿は是等（秩序、克己、敢為など）の良習慣を造るを以て目的と為すものなるを以て目的と為すものなるを以て克く本簿に忠実なる者は必ず良習慣を得て良兵たるを得るのみならす又実に良国民たるを得へきなり」とある。まさに「良兵即良民」という日露戦後の軍の方針を体して作られた日記帳であった。ついで日記帳は、「手簿十訓」として「手簿は自己の写真なり決して偽り飾る可らす」、「手簿に忠実なるは即ち自己に忠実なる所以也」、「手簿の進歩改善は是即ち自己の進歩改善なり」、「手簿は帰郷の時郷党に対する最良の土産なり」などの文言を掲げている。兵士たちはこの日記帳を自己を映し出す鏡として用い、人格・知識を向上するよう求められていたのであった。そのため日々の記入欄には「習ヒタル事」「自習科目及時間」「注意ヲ受ケタル事」「為シタル悪シキ事」「為シタル善キ事」「感ジタル事」などの項目が設定され、これに対して上官が講評を記入する欄も設けられている。

では内田上等兵は実際にいかなる内容の日記を綴り、上官の指導を受けていたのだろうか。彼が日々の訓練の後で記した「所感」の例を三点挙げてみよう。

騎兵砲ノ分列式ハ実ニ馬力ヲ以テ行フモ今回ノ如クナスニ歩兵ノ分列式ハ騎砲兵ノ分列式ヨリ劣ルハ自分〳〵ノ動作ガ熟練セサル事ハ思フ（一月六日）

縄引時ハ協同一致シテ引ク時ハ一同ニ引カサレバ勝利ヲウル事ハデキザル事ハ感スル（一月九日）

何中隊ナルカ機械（ママ）体操ノ非常ニヨク出キル者ヲ見ル自分熱心ニナレバ人ノヤル事ナレバ出キサル事ハナイト感ズ
（二月一一日）

ここで彼が示しているのは、他の兵士と自己の成績を比較したうえで「協同一致」という軍隊教育の過程で身につけた言葉を駆使してさらなる向上を誓う態度であり、そうした態度には「上等兵ハ細カニ記入シアリ」との誉め言葉が副班長の伍長より与えられている(21)。ただしいったん記入の内容が少なくなると、「少シ細カニ記セ(22)」などと注意を受けることになった。その後も「記事法概ネ良好ナルモ上等兵ハ毎朝勅諭ヲ読マサルヤ、如何(23)」、「記載法可ナルモ勅諭ハ奉読セザルヤ苟モ一旦注意ヲ受ケレバ直ニ実行ス可シ(24)」との注意や、「慰労休暇ニ付外出ス」との記入に対して「何処へ行キシヤ記載シ置ク可シ(25)」との指示が副班長からあり、日記が日常の生活態度を監視する装置として機能していることを示している。

三月四日には「連隊長ヨリ衛戍勤務衛生今後二三年兵ハ新兵ノ模範トナリ熱心ニ勤務ヲ勉励スル事ニ付訓話」があり、内田は「連隊長殿ヨリ訓話セラレタル事ハ益々熱心ニ施行シ以テ連隊ノ名誉ヲアゲン事ヲ深ク自分ハ感ズ」と記している。のちの七月二四日には、「今回ノ連隊競点射撃ニテ当中隊ノ成績甚ダ悪ク連隊最後尾タリ皆ナハ他中隊ノモノニ対シ恥カシキコトト思ハサルカ無論残念ニ思ヒ恥ト思フナルヘシ就テハ此不名誉ヲ恢復スルニハ将来如何ニセハ可ナルカ各人ノ考ヘヲ来ル月曜日（廿七日）迄ニ差出ス可シ」と指示されたことを記している。その〝答案〟の内容は手簿に記されていないが、自らの「所感」を書かせることで日々の訓練に主体的に取り組む態度や、中隊ひいては連隊への帰属意識を身につけさせようという、軍の意図を読み取ることができる。

四月八日、内田は「第一条　新参兵ニ対シ殴打其他粗暴ノ所為ヲナササル事　第二条　新参兵ニ武器靴或ハ洗濯等其他自己ニテナスベキ事ヲ為サシメザル事　第三条　班内ノ仕事ハ卒先躬行模範ヲ示シテ新参兵ヲ情導スル事　以上掲ゲタル条件ハ決シテ違カズ中隊長殿ノ前ニ於テ官姓名ヲ書キ爪印ヲナシテ之ニチカイシ〔誓い〕　右ノ条件ニ違キタル者ハ厳罪ニ処ス事　新兵ニ自己ノ事ヲナサシメタル時ハ両人トモ厳罪ニ処ス事　新兵ハ古兵ノ事ヲナサヽル事　新兵ハ古兵ニ注意セラレタル事ハ直ニ之ニ従フ事」との中隊長訓話を全文日記に書き写し、上官は脇に「活眼ヲ以テ監視スルト同時ニ各々自カラ服膺セヨ」と赤字で記入し念を押している。こうした訓示程度で営内の私的制裁はとうてい根絶不可能だっただろう（私的制裁については後述）が、こうした兵営内の悪弊に神経を尖らせた軍が、訓話の全文筆写という手段でその根絶を図っていたところに、「日記」の監視装置としての位置づけがみてとれる。

また七月一日には「兵卒娯楽室」の開設式が行われたが、内田はこのとき連隊長が行った「抑モ本職ガ酒保付属舎ヲ設立セシメタル所以ハ兵卒ノ営内生活ニ趣味ヲ増シ慰安ノ道ヲ与ヘ且ツハ市中ニ於ケル無用ノ浪費ヲ節約セシメンガ為ニ非ナラズ夫レ質素ヲ主トシ驕奢華美ノ風ヲ避クヘキハ軍人精神ノ一ニシテ須臾モ忘ル可ラザルハ敢テ言ヲ俟タズ兵卒ハ能ク此意ヲ体シ世ノ俗風ニ染マス勤倹ヲ旨トシ暇アレハ乃チ此処ニ会シ会尚ナル慰安ヲ得ルト共ニ互ニ品性ノ陶冶ト風儀ノ矯正ニ勉メ以テ帝国軍人ノ模範トナリ益々我連隊ノ名誉ヲ発揚スルコトヲ期スベシ」との連隊長訓示を全文筆写している。

当時の第三連隊長は「良兵良民主義」の主唱者田中義一（一九〇七年五月より在任）である。彼が日露戦後「兵営生活の一部に対して一定の恩恵的な改良を施そうとした」(26)ことは従来より知られているが、この日特務曹長が内田たちに「兵卒ハ連隊長殿ニ対シ以前ナキ兵卒ヲ愉快ニ現役中送ラレラル、心掛ヲ以テ此ノ娯楽室ヲ立テラレタルハ我々一同実ニ喜ブベキコトナリ」との解説を行い、翌日多賀谷少尉なる将校が「昨日娯楽室ノ開設式幷ニ連隊長殿ノ御示ニナリタル事ハ日記ニ書キ置ク事」との指示を出している。このように軍の「恩恵的」措置のありがたみを兵士たちに確認、記憶させることも、「日記」の機能のひとつだったのである。

以上、内田日記からも、もろもろの軍隊的美徳、価値観を兵士たちに筆写という身体行為を通じて日々確実に受容させていこうとする軍の意図を読み取ることができた。内田がその期待にかなう記述をすれば、「上等兵ハ班内ノ模範ナレバ以後モ斯ノ如ク記入セラレタシ」（四月一七日）、「記事記入共ニ良好上等兵ノ手簿トシテ見ルヲ得」（一〇月二五日）などと、上等兵にふさわしいとの講評が与えられた。歩兵第三連隊ではこのような教育が上等兵のみに実施されていたのか、あるいは全兵卒に行われていたのかは不明だが、日記の執筆は模範兵として上官の意図、期待に添うにはいかに振る舞ったらよいかを、彼らの自負心に訴えかけて自発的に考えさせる教育にほかならなかったと言えよう。

②陸軍歩兵学校教導大隊二等卒垣内新次『日誌』（一九一五年九月一日～翌年九月三一日）

陸軍歩兵学校は一九一二年一二月二四日千葉県習志野に設立され、終戦に至るまで歩兵戦術の研究教育を担当した学校である。この『日誌』を記した垣内は二等卒として出身連隊より同校教導大隊に選抜分遣され、一年間の教育を受けた。途中の一五年一一月二〇日付けで一等卒、同日上等兵に昇進している。彼は連隊のいわば代表としてさらに選抜された優良兵であるためか、日々受けた軍隊教育の内容を先の内田上等兵よりも詳細に記している(27)。

最初の数日間こそ、上官によるとみられる誤字の訂正が赤字で加えられているが、その後はとくに検閲が行われた形跡はない。それでも垣内が一日も休まず詳細な日記を書き続けたのは、いつ上官の検閲があるかわからないという恐怖心のためだったのだろうが、精勤章を授与されて「自分ハ精勤章等ハ戴ク事無キト思ヒ居タルニモ拘ラズ上官ノ御恵ニ依リ授与セラレ何ヨリ有難キ事ト思ヒ同時後益々奮励シ名誉ニ恥ヂナキ様ニセネバナラント覚悟ヲ定メ」（一二月二一日）たと書くような、優良兵としての向上心・自負心も手伝っていたと考えられる。

垣内は、上官から受けた「御注意」とそれに対する自己の「所感」とを日々対記している。たとえば一〇月四日、

班長より「当班ハ入校以来非常ニ紛失物多ク先日ヨリ心ヲ痛メラレタル」旨の「御注意」を受けると、

所感　紛失物ノ多キ為メ班長殿ハ大イニ頭ヲ痛メラレ又殊ニ貴重品ヲ入浴場ニ於テ落シタ其故ニ上官ニ対シテハ如何ト申訳是レ無ク第七班ハ選抜兵ノ効力ナク又思ニ皆軍人精神及ビ軍紀ヲ守ラナキ証拠ナリ又第七班ハ最モ不成績ト察シタ　如何シテ此不成績ヲ良好ニナラシム様ニセネバ大ナル恥ノミナラズ班長殿ニ対シテ非常ナ面目〔なき〕次第デアル

と書いている。また一〇月七日には中隊長より「洗濯場ノ水倉〔槽〕ヲヌク事又襦袢ヲ姓名ヲ記入シタル所ヲ破リ又消シテ物干場ニ捨テ居ク事ニ就テ精神訓戒ヲ受ケ」ると、

所感　本日中隊長殿ヨリ御注意並ニ御訓戒ヲ受ケタ其時ニ当ツテ己レハ中隊長殿其他上官ヨリモ精神訓戒ヲナシ末〔ママ〕楽シキ軍人精神ヲ養成シ中隊ヲ円滑ニナラシムル目的ヲ以テ御教訓ニ預リ居タルニ何回無ク同シ御注意ヲ受殊ニ洗濯場ノ水倉〔槽〕ヲヌク事又洗濯物ノ出入レ又夏襦袢袴下ノ我姓名ノ記入シテアル所ヲ破リ又是ヲ消シ捨テタルモノ有テ又水倉〔槽〕ナドハ個人ノ姓名記入ナキヲ幸ニシテ是ヲ其儘ニナスモノト察シル我等瞭ニ是丈ケ精神訓戒ヲ受ケナガラ未ダ裏表ノ有ル動作ヲナストハ実ニ中隊長殿始メ其他ノ上官モ如何ト察シ〔ママ〕ラレルカ定メシ御怒ノ事又落胆ノ事ト思フ我等ハ原連隊及ビ中隊ノ不名誉ヲ掲ゲ又我等ハ大ナル恥辱ト思ハネバナラン意〔以〕後ハ自分ハ心ノ底ヨリ精神誠〔誠心〕意ヲ以テナシ又友人ニ不心得ノ者有レバ相互ニ戒メ合ヒ若シ水倉〔槽〕ノ水ヲヌク事ヲ忘レ又他ニ忘レ悪キト思事ハ己ガ其後ノシマツヲナス事ト決シタ

と長々しく記述している。選抜兵であるからには中隊長、班長の期待に背かず集団としての名誉を守るよう勉めるべきである、という軍の教育的意図を理解、受容していることが読み取れる。

これ以外の軍隊的徳目に関する教育の実態について見てみよう。一〇月四日、垣内は中隊長より「当日第三十二連

隊ノ或ル兵ハ不動ノ姿勢ヲ取ツテ居ル間ニ蜂未タ顔ニ止ラントシタ云テ手ヲ顔ニ上ゲタ其レ故ニ中隊長殿ヨリ勅諭ノ中ニ義ハ山嶽ヨリモ重ク死ハ鴻毛ヨリモ軽シト御示シアリ其通リニテ其動作ハ非常ニ悪シ又軍紀ヲ守ラナキ故許シ難キ罪人ナリ以後ハ一層克ク注意シセヨ」との注意を受けている。連隊を代表する優良兵であっても、軍隊教育の基本たる「不動ノ姿勢」は日々厳しく強制された。兵士たちは後でそのときの状況を日記に書き、さらに確実に記憶していったのである。

靖国神社大祭の記述も目を引く。垣内は一〇月二三日、班で同神社に参詣したさい、

> 所感　靖国神社ニ参詣シタ時ハ御勅使ノ御参詣アリ自分ハ側ヨリ拝シ居タ我等ノ先輩者ノ国家ノ為メ命ヲ捨テ皆其魂ノ祭ト思ヘバ知ラズ知ラズ敬意ノ心ガ浮カンデ来タ又斯ノ如キ御手厚キ御祭リヲシテ戴ク皆ノ魂ハ嘸嬉レシキ事ト思フ人ハ一代名末代ト云事アリ自分モイザト云時ハ国家ノ為メニ命ヲ捨テ功ヲ立テ末長ク靖国神社ニ祭ラレ己ノ名ヲ残ト思ツタ

と述べている。靖国神社を実際に参詣し、それを日記に書くことは、「国家ノ為メニ命ヲ捨テ功ヲ立テ末長ク靖国神社ニ祭ラレ己ノ名ヲ残」すという価値観について、自らの言葉で思考し身につけていく作業であった。彼はのちに分遣期間を終え退校、帰郷する戦友を見送った八月三一日にも「思出ノ校門ヲ去ラントスル戦友モ如何斗リ名残リ惜シキ事ト察シタリ我々モ非常ニ心淋シキ感ニ打タレ胸中ニヤマザル時ハナ又近キ者ハ秋気〔期〕演習其他時トシテハ又対面スル時アルモ遠キ戦友ハ今後ノ再会ハ東京九段坂ノ靖国神社ト思フ今度再会ノ時ハ定メシ戦友ト抜軍〔群〕ノ功ヲ表シテ名誉ノ戦死ヲナシ其霊魂ノ再会ノ季ヲ待ツ外ニ手段ナシ」との所感を記しているのである。

一九一五年は大正天皇の即位礼が行われた（一一月一〇日）年であった。以下は一一月一四日の日記である。

> 此祭ハ三千年以来ヨリ定メラレタル祭ニテ我国ハ農ガ大本デ其五穀ヲ作ル様ニナシ下サレタノモ皆　天照大御神

様ノ御陰ナリ　故ニ歴代ノ　天皇陛下ハ我等臣民ノ代表ヲセラレ、ユキ田、シュキ田、ト云フ田ニ稲ヲ作ラレ其ノ実リタル者ヲ本日　陛下御手ヅカラ是レヲ御供、　天照大御神其他国幣社ニハ御勅使ヲ派遣セラレ同時ニ毎年二月十四日行ワセラル祈念祭ノ御札ト共ニ祭ラレル日ナリ

一　所感　朝曇リテ今ヤ雨降ラントセン当日午前九時三十分頃ヨリ急ニ晴レ渡リ日和トナリタル当日我等モ中隊長殿ヨリ由来ノ御話ヲ受ケテヨリ尚一層心ニ深ク御恩ヲ謝シ謹デ此一日ヲ暮シタ　同時ニ退営後ハ当日ニナレバ克ク身分相当ノ御祭ヲナシ家族又妻子等ニ話ヲ聞カセ謹ムベキ事ト決シタ

退営後の彼が実際に「身分相当ノ御祭」を行ったかは不明だが、軍隊教育の中で自己と天皇との結びつきに関する認識を新たにするという経験をしたことは、〝天皇の軍隊〟の兵士としての立場を考えれば注目すべきことだろう。

垣内は一二月二八日の「大正四年モ遂ニ暮レ大正五年度覚悟」として、

一　昨年ヨリモ上手事　野外ニ於ケル部隊教練　我等ノ元気旺盛ナル事

一　入校及ビ其後大正四年ノ間ノ名誉幸福

一　辛苦困難ヲモ厭ハズ甲班ニ選抜サレタ

一　名誉光栄アル歩兵学校ニ分遣サレタ

一　我身一生ニ二回ト無キ大礼大観兵式参列スルヲ得タ

一　上官ノ恵ニ依リ兵卒トシテ一番上級ニ進級サレタ

一　上官ノ恵ニ依リ名誉アル教導大隊ノ精勤章付与

と、即位の大礼観兵式（青山練兵場で実施）に参加できたことをその年の「名誉幸福」な出来事のひとつに挙げている。それだけ印象深い経験だったのであろう。ちなみにこの観兵式で歩兵学校から東京に出てきた一一月二〇日、上官に

引率されて「青山墓地乃木将軍ノ御墓」、「大久保〔利通〕公ノ紀念碑其御墓広瀬中佐殿ノ御墓ニ参詣」している。このときの「所感」に、

所感　乃木閣下ノ御墓ニ参詣シ見ルト以前ヨリ中隊長殿其他上官ヨリ此上モ無キ質素ヲ主トセラレタ人ト聞イテ居タガ成程ト思ツテ感ジ更ニ自分モ出来得ル限リ節倹ヲセネバナラント思ツタ

とある。乃木という歴史上（というには早いかもしれないが）の人物が「質素」「節倹」といった軍隊的徳目を教えるうえでの素材として活用されており、日記はここでもそれを確実に受容させる装置として機能しているのである。彼らがこうして受容していった軍隊的徳目が、日々の行動をいかに規定していったかを示す記述として、五月二一日の「淡泊」なる徳目に関するものがある。

弾込メノ号令ヲ下サレタ其時自分ハ弾抜キノ号令ト聞キ違ヒ其後早速気カ付キ弾込ヲセント思ヘ共其時早既ニ遅レタル故弾込ヲスルヨリモ其理由ヲ申シ淡泊ニ申出デル方ガ善イト思ヒ申出テ我身ノ悪キハ勿論ノ事中隊全員ノ前方ニ立タサレ色々ト御注意ヲ受ク

所感　本日中隊長殿ヨリ色々ト御情ケ深キ御注意ヲ受ケタリ是レ全ク自分ノ気ノユルミノ結果ニ外ナラズ又第七班長殿初メ班員一同ニ対シテモ誠ニ申訳モ無ク又自分トシテモ大ナル恥辱ナリ今此日誌ノ中ニ示シ有ル事当中隊全員ニ記入セラレ我身モ実ニ残念テ此日記ヲ書ク時モ後悔先キニ立ズナレ共涙ヲ含ミ実ニ不愉快ヲ以テ此一日ヲ終ツタ然シ自分遅レタルモ弾ヲ込ムハ他ニ多クノ例モ有ツタガ自分ハ遅レタルモ弾ヲ込メバ精神ガ不潔ナル故淡泊ニ自ラ申出デタル故自分ハ天地ニ対シテハ少シモ恥ヂル事ナシ

これを素直に読めば、垣内は「淡泊」なる徳目を「内面化」できているということになるのだろう。ただこの記述は、自分が常に「淡泊」なる軍隊的徳目に即して行動できているとの、上官向け自己アピールと読むこともできる。

飯塚前掲『日本の軍隊』はこの「淡泊」に関し、「淡泊というか、裏表のないような、そういう徳操というものが非常に重要視されるわけです。〔中略〕日記なんかの場合、自分の思ったとおりを書いて、たまたま軍人精神に合致していない場合は怒られる。しかしその反面、怒られるということは、一つはこの男はなかなか淡泊だということを、上官に見てもらおうということにもなるのです。それを何べんでも繰り返して、この男はなるほど淡泊だナという信用を得られる」[28]という昭和期士官学校卒業者の体験談を引用している。垣内とは時代も身分も異なる者の回想だが、日露戦後の〝優良〟兵が「淡泊」なる徳目をどうとらえていたかを考えるうえで、この記述は示唆的である。兵士たちは日記にきれいごとのみを書き連ねるのではなく、むしろ自らの失敗を正直に、「淡泊」に書くことの方が、上官の「信用」を獲得するよりよい方法であると知っていたのではなかったろうか。

垣内は、「弾込メ」に関する自らの失敗が「中隊全員」の日記に記入されることを「実ニ残念」、「後悔先キニ立ズナレ共涙ヲ含ミ実ニ不愉快」とも記している。日記は、兵士同士による競争を促す装置としての機能も持っていたわけである。

七月七日には、中隊長より「我々ノ今後ニ於ケル心掛ケ　自治　克己（自治トハ自分デ自分ノ事ヲ治メテ行ク事）（克己トハ面倒ナル事五月蝿事モ是レヲ五月蝿ガラズ面倒ガラズ如何ナル場合モ是レニ打チ勝チ是レヲ行通ス事ナリ）」との訓戒を受けている。垣内はこれに対して「今日ノ学科ハ我々ガ今後世ノ中ニ出ル準備トシテ最モ己ノ踏ミ行ネバナラン大切ナル御訓戒ナリ」、「我々ガ人ノ厄介ニナリ立派ナル人間ニセラルルモ軍隊ニ入ル間殊ニ此教導大隊ニ居ル間ガ最後其後ハ自治克己デ世ヲ渡ラナケレバナラン」との所感を記している。

軍は「自治」「克己」といった処世訓的徳目（「質素」や「淡泊」もそのひとつである）を繰り返し教え、兵士の側はそれを「今後世ノ中ニ出ル準備」、「人ノ厄介ニナリ立派ナル人間ニセラルル間」と、いわば〝人生学校〟と

表2　「明治四十一年度，同四十二年度及将来ニ於ケル新兵学科課目百分比例比較表」

課目＼区分	明治41(1908)年度		明治42(1909)年度		将来に於ける	
勅諭詔勅	34.0	10.0	33.0		36.0	9.0
読　　法		6.0				6.0
皇室尊厳国体大要		2.5				3.0
精神訓戒及講話		13.5				15.0
連隊の歴史		2.0				3.0
各兵種識別及性能	15.5	3.5	13.0		15.0	3.5
団体編成の概要		3.0				3.5
上官の官姓名		3.0				2.0
武官の階級及服制		3.5				3.5
勲章の種類及起因		2.5				2.5
軍隊内務の摘要	20.0	12.5	12.0		15.0	8.0
陸軍礼式の摘要		7.5				7.0
陸軍刑法の摘要	3.5	1.7	4.0		4.0	2.0
懲罰令の摘要		1.8				2.0
野外要務令の摘要	16.0	7.5	23.0		16.0	7.0
歩兵操典の摘要		3.5				4.0
射撃教範の摘要		5.0				5.0
武器被服装具名称	7.5	2.7	8.0		8.0	3.0
同上着装及手入法		4.8				5.0
衛生学摘要	3.5	3.5	7.0		6.0	4.0
赤十字条約，陸戦条規						2.0
計	100.0	100.0	100.0		100.0	100.0

註：数字は各年度の左欄が合計中の，右欄が内訳中のパーセンテージ。出典は『新兵教育の実験』155～156頁。

しての意味合いをもって受容しているのである。飯塚前掲『日本の軍隊』は、日本の社会には軍隊を「「厳格」な鍛錬の場、国民の道場(29)」ととらえる見解が実に太平洋戦争期に至るまで広範に存在していたと指摘しているが、垣内日記からうかがえる軍隊精神教育のあり方は、こうした軍隊観を社会に周知させていく歴史上の一前提となったのではなかろうか。

　ところで前出の入営手引き書『兵営生活』はこうした精神教育について、「夜の学科程つらいものはない　終日激しい練兵の疲れで心身殆ど綿のようになって居るのに　広からぬ室に多人数を集めての学科〔中略〕夫れに話が面白い事なら未だしも聴合があろうが　毎日毎晩　天皇陛下には忠義を尽くさなければ不可とか上官の官の命令に背いてはならんとか云ふ　お定り文句を幾何編となく繰り返さる、から堪ったものでない〔中略、寝てしまうと〕監視の為めに付いて居る上等兵や班長が　抜き足差し足で手を延してピッシヤ

リ　その又痛きこと」（一二一頁）という。たしかに表2を見ると、「学科」教育中、歴史や軍隊的な諸徳目の修得にあてられた時間は、「毎日毎晩」とまでは言えないにせよ、けっして少なくなかった。このことは、軍がそれらをいかに重視していたかを如実に示す。

兵士たちはこうした軍の方針に従い、精神教育や「学科」に取り組まざるをえなかった。上等兵への昇進がかかっていたからである。前掲覆面の記者『兵営の告白』は上等兵昇進の第一条件として銃剣術、器械体操などの「術科」に秀でていることを挙げているが、一方で兵士たちが上等兵昇進のため「学科の問題に頭脳を痛めるのも実に無理ならぬ事だ、併かもその科目は十余の多数だから、其の得点の多寡は試験の成績に非常なる影響をおよぼすのである、術科にも亦素より優劣の差あれども、最後の勝利を得んと欲すれば、矢張り学科に重きを措かねばならぬ」（四〇・四一頁）とも解説しているのである。

軍隊教育の過程で軍が日記の作成を重視したのは、それが軍隊的価値観に基づく〈ことば〉を絶えず兵士たち自身によって再確認させるとともに、上官がその習熟度、言い換えれば「服従」の度合いを点検していくうえで格好の手段だったからと考えられる。『兵営の告白』は「軍隊に於て余り学力ある者は却て嫉妬を招く虞がある、寧ろ真面目で正直で且余り教育なき者が却て好成績を占めて居る」（一三四・一三五頁）、「学術科が優秀でも新兵時代一度品行の一件で失敗た者は到底覚束ない」（五頁）と、上等兵進級にあたっては必ずしも卓越した学力は要求されず、上官の心証によるところが大きいと述べている。日記は内田・垣内両上等兵の事例から観察してきた通り、兵士たちが「真面目で正直」に、教えられた軍隊的価値観を理解して行動できているか否かを、上官が日常的にチェックする装置だったのである。

六　兵士たちの記した「所感」

兵士の教育過程における「軍隊的価値観」注入の問題を考えるとき、日記以外に注目されるのが、兵士たちに軍隊生活の「所感」文を書かせることである。ここでは輜重兵第一三大隊（高田）第一中隊第二内務班『明治四十五年八月入営輸卒　所感綴』（一ノ瀬所蔵、以下『所感綴』）を取り上げる。本史料は、これまで検討してきた軍隊「日記」とは異なり、内務班長の上等兵が一九一二年八月一三・一四日、退営まであと約半月となった部下の輜重輸卒（現役服役期間は三か月、六月一日入営）二四名に書かせた軍隊生活「所感」の綴である。彼らは罫紙一枚を与えられ、署名捺印のうえ思い思いの「所感」を書き記している（表3）。

表からうかがえる「所感」の特徴として、以下a・bの二点を挙げることができる。

a　上官への感謝と在郷軍人としての覚悟

「所感」を書いた二四名の輸卒のうち、13茂田林次郎（数字は表中の番号）は、

慈母の如き教官殿又は班長殿有りて慈母の赤子を育つる如くに吾々を十分[に]に教育を授けて下され又日々衛生上に付ても日夜心を注がせられ病患に罹りたる時は直ちに軍医の治療を施され又重症なる者は直ちに入院致すなど万事手厚き待遇を受け実に感佩の至りで有ります

と述べている。服役中の軍の待遇を上官の「恩」ととらえて感謝してみせるこの記述は、同時期の軍が標榜した〈兵営＝一大家庭〉という擬制的論理が現実の兵士にどこまで浸透していたかを考えるうえで注目される。このような軍隊賛美論をあくまで〝自発的に〟発話させるところに、日本軍隊における「全人格的」「家父長的」権力支配[30]の実態

表3　『明治四十五年八月入営輸卒　所感綴』内容一覧

氏　名	内　容
1.細野由蔵	世の中が太平で実に欣喜の次第であったが天皇陛下の崩御は親を失ったよりも悲しい，一層軍務に勉励して富国となることを望む，最初は実に軍隊生活は苦しかったが，日数を経るに従い面白くなった
2.清水藤之助	軍隊は規律正しいところで困難に感じたが，今では却って軍隊生活が面白く感じる，教官殿班長殿の御恩をどうやって返したらよいか思案に暮れている
3.丸山公知	教官殿内務班長殿の御恩にどうやって報いたらと思う，故郷に帰ったら在郷軍人として一層勉励したい
4.丸山守平	上官殿の熱心な指導で無事除隊できることを深く謝す，除隊したら在郷軍人として勅諭の趣意を奉じ国民の模範となって万分の一なりとも報恩したい
5.田崎寅二	〔天皇の〕平癒を毎朝伊勢神宮に祈るも甲斐なかったが聖徳は依然として変わりなし，中隊長殿教官殿班長殿同友と別れねばならないので涙にむせんでいる
6.井出龍太	各戦友上官に深謝す，在郷軍人となり業務に勉励して国民の中堅となり一旦国家に戦のある場合は上官殿に恩を返したい
7.渡辺武二郎	教官殿班長殿の御恩をどうやって返したらよいかと思う，軍隊生活になれて面白くなってきた，除隊も近くなってきたが班長殿の教えを守って軍務に勉励したい
8.根岸珹	班長殿や上官殿に教えてもらったこともほぼ覚え，此より後は楽さすべくと思っている，除隊後は在郷軍人となりて業務に勉励し今までの御恩の万分の一も返したい
9.室賀秀之助	厳粛なる精神教育は薄弱なる精神に対する痛快な要素となった，障害圧迫に抵耐し処世上大に効果あること疑いなし，在郷軍人として国民の中堅たる本分を発揮し，その精神を後進者に共同する責任を顧み在隊中修養を重ねる
10.足立経治	中隊長殿班長殿が無知無望(ママ)の我々を被服の着方から日常の動作まで警見下さった，食物被服給料の手当は自宅にいるときより遥かに優れている，地方の如何なる資産家の児童といえど我等の如き生活は出来ないことを思うと幸運である
11.石田末松	(一)靴紐で面部を負傷した，(二)中隊長殿より賞を賜いしときうれしかった，(三)一日に一時間勉強すると否とは重大なる問題である，(四)犠牲的精神は重要である，(五)誠なき者は花あって実なきが如しである
12.小野塚徳蔵	中隊当番を細野君の代わりに行ったら班長殿〔が〕おこり点呼後につよくたたかれた，けんえつに出られないで一番かなしくあった，わたなべぐんそうどのが物をていねいにおしえ下さりありがたかった
13.茂田林二郎	教官殿班長殿の慈母のごとき指導，衛生上についても手厚い配慮をいただき感佩の至りである，我々軍人は国家防御の中堅であるから在郷の武士となって務めを十分に尽くす心がけである
14.池田三十郎	班長殿始め上官の御恩は筆にも尽し難い，吾等の如き何も知らざる者が頭の皮より足のうらまで世話になったことは御礼の申しようもない，規律のよいのに感じた

氏　　名	内　　　　容
15. 安達勘次郎	毎日教育をうけ未だ十分しないうちに除隊になるかと思うと誠にいやに感じる，除隊後は今までの恩の万分の一でも返したい，演習に出てしかられたことに感じた
16. 藤津村藤太	質素を旨とするために規定以上の金を中隊長殿が預かったことに感じた，班長殿が軍服を親切丁寧に着用させ入浴の時財布を預かったことに感じた，教官殿班長殿が親子同様の注意を与えたことに感じた，在郷の軍人として本分を尽くしたい，先帝陛下病気の際大隊が水浴して祈ったことは地方と異なるので感じた
17. 春原庄三郎	班長殿の気にさわり走足をさせられたこと横面をうたれたことがあった，月日をぼんやりと暮らし班長殿に申し訳ない，在郷の兵士となり恩を返します，別に感じたことはない
18. 小竹明	演習の都度班長より数回の訓戒を与えられたが，之を戒心すること能わず実に切歯して止まざるなり，第二期検閲を受けられなかったのは日本軍人として恥辱である，例え三ヶ月とはいえ軍隊の厳格なる教育をうけ社会に出てこの習慣を維持せんと欲する
19. 小林芳治	規律の厳正と自治力の養生（ママ）を受けたるは実に軍隊の賜である，協同動作は除隊帰郷の後大に応用すべき事である，軍人精神をもって社会に出て奮闘したら何事もならないことはないだろう
20. 浅野英太郎	入営の時は心細かったが今では却ってうちにいるより面白くなった，うちへ帰っても熱心に勉強する，車両積載の時綱が締まらないのでどうしたら締まりますかと聞いたら，班長殿に班に帰って寝て居れと言われて涙を流した
21. 平井奥松	班長殿に教えられたことは山ほどあるがみなするかたし〔皆する難し？〕，〔演習の時屁を出したので馬糞を口に入れられた？〕，〔父母の恩はありがたい？〕
22. 山川卯八	入営当時は地方と別世界の感があったが今日ではむしろ愉快を覚える，入営して感じたのは規律正しいこと，今となっては除隊は悲しい
23. 中村泰平	炊事場入浴場厩のせいけつに感じた，内務班内のせいけつせいとん，にぎやかにしていた時上官の一声でせいしく〔静粛〕になったのはいかに軍規とて特に感じた
24. 宮沢文八	班長殿の気さわりをして早足走足をさせられた，横面を打たれたことがあった，班長殿に申し訳ないので在郷兵となって御恩の万分の一なりとも返したい

註：〔　〕内は，一ノ瀬が文意を補ったもの。

をかいま見ることができる。

この軍隊をいかに美化・正当化するかという問題に関しては、先に垣内日記の箇所において、〈軍隊＝人生学校〉なる論理が提起されていたと指摘したが、『所感綴』からもこれと同様の認識が読みとれる。輸卒たちは、「厳粛ナル精神教育ハ主トシテ吾等ノ脳ニ銘ジ薄弱ナル精神ニ対スルニ是ガ一ノ痛快ナル要素トナリアラユル障害圧迫ニ克ク抵耐（ママ）シ処世上大ニ効果アルコト疑ナシ」（9室賀秀之助）、「規律ノゲン正ト自治力ノ養生ヲ受ケタルハ実ニ軍隊ノ賜ト云フベシ又協同動作ニ至リテハ他日除隊帰郷ノ後大ニ応用スベキ事ナリ除隊后ト雖モ此軍人精神ヲ以テ社会ニ出テ奮トウシタナラバ何事モ成ラザ〔ラ脱〕ンコトアラザルベシ」（19小林芳治）、「入隊当時軍隊は軍隊わきりつ正しき所にて誠に困難に感じ候得しが今となりて見ればかい〔え〕つて軍隊生活の方が面白くかんじ候〔中略〕除隊間近くなり候故益班長殿の教へ守りて軍務に勉励致す感想がをこりました」（2清水藤之助）と口々に述べているのである。

このような「所感」群からも、軍隊の存在を〝人生学校〟として正当視する発想が日露戦後の兵士に形成されていること、その前提としてかかる軍隊観を自分の言葉として主体的に発話させ、身につけさせる訓練が教育過程でなされていたことが見てとれる。

その主体的発話の訓練という点で、「除隊后ハ在郷軍人になり業務に勉励し国民の中堅となり一旦国家ニ戦ノ有ル場合ハ聊か上官殿ニ報いん事ヲ期ス」（6井出龍太）と在郷軍人としての自覚・決意を表明する「所感」が複数存在することも注目される。同時期設立された在郷軍人会は「良兵即良民」主義を標榜、在郷兵士を国民の「中堅」と位置づけたが、除隊まぎわの「所感」執筆は、そうした軍の政策的意図を兵士たちに理解させる訓練としての意味合いも持っていた。井手輸卒はそうした軍の期待に応えている。彼が退営後そのように行動したか否かということよりもむしろ、そうした軍の論理が「正当」なものとして兵士たちに受容されていったことをまずは重視したい。こうした軍の地道ともいえる取り組みを無視しては、在郷軍人会という一大組織が社会に受け入れられ、根付いた理由も結局は理解できないと考えるからである。(31)

b　私的制裁

『所感綴』が、上官向けの軍隊賛美・決意表明のみで占められているのではないことも指摘しておかねばならない。私的制裁、上官の酷な仕打ちに関する記述が複数存在することも事実である。

時ニヨリテ班長殿ノ気サワリ走足ヲサセラレシ事モ有又横面ヲ打タレシ事アリ之如クノ次第ニ誠ニ月日ヲボンヤリト暮シ班長殿ニタイシテ申訳アリマセンヨツテ是ヨリ以後実家ニ帰リ在郷ノ兵士トナリ此ノ御恩も送リ升　之如クニシテ別ニ感じた事アリマセン以上（17春原庄三郎）

車リヨセキサイノ時ニハツナガシマラナイトテイヒマスタカラ私ハ何ニトシナシニ此ヨリハシマラナイガドシテシメタナラバヨクスマリマスカトイヒマスタラハンチョウドノハインシヨハシナクトモユイカラハンニカイリテネテイレトイヒマスタソノ時ハ私クシナミダヲナガスマスタイマズハツライモソレキリデアリマス（車両積載のときに綱が締まらないのでどうしたらよく締まりますかと言ったら、班長殿は演習しなくともよいから班にかえって寝ておれと言いました、そのとき私は涙を流しました、今では辛いことはそれきりであります。20浅野英太郎）

この二点の「所感」をもって、aでとりあげた諸「所感」もしょせんは内務班長、その背後の軍隊という権力に対する阿諛ないしは恐怖心の所産にすぎないことの証といえば話はそれまでだが、注目したいのは、bの諸所感がaのそれに比して文章、筆跡ともに著しく稚拙なことである。彼らは上官の酷な仕打ちに抗議、告発しようとこの「所感」を書いたのではなく、むしろ「感じたこと」を書けといわれたから、素直に一番印象に残った出来事を書いたのではないか（春原輸卒は「在郷ノ兵士トナリ此ノ御恩も送リ升」とも書いてはいるが）。リテラシーの欠如は、上官に「服従心」「忠誠心」を示してみせる能力の欠如であった。

七　精神教育と「服従」の調達

ここまで、上官に提出されたいわば公式な軍隊日記や所感を分析し、日露戦後の兵士たちは「協同一致」や「忠君愛国」「淡泊」などといった論理を日々書き写させられ、それを真に「内面化」していたか否かは別としても、自己の〈ことば〉として発話し上官の意に添えるよう訓練されていったと指摘してきた。

本節では公式な日記や所感からいったん離れ、そこにはほぼ出てこない、非公式な局面における軍隊的〈ことば〉と兵士の服従調達過程との関係を一瞥しておきたい。

ここで非公式局面に着目するのは、精神教育にまつわる〈ことば〉が単に軍隊、戦争を正当化したばかりでなく、上等兵が上官の目の届かぬところで日々内務班の秩序を維持し、新兵の「服従」を調達、維持していく手段としての役割も果たしたとみるからである。「新兵教育に最も密接の関係ある」上等兵たちの新兵に対する説教の様子を、前掲覆面の記者『兵営の告白』(32)は次のように描写する。

新兵の最も苦痛を感ずるのは人員〔点呼か〕後の説教である。俗に之を精神講話と称して居る、すでに無能の上等兵、其の言ふ所又無能ならざるを得ず、我輩屢々之を聞き而して屢々之に悩されたり、〔中略〕数人の上等兵が同一の事柄を繰返して、殆むど一時間以上も、人員後立たせて置くことがある、是れ我輩の甚だ感心せざる所で、新兵教育上最も忌むべき弊害である、思ふに彼の上等兵が云ふたから、己も一言云はねばなるまい、黙つて居ては甚麼も無能の様であると云ふが如き、きわめて簡単なる理由に基づくのである、例へば只今某上等兵の云ふた如く練兵中は云々、又他の上等兵が云ふたからは自分が云う必要もないが云々、とすでに其の不必要を知りながら、同一の事項を繰り返して説教を試みている。（八一・八二頁）

上等兵の〈ことば〉は自らに権威を付与し、新兵たちの「服従」を調達するために繰り返し発せられる。〝語ること〟それ自体が、彼らにとっては自己の権威を誇示することだったのである。将校・下士によって行われる公式な兵士精神教育とは、上等兵と新兵とが互いに兵営的な〈ことば〉、価値観を共有していく過程であった。一度そうした〈ことば〉が正当性を持つものとして共有化されれば、「同一の〔陳腐な〕事柄」が何度語られてもよかったのである。

そして軍隊的〈ことば〉は、非公式な暴力、私的制裁を正当化するためにも用いられていた。前掲『兵営生活』(33)中の、新兵の眼から上等兵による服装検査を描写した一節はその裏付けとなる。不潔な襦袢を着ていた新兵が上等兵に発見されると、「是は上官の命を能く遵奉して居る者の所業か怎うか　皆考へて見ろ〔中略〕ハイ　上官の命令を守らない者だと思ひます　得意満面　上〔等兵〕じや貴様の着てゐる其の汚い襦袢其れは上官の命令を遵奉して居るのかどーかと反対に問ひ返へされて恐れ入つた云ふ顔」といった問答の後、

上等兵の厳命今更取り付嶋もなく　全員幾名一列横隊に並んだ　今度は廻り番の横面撲（なぐり）が開始さるゝ　撲（うつ）べき者は清潔な襦袢を着た者〔新兵〕「フクラン」だ頰ベタを「ビツシヨリ」撲ぐると五本の指の跡〔中略〕此の廻り番なる打刑は　協同一致の必要から起るもので戦友の後来に於て　斯る失態の無からしめんことを戒めて友人同士で制裁を加へるものであるから非常に価値の在る者である（一四九頁）

悪名高い私的制裁を行う場合においてすら、上等兵はそれを正当化するなんらかの「論理」を必要としたのである。そのさい「班内に一人の不都合な者があると　一も二もなく上等兵から　貴様達は　協同一致と云ふ観念（こころ）に乏しいから度々其様事をやるのだと油を取るゝ」（一五五頁）と、重田二等兵の日記にも複数回登場した「協同一致」なる軍隊

的価値観が、新兵たちへの私的制裁を正当化する論理として用いられているのである。さきに内田上等兵の日記から、軍がこうした私的制裁防止に神経を尖らせていたことを指摘したが、その軍自らが日々教えた〈ことば〉が私的制裁の正当化に使われるという、軍にしてみれば予想外の現象が起こっていたのである。お前たちは「協同一致」できないから罰を受けるのだ、というこの『兵営生活』の記述は、

例へ短気を出すべき事があつても「ヂツト」抵耐して　尻を拭け靴を磨け食を運べと　降る様に無理を言はれても　之れ皆国の為君の為め　自分は河原行く馬子気取りで　ハイハイで働いて居れば決して怪我はない後に艱難汝を玉にする時もある〔中略〕一年の間死んだ考へで　服従して居れば決して怪我する気遣はない（一二五・一二六頁）

といった記述とともに、なぜ兵営における厳格な訓練を甘受（＝「服従」）せねばならないのか、新兵たちに自己説得させる論理を提供しているかのごとくであるし、だとすれば軍隊的〈ことば〉と暴力とは実のところ、どちらを欠いても新兵たちの「服従」調達を困難にする、相互補完的な存在だったと言うことができる。

前掲『兵営生活』は、「上等兵が学科の時に　上等兵の言ふ事は　天皇陛下の仰せられと毫も違はんなんて大相う威張つて居た〔中略〕余り俺ら歯痒く思つたから　一つ質問してやつたら「ギヤフン」と参つたんだの」（二一九・二二〇頁）との新兵同士の秘かな会話を記述している。軍隊的〈ことば〉に対する理解、上手に使いこなす技術なくして、上等兵が新兵たちの「服従」を調達することは困難だったのではないかとさえ思わせる会話である。

そして上等兵たちは、そのような軍隊的〈ことば〉を退営したのちまでも自らの社会的権威づけに用いていた。彼らが郷里で優遇され、在郷軍人分会会務の有力な担い手となっていったことは周知のことであるが、たとえば一九一三年ごろ、埼玉県の在郷軍人会桜井村分会は次のような活動を行っている。

徴兵検査ニ際シテハ壮丁ノ心得トナルベキ事項ヲ諭シ役場吏員ニ協力シ其人員ヲ精査シ事故者輩出セサルニ努メ終決処分済ミノ壮丁〔入営を免れた者を指すと考えられる〕ニ対シテハ不幸ナルコト、以後生業ニ精励シ国家ニ貢献スル等ヲ説キ併セテ其父兄ニ対シテモ同様一篇ノ訓戒ヲ与フ(34)

こうした光景はおそらく全国の町村でみられただろう。そのとき彼ら在郷軍人は軍隊教育の中で習得した〈ことば〉を在営中と同じように後進者に発してみせることで自らを権威づけ、監視にも用いていた。一方この桜井村回答は、「軍人帰郷後ハ在営中虐待ヲ受ケシ結果軍隊ヲ嫌悪シ退営後軍隊ノ酷遇ヲ語ルモノナシ地方人ノ感情害シ兵役ヲ忌避スルモノナシ」とも述べている(35)。このことは、軍隊の良さを自らの言葉として考え、発話させるという軍隊精神教育の枠組みが、在郷軍人会という監視体制と相まって少なくとも表向きには退営者に軍隊の「酷遇」を語らせず、ゆえに「地方人ノ感情」を害させない程度には機能し得ていたことを示唆していよう。

おわりに

日露戦後の軍隊教育過程で兵士たちが書かされた「日記」や「所感」の実相を検証してきた。それらは教育期間の短縮化に対応し、「協同一致」や「淡泊」などといった種々の軍隊的価値観をよりよく理解させ、「服従」を獲得していくための訓練装置と結論づけられる。「日記」はそれらを自己の〈ことば〉として発話する能力を身につけさせるのみならず、そうした価値観に基づいて毎日〝主体的に〟行動できているか、上官ばかりでなく自らの手によってもチェックさせる役割を果たした。また分析の結果、国史・国体教育、自らの所属する「連隊歴史」も重視されたことも判明した。この時期の軍隊教育における兵士の精神力重視という方針のもと、「歴史」は兵士たちの一体感・帰属意識を高めるとともに、彼らがとるべき行動の指標・規範として強調されたのである。軍旗、軍旗祭はかかる栄光の「歴史」を視角の面から直截的に認識させる装置であったが、兵士たちがそれらの連隊「歴史」賛美に関する記述を「日記」その他で繰り返し筆写させられていたことは、それが当該期の軍隊教育においていかに重視されていたかの証左となろう。

軍がこのように「日記」を用い、軍隊的価値観に関する多様な〈ことば〉の注入を重視したのは、それが兵士たちの「服従」、ひいては戦争がなぜ正しいかについての公的な〝説明〟を行うことだったからにほかならない。だが一方で、上等兵にとってそれを発話することは、上官に対して自らの努力、忠誠心を示してみせる機会であるとともに、非公式なレベルで班内を支配していく手段の一つともなった。すなわち上等兵は私的制裁を新兵に加えるとき、それを正当化するために、なんらかの軍隊的価値観に基づく〈ことば〉（たとえば「協同一致」）を新兵よりも上手に使ってみせる能力を必要としたのである。軍隊精神教育は、そうした暴力を正当化する〈ことば〉の使い方の訓練という、軍にしてみればおそらく予想外の意味あいもあった。そして彼ら上等兵は、退営後郷里に戻ったのちも、そうした軍隊的〈ことば〉を用い自らを権威づけては後進者の監視にあたり、結果的に兵営内のみならず地域社会の秩序維持にも関与していったのである。

註

（1）遠藤前掲『近代日本軍隊教育史研究』一二六頁。

（2）原田指月（退役陸軍歩兵中尉）『兵卒の顧問』（三芳堂、一九一三年）二一四・二一五頁。

（3）前掲『国民必読　軍事一斑』六八頁。

（4）遠藤前掲書一四二頁。

（5）陸軍少将恒吉忠道監修、大日本帝国壮丁教育会編『軍隊生活』（同会、一九一六年）一二五頁。

(6) 同一二六頁。
(7) 「児玉少将新兵教育ニ就テノ談話」（『偕行社記事』三一、一八九〇年）六頁。
(8) 「育兵論（第百三号ノ続）」（『偕行社記事』一〇六、一八九三年）三一・三三頁。「育兵論」は一八九二年一月刊行の『仏国兵学雑誌』掲載記事を参謀本部が翻訳連載したもの。
(9) 軍旗の成立と略史については、さしあたり松下芳男「日本軍隊と軍旗」（同『日本軍事史説話』土屋書店、一九七五年、所収）を参照。
(10) 前掲『兵卒の顧問』一三九〜一四一頁。
(11) 覆面の記者『兵営の黒幕』（一九〇九年、厚生堂）「軍旗祭の側面」一〇八頁。
(12) 前掲「育兵論」（『偕行社記事』一〇〇、一八九三年）一三頁。
(13) 前掲『偕行社記事』所収「社会ノ趨勢ト佐倉連隊区管内各地方ノ状況並其ノ人情風俗ヲ考慮シ之ニ適応スル精神教育ノ方法手段」（本書一六頁）。筆者の小原歩兵大尉は「世界的眼光ヲ以テシ兵卒ヲ感動セシメ」るための精神講話の題材として、「軍紀、風紀トハ如何及其ノ必要」などと並んで「日露戦争勝敗ノ原因」「未来ノ戦争ニ対スル軍人ノ覚悟」を挙げている。
(14) 一九一三年二月二四・二五日教育総監部本部長が行った講話の一節、『偕行社記事第四百五十四号付録　軍隊教育令ニ関スル教育総監部本部長並各兵監講話摘要』（一九一三年、東京偕行社）二六頁。
(15) 前掲『国民必読　軍事一斑』七六・七七頁。
(16) この日記は一ノ瀬所蔵、一九〇四年一〇月二三日の旭川兵営出発から〇六年三月二三日帰郷するまでの従軍記録である。丹沢や他の兵士たちの日記を記す習慣が、新兵生活を通じて涵養されたものか否かは現在のところ不明である。ただ、丹沢が日記に「本日ハ昨三十八〔七〕年〔旅順〕後三竿頭攻撃ノ命アリシ大紀念日ナリ」（〇五年一二月三一日）と自ら記すなど、兵士たちが自発的に所属連隊の〝勝利の歴史〟を回顧、称揚していることは注目される。
(17) 『小松町忠勇録』（帝国在郷軍人会小松町分会〔石川県能美郡〕一九二四年）。同書は西南戦争以降の町出身全戦死者の顔写真・詳細な事績を収録している。同時期、同目的の書籍は在郷軍人会田原村分会〔奈良県添上郡〕『従軍史録』（一九二六年、こちらは全従軍者の履歴を紹介）など、他地域でも作成されている。
(18) 一九三七年九月、在郷軍人会東京府市連合会によるアピール。本史料は『資料　日本現代史8　満州事変と国民動員』（大月書店、一九八三年）五二三頁に所収。

(19) 遠藤前掲書第一部第一章「軍隊教育令の系譜と軍隊教育の計画化」。

(20) 本書発行元「軍事教育会」は、巻末掲載の広告によると陸軍中将寺内正毅『在郷軍人心得』ほか多数の軍隊教育関係書籍を発行しており、陸軍との関係も深かったと考えられる。

(21) 『軍人手簿』は日記記入欄とは別に一週間単位の「学術科予定及実施表」欄を設けており、伍長の講評はその二月一九日～二五日分の「摘要」欄に記されている。

(22) 三月一一～一七日の「学術科予定及実施表」「摘要」欄に記載。

(23) 六月九日～六月一五日の「学術科予定及実施表」「摘要」欄に記載。

(24) 六月三〇日～七月六日の「学術科予定及実施表」「摘要」欄に記載。

(25) これのみ六月二六日の日記欄に記載。

(26) 遠藤前掲書第一部第五章「一九〇八年軍隊内務書の成立」二〇九・二一〇頁。

(27) 一ノ瀬所蔵。和綴の無銘罫紙四二三頁にわたって細かく記入されている。冒頭には「父ノ戒ヘ（ママ）」と題して中隊長の「中隊ノ親和（ママ）ハ御互ニ義理ト情トデ成リ立ツモノデアル」「其身ノ過リハ何ヲイツテモスグ上官ニ打チ明ケ上官ヲ何ヨリノ手頼トシテ早ク仕末ヲツケテ貰ヨ」といった訓戒が大書されており、「軍隊＝一大家庭」という理念の強調をうかがわせる。

(28) 飯塚前掲『日本の軍隊』四一頁、前出の元陸軍将校・多米田宏司の回想。

(29) 飯塚前掲書二五四頁。

(30) 同五五～六五頁。

(31) 日露戦後、在郷軍人の使命や心得、業務を説く手引き書、小冊子が軍自身、あるいは民間の出版社から多数刊行されている。一例のみ挙げると、陸軍省軍務局歩兵課編纂『在郷軍人須知』（帝国在郷軍人会発行）は一九一一年の発行から〇五年の間に、七四版を重ねている。在郷軍人会の設立と普及という国家的事業実施に際しては、社会に対してその意義を説明し、それなりに納得させる必要があったのである。

(32) 『兵営の告白』および前掲『兵営の黒幕』の筆者覆面の記者は、同書一二七・一二八頁の記述によると一八九八年一〇月「郷関を去て東都の学界に棹し」、七年後一年志願兵を志したがなんらかの理由で〇九年一二月一般の徴兵として入営、二年間服役しその間上等兵への昇進を果たした人物であるという。両書とも兵営生活の暴露本的性格は否めないが、兵士としての生活を実際に体験した者でなくてはわかりえないであろう情報も多数含んでいる。

(33)　同書は軍隊の学科など他の市販兵営手引き書と同様の内容を盛り込みつつも、一方で私的制裁に言及するなど、兵営生活の暴露本的要素も併せ持っている（付け足しのように「今は何れの連隊でも斯る事は厳禁されて居る」〈一五〇頁〉と書かれてはいるが）。著者が無記名であるのも、そのような性格によるのだろう。発行元の川流堂小林又七は、軍隊手牒など軍隊関係の出版物を多数発行していて軍との関係も深かったはずであるが、この程度は軍にとって許容範囲だったのだろうか。

(34)　一九一三年七月、在郷軍人会本部が全国各市区町村長に対して分会の実態評価と意見を求めたさい、埼玉県桜井村長が提出した回答、『季刊現代史第九号　日本軍国主義の組織的基盤　在郷軍人会と青年団』（現代史の会、一九七八年）一三九頁より再引。この桜井村回答では「兵卒退営後ハ入営前ニ比シ素行行為等一層好良ニシテ一般ニ対スル叮嚀ニシテ又軍人間ニアリテハ一層親密ヲ旨トセルニ感ズ」といった報告もなされている。ただちにこれを実態ととらえることはできないが、前述の〈軍隊＝国民道場〉という社会的イメージの形成過程を問ううえで注目すべき史料である。

(35)　日露戦後の在郷軍人会市町村分会の地域における活動実態については、前掲『季刊現代史第九号　日本軍国主義の組織的基盤　在郷軍人会と青年団』以外に、佐々木尚毅「日露戦争以降における徴兵準備教育活動の展開」（『立教大学教育学科研究年報』三九、一九九五年）、大西比呂志「成立期帝国在郷軍人会と陸軍―地域における機能の考察―」（『早稲田政治公法研究』一一、一九八二年）、君島和彦「在郷軍人会分会の成立と展開―一九一〇年前後の埼玉県松井村分会の事例―」（『東京学芸大学紀要　第三部門』三九、一九八七年）、宮本和明「帝国在郷軍人会成立の社会的基盤」（『茨城近代史研究』一一、一九九六年）などを参照。

第二章 「大正デモクラシー」期における兵士の軍隊生活「所感」

はじめに

第一次大戦後の軍隊教育・兵営生活の記録、回想中にも、日露戦後と同様、教育の一環として兵士に軍隊生活の「所感」や日記を書かせたという記述が散見される。一例として、黒島伝治遺稿・壺井繁治編『軍隊日記 星の下を』（理論社、一九五五年）なる軍隊日記の「解説」を掲げよう。黒島は一八九八年生れのプロレタリア作家（同書に詳しい年譜がある）で、早稲田大学の選科生だった一九一九年歩兵第一〇連隊（姫路）に現役入営、シベリア出兵従軍の後、病のため二一年除隊となっている。同書はこの間上官の目を盗んで私的に書かれた日記である。

編者の壺井は同じ村出身の友人で、早大を中退後の一九二〇年、黒島と同じ第一〇連隊に入営した。壺井が自らの軍隊体験を交えて記した「解説」によると、入営の三、四週間後、中隊長が彼らに入営しての感想を書けといった。「悲しければ悲しいこと、嬉しければ嬉しいこと、何でも感じたままをいつわらずに書いてみろというのである」。そのとき壺井は、この風変わりな中隊長のいった通り、「自分の感じたことをもっぱら正直に」書き綴った。まもなく中隊長からの呼び出しがあり、行ってみると「予期に反して彼は別に怒った表情さえ見せず、いつもの温和な顔つきのままで、お前は社会主義者か、とたずねた。いいえ、社会主義者ではありませんが、社会主義には共鳴するところがたくさんあります、と率直に答え」たところ、病気を理由に除隊とされてしまった。

これよりやや後のことだが、陸軍歩兵中佐森本義一は「一年志願兵の所感に就て」（『偕行社記事』六三七、一九二七年）と題する論考にて、一九二六年一一月除隊の「某師団」一年志願兵に提出させた「所感」の分析を行っている[1]。彼はこれまで数個師団の一年志願兵の除隊時に毎年軍隊生活の「所感」を書かせていると述べているから、数年来行われていた行事なのだろう。森本の議論には後で改めて言及するが、ここではさしあたり、そうした行為が複数の部隊で実施されていたこと、彼が「入営前に於ける志願兵の生活状況とくに輓近青年学生の気分及思想の傾向を十分理解し、之に適応する如く軍隊教育を指向すること」を「急務」と主張していたことを確認しておきたい。

一方、日記についても、たとえば一九二五年入営した兵士たちの回想集に「当時日誌を記して居ったから、その中から〔記事を〕抜粋した。但し初年兵時のは班長に提出を求められる事があるので、用心深く記されて居て無味乾燥だから割愛する」「外出の所感を初年兵一同が書かされたが、僕は感じた儘を書いて提出した。夜に班長がお呼びで行くと、形容詞が悪いもっと気を付けて書けと叱責された。僕は「所感は思った事をその儘表現するのが所感でないでしょうか。表現を飾ることは作文になりはしませんか」と申上げると班長は、面倒臭いなという顔をして問答無用と許り、僕の手の甲にピシャリと一発、おそらく連隊中でもイの一番の一発だろうと確信した。以来班長のお見込みはゼロだった様だ」といった記述が観察される[2]。

のちの満州事変期、一九三一年四～八月まで短期現役兵[3]として服役した小学教員藤野幸平（山口県師範学校卒）も、その間毎日日記をつけさせられ班長に提出していたという。「短現に対するするどい眼はとくに日誌に注がれ」たため、藤野は「「わが皇軍の真髄を少しでも身につけて、鴻恩の万分の一にむくいるべく、退営後は教職に挺身する覚悟である。五カ月という短い期間ではあるが」といった調子のいい作文で（文字通りの作り文）毎日の反省をうめて行った」[4]、しかし同年兵の「A（師範学校の）一部卒）とB（二部卒）の両君は、日誌の文句が不穏当であったということで、一日間の（軽）営倉という処罰を受けた」という。

これらの回想からわかるように、兵士に軍隊生活の「所感」ないし「日記」を書かせることは彼らの思想傾向を調査して異端者を発見、排除する方策にほかならなかった。

なぜこの時期の軍隊では、そうした日記や所感の強制が「急務」とまで唱えられていたのか。壺井は入営時の「読法」（軍隊生活を送る上で遵守すべき徳目）読み上げを拒否する初年兵がいたことや、自身も黒島と同様「軍隊生活の重圧にたいする一つの抵抗を動機とする軍隊日記を書いた経験がある」（一八七頁）ことなど、当時軍隊に対して兵士が種々の「抵抗」を行ったと述べ、その背景として、「労働者階級の運動の波の高まりにささえられ、幸徳事件以来封鎖的であった日本社会に自覚的な社会主義運動が展開されていった」ことを指摘している。日記、所感の強制という兵士たちの思想チェック策は、かかる社会状況に対する軍の危機意識によるものと考えられる。従来の軍事史研究でも第一次大戦後の陸軍は、「デモクラシー」思潮の台頭に動揺し、なんらかの対応策を強いられていく存在として描かれてきた。[5]そしてその中で黒島の『軍隊日記』は、当該期の「兵士の間における思想的動揺」、「懐疑と批判」[6]の具体例、抵抗の象徴として挙げられてきた。

確かに第一次世界大戦後の陸軍が兵士の「思想対策」の一環として、一九二一年の軍隊内務書改正など、軍隊生活の一定度の自由化を試みたことは事実である。ただ、上記の黒島・壺井の体験談を引用すれば、それで当該期の兵士意識の特質を説明しつくしたことになるのか、という素朴な疑問が残る。

たとえば、黒島は「もっとも野バンな人間の数に入らないものすなわち軍人である」（『軍隊日記』一九一九年一二月二〇日条）などと、軍隊生活への憎悪を日記に綴ったが、その部分のみは盗み見られることを警戒してかローマ字で綴られている。彼の「抵抗」とはしょせんその程度だったと言えなくもない。また壺井は軍隊生活の「所感」中に「思ったことを正直に書き綴った」が、そのとき他の同年兵たちは、「下手なことを書けないと、頭をしゃちこばらせ、ありきたりの、ごまかしの感想を書き並べたらしかった」のである。壺井は入営時にも、村の歓送会での挨拶で、「人殺しの稽古などに行くのはいやだけれど、仕方なしに引張られて行くのだ、というようなことを喋って、村人を驚かせた」というが、そのとき「ほとんどすべての者は、「国家のために粉骨砕身し、この腕のつづくかぎり御奉公することを皆さんに誓います」というようなきまり文句を、大袈裟に腕をふりまくりながら喋った」のである。壺井は、自分がそのような「反軍演説」をぶって「無事入営」できたのは、「小さな部落なので、巡査もおら」なかったからだと述べている。彼のとった行動は、当時においてはいわば〝例外〟にすぎなかった。

本章が考察の対象としたいのは、兵士たちが軍隊を褒めるべく「頭をしゃちこばらせ」て書いた、あるいは書かされた「ありきたりの感想」の中身である。それは兵士たちが在営中のみ上官に対する恐怖心から一時的に並べてみせて、退営すれば忘れてしまう程度のものだったのだろうか。必ずしもそうとばかりは思えない。当時の著名な平和主義者、水野広徳（退役海軍大佐）は一九二四年公刊した反戦論の中で、

> 壮丁の大多数は兵役を苦痛として初め入営を嫌ひながら、愈義務を果たして在郷兵となるや、彼等の殆どすべては兵役賛美者へと早変わりする。軍隊教育の効果とすれば軍隊の為に慶賀する。若し又紡績女工〔彼女たちは工場の苦痛や雇主の残忍を語らず、それは「他人をして自己と同じ苦痛を嘗めさしめんとする江戸の仇を長崎で討つの類」か〕と同一心理に出づるとせば、我等は人間を悲観する。(7)

と述べているからである。水野は、兵士たちが退営後「兵役賛美者」となった原因それ自体を問題にしているのではない。彼らの言動が体制の擁護、つまり「軍事当局者が服役者の苦痛に同情して之を慰労するの策を講ぜず、名誉の

義務などと子供瞞しに世間の群盲を煽て上げお祭騒ぎをな」している状況の助長にほかならず、「真に兵役の苦痛を実感するプロレタリヤの天下」という自らの理想実現の妨げとなっていることこそを問題視しているのである。

本章では、「兵役の苦痛」がなぜいわゆる「大正デモクラシー」下の社会においてすら広く「実感」されなかったのか、という問題を考える前提として、第一次大戦後から昭和初期という、もっとも反軍・平和思想が昂揚したとされる時期に軍隊生活を体験した兵士たちが軍隊生活の中で書いた、あるいは書かされた「日記」「所感」を分析する。彼らは軍隊教育の中で具体的にいかにして、どのような軍隊「賛美」のことばを身につけていったのだろうか。この点は、「大正デモクラシー」状況下、自己の存在意義までも問われていた時期の軍がどのような論理のもとに兵役の存在を正当化していたのか、またなぜこの時期ですら、兵士、ひいては社会一般がそれを少なくとも表面的には当然のこととして受容していたのか、という問題に深くかかわる。

以下、第一節では一九二三年にある一年志願兵が在営中執筆、退営後私家版として刊行した『兵営夜話』なる軍隊日記（比較のため前出短期現役兵の前身・一年現役兵が一九二四～二五年にかけて書かされた軍隊日記『凝視の一年』の内容にも言及する）などを、第二節では一般の徴兵兵士が同時期に書かされた「所感」の綴『誠心の集ひ』（一九二〇年）や各種回想録などを分析する。その内容を一言で言えば軍隊擁護・賛美論であるが、では軍隊の何が「賛美」に値すると認識されたのかを問うことで、当該期の兵士レベルにおける軍隊観の特質を明らかにしたい。

一年志願兵とは将来の将校・下士として「優遇」された身分であった。吉野作造は『中央公論』掲載の軍隊批判論中、「〔一年〕志願兵はなぐらるゝことは絶対にないが、普通兵はどんな人でも一度もなぐられたことのないといふ者は絶無だらうと思ふ」、「一年志願兵は神様のやうに取扱はれて居る。兵営生活の悲惨苦悩は普通兵でなくては味はれるものではない」と述べている。(8) 事実『兵営夜話』の記述を見ても、「一年志願兵室」があるなど、一般の徴兵に比べ服役期間だけでなく、日常の待遇面でも相当優遇されていたようである。在営中の食費などが自弁であり、かつ一般の兵卒より服役年限が短いことから、戦後の研究においても「富者のための現役在営期間短縮の特権」といった批判が加えられてきた。[9][10]

一年志願兵たちの軍隊擁護・賛美を、過酷な扱いを受けることのない特権的身分ゆえのことと片づけるのは簡単なことである。『誠心の集ひ』などいくつかの軍隊日記・所感は教育の一環として書かされたものだから、そこで軍隊が「賛美」されるのは当然のことだろう。だが、なぜ彼らは退営して軍隊の監視下を離れたのちにそのような軍隊賛美論をわざわざ公刊したのか、またいかなる点に軍隊の存在意義を認めていたのかという問題は残っている。このことをあえて問題にするのは、とくに一年志願兵、一年現役兵が退営後在郷将校・在郷軍人会幹部などとして、社会の中で軍隊擁護に努めることを期待されていた身分であり、のちの戦時期には三十歳代後半～四十歳代の「銃後の中堅」、丸山真男いうところの「亜インテリ」として、戦時体制の一翼を担った世代だからである。

この点『兵営夜話』の著者は、一年志願兵制度の目的は「堅実なる思想、高潔なる品性を有する予備役将校を養成して、平時には在郷軍人団〔会〕の善導に努めさせ、戦時には我軍を指揮させるに在る」（一八頁）と端的に述べている。また前出の短期現役兵について逸見勝亮氏は、一九二六年師範学校を卒業、短期現役兵として入営した戸塚廉の事例をとりあげ、

戸塚は、自身の日記から「軍隊教育が、どんなに私を変化させたか、私は明瞭に指示することはよくしない。しかし、この生活がかなり無形のものを与えたことは争われない事実だ。ことごとに軍隊を悪くいうものは自己をいつわるものだ」という部分を引きながら、軍隊教育と国民教育の連携に対する強い自覚を促され「かんぜんな（軍隊の）支持者」に育ったと述べている。

とし、「さしたるつらさを味わうことなしに軍隊を垣間見ることが〔師範学校卒業者を〕「背広の軍人」に仕立て上げるうえで有効であったことは想像に難くない」、「師範学校卒業者のほとんどが短期現役兵を終了した陸軍伍長であり、農村においては在郷軍人と並ぶ貴重な兵役経験者であった。侵略戦争と教化運動に終始した一九三〇年代以降師範学校卒業者の重要性はいやがうえにも強まったことはいうまでもない。「教育勅語中ノ人」であるとともに「軍人勅諭中ノ人」であることが、教員に求められていた最も重要な資質であったからである」(11)と指摘している。第一次大戦後、「大正デモクラシー」期における軍隊教育の内実を問うことの重要性を示していよう。

もとより前記の諸史料のみに、当該期の兵士意識を代表させることは適当でないかもしれない。だがこれらを駆使して兵士たちがどのような軍隊賛美の〈ことば〉をいかに身につけ、かつ一般社会に語ってもいったのかをひとつのモデルケースとして分析することは、一般社会におけるその指導的役割・地位を考えれば、「大正デモクラシー」期〜昭和戦時期における徴兵制度の社会的基盤がなぜ維持、というよりもむしろ強化され続けていったかを解明するうえでの一助たりうると考える。

一　一年志願兵遠藤昇二『兵営夜話』

同書は、歩兵第六八連隊（岐阜）所属の一年志願兵・遠藤昇二が在営中自主的に折々の出来事を書き綴り、退営後記念として公刊したもの（私家版、全三八編・一二〇頁）である。そのため軍隊教育の一環としての「日記」とはやや異なる性格を持っているが、軍隊生活に関する所感も多数含み、兵士としての軍隊観を具体的に読みとれる史料である。

著者遠藤の入営前の経歴を簡単に述べておこう。彼は一九〇〇年生れ、岐阜市在住、岐阜市立商業学校・東京商科大学高等商業科を卒業、日本綿花株式会社勤務中の一九二二年一二月一日、一年志願兵として六八連隊に入営し、一年間の服役後見習士官に任官している。[12] 以下第一節では同書中に示された彼の軍隊論を、①軍隊の存在意義、②軍隊の問題点とその改革、③社会と軍隊との関係はいかにあるべきか、という三つの主題に分けて検証し、第二節ではなぜ彼がそれを『兵営夜話』刊行というかたちでわざわざ公にしたのか明らかにしたい。

1　遠藤の軍隊論

①軍隊の存在意義

遠藤の軍隊観の特質解明のうえで、彼が軍隊の存在意義を何処に見出していたかは最も基本的な問題であろう。彼は「今日世界列強が対峙して居る以上、純理としての道徳論のみに依ることが出来なく〔な〕って、或程度の国防を必要とし、自然軍隊充実の程度如何は、国際的には国家の権利を保護助長し、亦内国的には一国家の安寧秩序を維持する所以となる」（『軍隊教育の新傾向』一二月一一日）と軍隊の存在を当然視する見解を示している。このように当時の国際情勢に軍隊の存在意義を見出す考え方は、実は本章冒頭で紹介した『軍隊日記』の筆者黒島伝治にも共通のものである。「米国が、軍艦をふやして、軍備の充実に汲々たる。また、独逸英国等も、秘密の中に軍隊を多くし、又海軍力の拡張に力を注いでいるのを見ると、日本でも軍備の充実を怠ることが出来ないのは、為政者の立場からして止むを得ないことだろう。戦争は確かに罪悪だ。〔中略〕心に反したことである。が、人間が進んでいないのだから仕方がない」（『軍隊日記』九月七日条、一一〇・一一一頁）と、兵役を呪詛してやまなかった黒島ですら、軍拡競争下の国際情勢という現実問題を考えれば、軍隊の存在意義を消極的にではあれ是認せざるをえなかったのである。両者の認識の共通性は、当該期の兵士一般の軍隊観を考えていくうえでも注目に値しよう。

この兵士における軍隊の存在意義認識の問題を考えるうえで、これより後の二四年四月、京城師範学校一九二四年度卒業生四五名が歩兵第七九連隊（朝鮮龍山）に一年現役兵として入営したさい、各人が軍隊教育の一環として書かされた日記を抜粋、除隊後に公刊した『凝視の一年』（近沢出版部、定価三円五〇銭）は、より明確な像をもたらしてくれる史料である。そこでは軍の教官が現役兵たちにおりからの排日移民法問題やアメリカの積極的な軍拡の有様を説明し、これに対して彼らは「この米国の狂暴に対抗して行くにはどうすればよいか。黄色人種の提携だ。満鮮一体となり其処に力強い根を張つて狡猾なる白人の仕打に対抗して行かねばならない。〔中略〕今度の移民法案は実に我が亜細亜民族の団結を強固ならしめ又我国体の立場を諭らしめ国民を自覚せしむる動機として与へられたものだ」（六月九日、ある現役兵の日記）、「国防は国民全体の負担である故に少年の時より此の精神を養ふ必要あり。か丶る状態に在れば我等教育の任に当るものは勤勉奮闘し国家社会の為め献身的努力をせざるべからず」（三月二二日、同）などの所感を口々に述べているのである。このように軍隊の存在意義と兵士たる自己の使命が、日記という訓練装置を通じて自発的な〝本心の吐露〟という形式のもと確認、受容されているのは注目すべきことである。(13)

ただし当時の一般社会において高唱されていたのは、やはり軍縮・反軍論だった。遠藤は『兵営夜話』中、こうした社会状況への反発を語っている。

世間には軍人を一種の高等遊民と見做し、諸種の平和的条約が締結された今日に於ては軍隊は無用なりとなし、軍縮に伴う経費の減少を見込んで減税運動をさえする者があるが、是は自分達の誠に苦々しく思ふ処である。また偶々行軍にて宿営しやうとする際に、故意に是を拒絶する者があるが、是は全く軍隊に対する理解のなき結果であつて、恐らく斯る家庭には一人として兵営生活を為したるものが無いであろうと思ふ。蓋し軍隊生活について聊かの理解了解を持たる丶ならば斯る冷遇は出来ない筈であるからである。又斯る人々に限つて、今日彼等がその生命財産名誉に就き何等危惧する処なく安楽に暮して行けるのは誰の御陰だといふ事を諒解して居らないに相違ないと思ふ。（「軍人と世事及び世間と軍隊との関係」五月二日）

遠藤は、国民が「生命財産名誉に就き何等危惧する処なく安楽に暮して行ける」ことに自らの服役ひいては軍隊の存在意義を見出していたことが読みとれる。彼にとって軍隊とは、別の箇所で自らを「奉仕軍人」と自己規定していることからも明らかなように、国家に対する貴重な「奉仕」の場であり、愛国心充足の場でもあった。彼が軍隊経験を、「私自身の平凡な歴史の中に、ある重要なページとなつて燦然たる光輝を放つ」思い出として語ったことは、彼のそのような軍隊観に基づくとみることができるのではなかろうか。

②軍隊の問題点とその改革

遠藤は、軍隊の存在自体は自明視していたが、その内部、日常生活においては「軍隊社会も存外当にならん、他の社会と同じ様に情実の大きな流れが滔々と流れて居ることは疑を容れる余地のない事で、臭気又プン〳〵鼻をつまゝざるを得ない状態である」（「一年志願兵の志願科部選択と其の採用決定に就いて」七月二一日）などと、待遇や階級制度に関して多くの問題点に出会うことも多かった。彼はそれを座視できず、さまざまな改革論を提起している。

まず遠藤は兵営内での日常生活に関して、「最近数年来殊に本年に於ける初年兵教育方法に較べたならば正に隔世の観があるといふべきである。一例を挙げて見ると、軍事労働方面に於ては、入営当初軍隊生活に馴れる迄は食事当番を一月ばかり猶予したり、早朝の外掃除に凍傷を予防する為めに手袋を使用させたりしてゐる」と述べている。彼はこうした軍の処遇に、「自分としては無条件と迄は行かないが、寧ろ之れに賛成したいと思つてゐるものである。すべてが進化の法則に依つて発展の階程を辿る時、独り軍隊教育のみが旧来の教育方法を採用する必要はないのだから、宜しく時代に適切なる処置をなすべきであると思ふ」（「軍隊教育の新傾向」一月一一日）と一定の評価を与えつつも、なお一層の改善策として、兵営内に四階建ての「娯楽館」（一階は物品の、二階は飲食物売店、三階は玉突、囲碁、将棋など室内に適する遊技娯楽場、四階は図書館）を整備するよう提案する。この娯楽館の中では「堅苦しい敬礼の如きは成る可く之を省略して将校下士兵卒の区別無く所謂デモクラシー気分でありたい」（「軍隊に於ける慰安設備について」四月六日）とされているのは時代状況を反映して興味深いが、遠藤にとって「地方人が兵営生活を希望歓迎するに至るだけに、兵営生活そのもの、内容の改善完備を期す」ことは、「脱営者、徴兵忌避者の如き非国民」の発生防止、軍内部への「過激思想」流入対策としての意味もあった（「過激思想対策私見」五月五日）。

ただし、兵卒たちの俸給[14]に関する遠藤の主張に限っては、通常われわれが考える意味での待遇改善論とは趣を異にする特異なものである。

一言を要するは軍務遂行に関する物質的報酬の一件であって、自分の希望としては将校並びに下士級に対して今より以上の優遇を与ふべきであると思ふ。殊に下士級に対する給料の如きは之を倍加するも敢えて多過ぎるとは言へないと思ふ。而して兵卒に対する給料は自分としては全廃して無俸給とするを可なりと信ずるものであつて、兵卒中家庭の豊かならず生計困難な者に在りては、その兵卒及家族に対して別に国家の補助を与へたならばいゝと思ふ。蓋し吾人が兵営生活を営むのは報酬の為ではなくて国家への奉仕としてゞあるからである。（「軍人と一般教育」三月二六日）

自分たちに俸給は不要と主張しているのである。「富者」の一年志願兵だからこそ可能な議論と言えなくもないが、なぜ彼はわざわざこのような議論を展開したのか。それは自らの服役が「国家への奉仕」である、したがって将校や下士の「職業」としての勤務とは根本的に異なる崇高なものである、との意識、矜持を有していたからであった。この点は、軍隊の階級制度に関する次の記述からも読みとれる。

軍隊に於ける命令の尊重服従の重要なることは改めて言ふまでもないが、すべてを命令服従の関係のみで決定しやうとするのは、恰かも冷い権利義務関係に依て一挙一動を支配しやうとするのと同じである。蓋し軍隊に於ける奉仕即ち軍務なるものは何等かの物質的報酬を目的とするものではなく、唯忠君愛国の至誠と献身殉国の大節とを全うせんが為に行はるゝのである。故に階級の上下を以て第一意義なりとする如き偏見を捨て、すべての行動を律するに当つて、付随的第二義的意味に於て始めて階級を有意義としたならば、その結果自然に軍人各階級間に存在する一種の悪気分を除去することを得るであらう。（「軍隊と温情主義」四月七日）

「忠君愛国の至誠」に基づく「奉仕」（したがって金めあての賃労働とは根本的に異なる）の観念を兵士すべてが共有化・内面化し、上下階級間が融和・協調するのが遠藤の理想なのである。彼の議論の枠組みの中で、兵営を「デモクラシー」化、平等化することと、そこで国家・天皇への「奉仕」を志向することとは、およそ矛盾していない。この意味で彼の兵営改革論は、後世的意味での兵営〝自由化〟論とは単純化できない性格を有していたのである。

遠藤は軍隊の階級制度についても問題提起をしている。まず第一の是正点として、兵営内における「序列」、すなわち成績順位の決定適正化が主張される。

その内容を要約すると、いわゆる「スリ込ミ主義」による卑劣漢が往々昇進の右翼として認められることがあるが、それは徒らに軍人を卑屈にするにすぎない、一般兵卒その他の「奉仕軍人」に対する序列決定は、主として下士、上等兵が掌っているが、彼らは数年の兵営生活で技術には相当熟達しているかもしれないが、人格識見に至ってはその低級なのに驚かされるくらいであり、ことに「一年志願兵の如き相当教育ある者」の序列決定までも主として彼らの判断に委せているのは、危険でもありかつ滑稽だ、というのである（「軍隊に於ける序列制を論ず」四月一一日）。

遠藤の階級制度論をみるうえで、古兵に関する議論も無視できない。彼は「一年余計軍隊に御厄介にならうとも、彼等が軍人に下されし勅諭五ヶ条並びに読法の条々の精神を、真に理解して居ないならば、唯軍人の仮面をかぶつて居るだけであつて、斯ういふ連中が軍人として堂々大道を闊歩しつ、あるのは、吾々軍人に列するもの、甚だ苦々しく思ふ所である」（「新古兵反目に就て」一月一八日）と、「横暴な古兵達」を口をきわめて非難する。「一般普通兵即ち二年現役兵と一年志願兵との間は兎に角円く治らない様である。〔中略〕一般兵殊にその古兵の志願兵に対する嫉妬心猜疑心が原因の一つではなからうか」と、特権者たる一年志願兵と古兵との間にはそれなりの軋轢があったことをうかがわせている。しかし遠藤は、

新古兵が何等のわだかまりなく愉快に共同生活を営んで、その間自ら敬愛の念の生ずる様、皆が挙つて努力したいと思ふ。勿論両者の関係が密接でないといふ理由を、単に古兵の責任のみに帰するのは甚だ酷であつて、新兵としても充分古兵に対して相当の敬意を表することは絶対に忘れてならぬ。〔中略〕兎に角両者の間に理解が生じないのは甚だ遺憾な事であつて、自分達は此の際自ら進んで献身的努力しもって両者の親和を増大し帝国軍隊の将来を一層安固にしたいのである。（同）

と、あくまで彼らを尊敬・協調の対象としていることに注目したい。このような古兵との協調・融和志向もまた、「帝国軍隊の将来」のための「献身的努力」、国家への「奉仕」という使命観の存在を示すものである。

③軍隊と社会との関係はいかにあるべきか

遠藤にとって軍隊とは、国民が「生命財産名誉に就き何等危惧する処なく安楽に暮して行」くための必要物であったにもかかわらず、当時の一般社会は「軍隊を進んで理解しやうとはせず、往々にして軍隊無用論をさへ称えるもの

がある」（「軍人と世事及び世間と軍隊との関係」）状況ととらえられた。そこで彼は、軍隊は従来の「秘密主義」を改め、「軍事思想を普及させて、軍隊と地方との関係を密接にする為めには、或る程度まで秘密主義の門戸を開放し、地方人をして軍隊の内容を窺はしめねばならぬ」と、軍隊が一般社会に対して積極的な「融合」策をとるよう主張する（「軍隊と地方との融合策」一〇月二日）。一方の「地方」すなわち一般社会にも、「願くば地方人が、自ら進んで軍隊の内情について種々質問したりして、軍隊なるもの、内容を比較的詳細に研究せられたいものであつて、之が為めに多少の時間を割く事の決して無意義でない事は自分の確く信じて疑はぬ」（同）と軍隊理解への積極的努力を求めている。

このように遠藤は軍隊の社会に対する理解の向上を志向し、その具体策として二点を提起している。第一点は、軍人への参政権付与（現役軍人には選挙権のみ、在郷軍人には選挙・被選挙権の両方）である。「参政権があれば、自然多少とも政治に趣味を持つ様になり、世間の事情を理解する様になるかと思ふ。かくして従来の軍人は没常識だと云ふ非難を免れる事が出来る」（「軍人と参政権」一〇月一五日）というのである。

第二点は、「自分の更に重要視するは、地方に在住する在郷軍人団(ママ)の自覚的活動である。在郷軍人団は言ふ迄もなく軍隊と地方との間に在つて、両者の協定をなすに最も有力なものであ」（「軍隊と地方との融合策」）ると、在郷軍人会の活動促進であった(15)。

一方彼は社会の側における軍隊理解の向上策として、「同じ壮丁者であり乍ら、一部のものは兵営生活に於て血税を払ひつゝあるに拘らず、他のものは全然之を免れてゐる」のは「国民思潮誘導上決して面白くない(16)」ので、入営しない壮丁から「国家的事業後援の意味に於いて」徴税することで「国民皆兵の実を挙げる事」、現役服役期間二年を一年に短縮、浮いた財源でより多数の壮丁に軍事教育を施すことも提案している(17)。

以上、遠藤はさまざまな軍隊と社会の「調和」策を提案していたのであるが、それらはいずれも当時メディアや議会など多様な場で、陸軍将官も含めた多数の論者によって主張されていた議論[18]と類似しており、それ自体はけっして特異、独創的なものではない。だが当時の軍上層部における軍隊改革論と同様の議論を遠藤という一兵士が自発的に提起していたことは、〈軍隊と社会の調和〉という問題意識の枠組みが単に軍隊内の上層部のみならず、その末端にまで共有化されていた可能性をうかがわせる。この意味において、当該期の兵士意識を「反軍」の面からのみとらえるのは一面的に過ぎると考える。そして遠藤が軍隊に対する一定の敬意、つまり崇高な国家への「奉仕」の場という認識をもって、多くの「改良」策を自ら提起していた点も、彼の一年志願兵――未来の在郷将校という立場を考えれば、注目に値しよう。

2　遠藤はなぜ『兵営夜話』を公刊したのか

ここまで、兵士遠藤が軍隊を国家への崇高な「奉仕」の場ととらえ、その存続には社会の支持獲得が必須であるとの認識を持っていたことを明らかにしてきた。そして『兵営夜話』刊行自体が、彼にしてみれば軍隊に対する社会の理解・支持獲得のための方策だったのである。

たとえば遠藤は同書中、読者たる「後進者」の兵士に対して、「軍隊内の気分は世間に思はれてゐる程悪いものではない。勿論大勢の事だから中には仲々分らないものも居るが昔に比べて大分空気が変つて来た事は事実だ。之は恐らく卑見をもってすれば初年兵と古兵、又は志願兵と一般兵とが互に睨み合ひをするといふのは、愚な事であるといふ自覚と、一般入営兵の知識程度が、昔のそれに比して多少向上した結果だらう〔中略〕世間で軍隊では目をつぶつて暮せといふが、もうそんな事をする必要はない、全く不条理であれば申告する手段も決めてあるから、安心して来たが良い。そんなに無茶なものではない」（「新入兵諸君に」一月七日）と語りかけている。おそらく遠藤は社会一般で語られていた軍隊のマイナスイメージを持って入営し、実際に軍隊を体験していく過程で「そんなに無茶なものではない」と認識を改め、そのことを『兵営夜話』を通じて「後進者」に語りかけようとしたのである。

後年の本人の回想によると、彼は『兵営夜話』を途中まで『岐阜日日新聞』に投書していたという。ある日教育担当の中佐から、投書は軍隊内務書で禁止されているので中止するよう命じられたが、「意見としてもっともな点もあるので」言いたいことは自分の部屋に来て話すよう言われたという。[19] 遠藤は投書こそ止めたものの、以後も余暇に『兵営夜話』を書き続けた。軍がそれまでもは禁止しなかったのは、彼の一年志願兵という身分もあるだろうが、その論調が基本的には軍隊への共感・支持に基づいていることをみてとったからであろう。

このように軍隊の存在意義を一般社会に向かって自ら語るという姿勢は、前出の『凝視の一年』を執筆した一年現役兵たちにおいてはより顕著である。彼らの代表者・吉尾勲は同書序文中、一年間の軍隊経験を「処世上の須要欠くべからざる階段」、「国民学校」と総括し、「世人には軍隊が単に軍事知識の養成や軍事能力の増進を図る場所であるといふことのみが知られてゐて、一方軍人精神即大和魂の錬磨を主とした青年修養の為め唯一無二の道場であるといふことは多く知られてゐない」という現状を打破して「軍隊と地方」の理解、調和を図るのが同書刊行の意図にほかならないと述べているのである。こうした彼らの使命感と実践は、「国民教育ト軍隊教育トノ連携」（軍隊教育令）者、つまり兵役の尊さを児童たちに語るべき小学校教員という退営後の社会的立場を考えれば、重要な事実である。一年現役兵たちは退営後、教員である限りまず召集されることはなく、したがって軍との関係はほぼ切れるのであるから、彼らの行動を軍への阿諛と一概に片づけることはできないのである。

むろん彼らと同時期に入営した一年志願兵や一年現役兵たちが全員、軍隊への支持を社会に向けて呼びかけたなどと言うのではない。一九二六年、軍隊教育を現場で担当していた陸軍歩兵少佐沼田徳重は一年志願兵に関し、彼らが軍隊に対して「最も批評的な態度を取り又其言動の社会に及ぼす反応力を考へて見たならば是は実際問題として直ちに考へねばならぬことであらう。又事実に於て軍隊が一年志願兵出身者を通じて社会から被つた誤解は少なくない。勿論正当な紹介者も無いのではないが[20]」と批判的見解を示している。この発言に即して言えば、遠藤は少数派としての「正当な紹介者」の部類に入るのであろう。だが遠藤の事例から、一年志願兵のすべてを軍隊支持者とみなすことが困難であるのと同様、沼田の発言から彼らのすべてを芯からの反軍思想の持ち主とみなすこともできない。

表4　「大正十五年十一月除隊時に於ける某師団一年志願兵（118名）の所感統計」

1．軍隊生活に好感を表する記事(合計130)	
軍隊生活の賛美及体験の効果大なり	68
従来在郷先輩者は軍隊生活を苦痛なる如く誤り紹介しあり	22
秋期演習其他演習の愉快なる追憶	14
軍人精神，軍紀の賛美及正鵠なる国家思想を得た	8
入営時における連隊長訓辞の追憶	5
教官，班長への感謝	6
除隊後の活動を期す	7
2．志願兵の待遇に対する不満記事(合計63)	
志願兵に対する差別待遇の不満	19
志願兵に対する幹部無理解	12
下士人格の向上を要す	16
中隊家庭温情味の高調	13
志願兵制度の欠陥	3
3．志願兵教育に対する不満記事(合計14)	
志願兵教育は学科に偏す	4
主計生教育の欠陥	5
分屯衛戍地の志願兵は特科隊の知識に欠乏す	3
三回に亘る教官の交代は痛手	2
4．軍隊の欠陥記事(合計56)	
官給品紛失の弊	15
兵卒に普通学の常識向上を要求す	4
甲班，乙班区別教育の弊	5
炊事の不潔	2
5．其他生活状態の激変に何等準備がなかったとの記事(合計2)	
〔内訳なし〕	

註：森本「一年志願兵の所感に就て」より作成。

遠藤とほぼ同時期に入営した他の一年志願兵の〝公式〟な軍隊観を示す史料として、前出の陸軍歩兵中佐森本義一「一年志願兵の所感について」がある。森本が自ら教育した一年志願兵たちの軍隊観を分類したのが表4である。最も多数を占めるのが「軍隊生活の賛美及体験の効果大なり」との感想であるが、次いで多いのが「従来在郷先輩者は軍隊生活を苦痛なる如く誤り紹介しあり」である。まさに、遠藤の語りの内容と一致している。むろん彼らが本心からそう思っていたとは断言できないし、上官に対する不満も多々述べられてはいる（それも遠藤と同じである）。だが多くの者が「優遇」された生活の中で、少なくとも入営前種々聴かされていたよりは「苦痛」でないという文脈で軍隊のイメージを語っていたことは注目される。

このことを強調するのは、遠藤と同様の軍隊経験をした彼らが、退営後の社会でも軍隊の美点を「後進者」に語る立場にあったことを重視するからである。彼らには退営後、予備役将校・下士として、在郷軍人会分会などといった地域社会の公式な場における「軍事思想」鼓吹者としての役割を与えられていたことを忘れてはならない。さきの沼田の指摘も、一年志願兵たちの「批評的」発言がどのような場で、誰になされたのか、という点についての考慮が必要であろう。

遠藤自身ははるか後年の一九四四年三月陸軍少尉に任官・応召し、部下を率いて中国戦線へ赴いたものの、退営後海外を含む転勤、転職を繰り返したためか、地元の在郷軍人会分会などでなんらかの公的活動をすることはなかったようである。(21) しかし彼と同世代に軍隊教育を受けた一年志願兵たちは多数存在するのであり、彼らがのちの戦時動員体制期に至るまで、地域社会において具体的にいかなる役割を果たしたのかをみるための史料として、断片的な事例ではあるが『支那事変山梨報国顕彰録』（峡中日報社、一九四〇年）を掲げよう。同書は日中戦争期の市町村吏員・議員、在郷軍人会・警防団ほか各種公的団体役員、戦死・帰還兵士など、山梨県下における戦時体制の担い手約四九〇〇人の経歴・事績を収録した人名録である。このうち第一次大戦が終結した一九一八年から、一年志願兵制度が幹部候補生制度に変更された一九二七年の間に一年志願兵として入営した旨が明記されている者を摘記すると、一三名が数えられる。

ほとんどの者が退営後、在郷軍人会分会長・幹部、青年訓練所指導員といった、地域における軍事奨励・教育活動指導者の役割を担っている。紙幅の都合上、ここではその中から象徴的な事例を二つだけ挙げる。西山梨郡山城村の在郷軍人会組合村連合分会長は一九二六年一月に一年志願兵として入営、退営後少尉に任官したのち一三年にわたって青年学校の主任指導の任にあたり、三九年四月組合村連合分会長に選任されるや、「銃後青年の指導に軍事奨励に粉骨砕身其心血を注ぎ又、軍事に関しての後援に鼓吹に慰問に奉仕に送迎に其の繁激なる戦時下の任務遂行に常に滅私挺身し信望愈々高きを加へてゐ」(四六三頁)た。また南都留郡福地村の在郷軍人会分会長は一年志願兵として一九二六年入営、少尉任官後郷里の実業学校で教鞭を執り、三〇年以降在郷軍人会村分会長を「十年一日稀に見る名分会長として」務め、三八年には村分会を中心として、小学校校庭に忠魂碑の建設を決議した(四〇年完成予定)。

彼らが地域の青年学校や在郷軍人会などで自らの体験に即して軍隊の尊さを語り「軍事思想の鼓吹」に努めたとき、「忠君愛国の大義」などのイデオロギッシュな言葉とともに、「安心して来たが良い。そんなに無茶なものではない」と、遠藤や森本の調査結果と同じ文脈で軍隊を語ることも多かったのではなかろうか。彼らが短期間とはいえ、実際に軍隊を経験していた事実は、その発言に重み・実感を加えたことであろうし、軍事奨励や忠魂碑建設といった彼らの活動が、軍隊・戦争に対する一定度の理解、共感をまったく欠いたまま行われたとみなすことも困難であろう。

退営後の一年現役兵(短期現役兵)に関しても一例を挙げておこう。前出『凝視の一年』刊行とほぼ同時期の一九二八年に京城師範学校を卒業、朝鮮咸興歩兵第七四連隊に入営し短期現役兵としての兵役を経験した池中義幸は、数年後の一九三九年には小学校校長に昇進し、「青年訓練所」の指導員や朝鮮への徴兵制導入に備え「不就学の青年に簡単な会話のできる最低国民学校二年生くらいの日本語を教え込む」べく四二年一一月設立された公立青年特別錬成所の所長を兼務している。(22) 要するに〝日本帝国主義〟の最末端における担い手だったわけである。その彼らが軍隊の存在意義に対する一定の理解と知識をまったく欠いたまま、そうした多様な軍事教育に関わる職務を果たし続けることなど果たして可能だっただろうか。

このように考えるならば、「大正デモクラシー」下に軍隊教育を受け、自ら軍隊擁護論を一般社会に語りかけていた遠藤の事例は、当時の軍隊教育が彼ら一年志願兵の軍隊観を「反軍」のレベルにまで悪化させることなく、一定度の理解を獲得しえていたことの一証左として読むに足るのではなかろうか。

二　一般兵士の意識

ここまで一年志願兵、一年現役兵という退営後の地域社会で指導的立場に立つことを期待された兵士たちが、第一次大戦後という時期、兵役・軍隊の存在意義をいかに説明され受容していったのかを観察してきた。本節では同じ時期に兵営生活を送った一般徴兵兵士の軍隊・兵役観を、彼らが兵営内で上官に提出した「所感」の綴『誠心の集ひ』、退営後半世紀を経て刊行した回想集『喇叭の響き誰が知る』などの史料から分析していきたい。日中戦争期以降の軍隊内務・従軍経験の回想は膨大な数に上るが、大正・昭和初期のそれは管見の限り比較的数が少なく、そのためか従来の軍隊研究においても体系的な分析はほとんどなされていない。

1　工兵第三大隊初年兵『誠心の集ひ』

この史料は、工兵第三大隊（名古屋）の紫柴幸憲なる少尉が一九二一年四月三日、入営後約四か月を経た部下の初年兵五六名に書かせた「感じたこと」を束ねたものである（一ノ瀬所蔵）。まさに本章冒頭で紹介した、壺井繁治の中隊で行われたのと同じ思想調査である。

表5　『誠心の集ひ』内容一覧

名　　前	適　　　　　　用
1.今井秀雄	各内務班へ年賀に行く，朝食に大喜び，今日は初年兵よく遊べとのお話を聞く，教官殿の御親切は一生忘れない
2.大橋義治	二三年兵及び上等兵の顔を見ると何だかこわいような気がしたがそうではなく非常に親切，自分は農業をしていたためか同年兵と違い手にまめができなかった，初めは外出をしたかったが今ではそう思わない，時々不正のことをして再三再四注意をうけ自分の心の浅いことを感じた，起床前に掃除に行き中尉殿に注意を受けた，二度と同じ注意を受けまい
3.竹中武一	軍隊の規律正しさに感じた，このとおり家に帰って働けば父母を喜ばせることができると感じた，上官殿の親切なこと，教官殿がかわいがってくれたこと，演習務長殿の親切なこと(皆に卵をくれた)，軍隊を熱心につとめて父母を喜ばせようと感じた
4.伊佐治明敏	入営の時は小学校に入学したように心細いまた嬉しい思いがした，軍隊の規律の正しさと教官殿の見学の早いことに驚いた，徒歩各個教練の時寝ておれなどと言われたが教練後未熟な所を教えてもらいたいと感じた，一度軍隊で鍛えた腕は農業をしているので何時動員が下っても役立つと思った，練兵休の時はこの上ない不忠不幸と感じた，それにひきかえ就業となり教官殿はじめ皆に面会したときは手の舞い足の踏む所を知らずというくらい嬉しかった，衛生に注意して二度と練兵休になるまいと思った
5.中山弥吉	入営当日の目出度い昼飯は食べづらかった，入営日に村の人に見送られたことを思い出した，一層奮励して国威発揚して「諸官の万分の一を得んの覚悟」である
6.蟹江角右衛門	軍紀風紀礼儀正しい事時間正しい事に感じた，入院して一期検閲を受けなかったので，退院したら一層勉励しようと思った
7.川瀬卯三郎	町の人に見送られ身に余る歓送に与った，一朝事ある時は命ある限り腕ある限り突進撃闘をもって軍人の本分を保ちそして命ある時は故郷に錦を飾って見送りのお礼をしたいと感じた，御親切なる教官殿班長殿に内務演習御教導に預かり，日々軍務に無事服従できるのに感じた
8.山内国十郎	軍規の正しいこと，礼儀正しいこと，質素を旨とすること，時間を守ること
9.脇田清根	精神上に一大一新機軸を生じた，身体が強健になりいかなる大敵にも恐れず進む修練ができた，古兵殿の気に入り方の困難さ，軍隊の言葉の荒さ，整頓板や上履きぞうりに驚き，軍隊とは血も涙もないところかと思ったが今では一家和合の如き温かみ，教官殿が真心をもって部下を愛すること，金銭上の相談にも来いと言われたこと，我が欲望のため不正直をしたが教官殿の情けで許された，正直にして飾り気ないことをいう精神が社会を離れて四ヶ月芽生えてきたので喜びのあまり教官殿に申し上げる，精神を修練し教官殿の言うとおり心ばかりは社会人にひけを取らぬよう修養を重ねる
10.加藤保吉	入隊するが早いか入院して，教官殿班長殿が面会に来てくれたときは涙ぐんで喜んだ，退院して戦友が演習内務に進歩したのに驚いた，第二期になり一層軍務に勉励しなくてはならない
11.湯浅養治	中尉殿に写真を撮って貰ったのがきまりわるかった，食事はご飯は臭ったが菜はうまかった，夜はなんだか怖いような嬉しいようなおかしな感じがした，26日家のことを思って悲しんだ，27日感冒のため外出が禁止になった

名　前	適　　用
	ときは今思い出してもさびしかった，28日よりいろいろおもしろいことをして愉快だった，31日は上の人々とともにいろいろおもしろい物をつくって寝た，１日熱田へ参拝に行く途中地方の人々に新兵新兵と言われたときの腹のたったことは今でも忘れない，一期中母上の病気のことを思って教練をぼけてはよく叱られた，寝台の横へ靴下をおいて頭をはられたこともある
12. 増田八太郎	熱心な教練により身体の堅いのを自由にした，自分は生まれつき身体鈍なので術科に大いに苦しみ思い出してはどうしてできざるかと思った，第二期には一層しっかりやるつもりである
13. 鷲津光秋	軍隊は非常に御馳走のあるところと思った，三四ヶ月夢のように過ぎたが辛いことも楽しいこともあった，第一期検閲も無事に面白く演習や土工が行われた
14. 加藤円治	名古屋まで見送りにも来てくれた親友から「勇ましい軍人になっているだろう，立派な軍人になることを祈っている」との手紙を貰った，かわいい親友を代表して俺は入隊したのだ，一層働き何事にも打ち勝って前へ進まなければならない，第一期間は随分苦しいことや飛び上がるほど嬉しいこともあった，軍装をつけた勇ましい俺の姿を父や母や親友が夢想しつつあるだろう
15. 丹羽王一	村民一同に歓送されめでたく入隊した，軍服を着たとき国家の干城たる志望をした，軍隊は軍紀風紀の正しいことに感じた，熱田神宮に参拝し，日本は神国と感じ心愉快に帰営した，中隊長の精神講話を聞き一層軍務に勉励することと思った，酒保に行って菓子を食べたとき愉快だった，教官殿を始め助手助教殿の熱心なる教授により一人前の軍人となったのは実に感謝の次第である
16. 木村岩次郎	軍隊生活は悲しいこともあれば面白いこともあった，一番感じたのは入営第一日の夜，物淋しい消灯喇叭，いかめしい銃架，恐ろしい顔をした上等兵を走馬燈のように思うにつけ不安の一夜を明かした，段々と軍人清心〔精神〕をつぎこまれた，戦友が入院したときや初めて母が面会に来てくれたときは涙が出た，無事に検閲が終わった日の演習止めラッパは末永く忘れることが出来ない
17. 加藤鉄次	入隊第一日消灯ラッパを聞いて心淋しく思った，寒い日の教練で二三年兵の方々はシベリアで寒いことだったろうと思った，休憩時水筒の水を飲む嬉しさ，中隊長，教官殿，助教助手の熱心なご教育を第一にうれしく感じた
18. 伊藤秀光	「国民の一大儀」として入営，名誉ある軍服を身につけた我が胸中は喜びにたえず，大隊長中隊長殿の学科を聞き我が身一生の幸福，日頃父と仰ぐ中隊長のひげをみてこわかった，感冒で外出が禁ぜられて驚いた，検閲も熱心と努力，教官助教助手の親切な教えによって無事に終わった，目出度目出度
19. 酒井新助	国家の干城となり入隊，故郷の生活とは異なり規則正しく何一つ不自由なく新兵掛の親切や古兵殿の丁寧なる取り扱いをうけて心嬉しく感じた，酒保のある夜が楽しみだった，外出で活動を見て楽しくその日を送った，第一期検閲も目前となり休みに水筒の水を飲むのや一期の検閲中病気にもならず終わったのが何より嬉しかった

20. 高橋秀三	入営当初はどちらを向いても知らない顔ばかり，軍隊とはいやな所に思ったが日が経つに従い戦友とも気が合い，軍隊にもなれ演習も面白くなり誠に愉快な所だと感じた，酒保を待ちかねる様になった，一番楽しみなのは射撃と銃剣術，無事に第一期検閲が終わって嬉しい
21. 加藤義一	入営以来まもなく面会謝絶外出できず非常に淋しかった，徒歩各教練早駆けは大嫌い，早駆けをもう一回と言われると小生は駆けるのが遅いので心がぞっとした，休憩と言われるとうれしい
22. 棚橋房吉	一番淋しく感じたのは入営当時の消灯ラッパ，つめたいさびしい隊内で長い三年間を親兄弟にも思うように会えずなどと色々深い思いに沈み地獄へでも堕ちたような気がした，一番嬉しく思ったのは徒歩各個教練の中休み，もう一回早駆けと言われた時の心持ちに引き替え，班長殿がにこっと笑って「別れ」と言われたときの心持ち
23. 古橋寿三	二三年兵の親切なことに感じ，入隊式の時の分列式の立派なことを嬉しく思った，陸軍墓へ参拝し，石碑を見て皆我々の先祖にて皆忠義な人達と思い落涙数行(ママ)した，教官殿はじめ助教助手の熱心なことによりまず一人前の軍人となった
24. 西尾頼造	足を怪我して治療を受けるのが遅れたため一ヶ月あまり練兵を休んでしまい，油断すると意外の失敗をすると思った
25. 松井久吉	両親が心配して面会に来たので別に心配することなく軍務に勉励しているし，二年兵の戦友も親切にしてくれるので心配ないと言うと喜び帰った，検閲を心配したが無事終わった
26. 山田孫三郎	規律正しき軍隊生活故愉快に暮らした，同輩は親愛の友となり，この上もなく愉快に日送り致し，一人前とは言えないが軍人の数に入り喜んでいる
27. 市橋仙一	最初は班長や上等兵殿の顔を忘れて他班へ並んだこともあった，物覚えの悪い私は上官の官姓名もなかなか覚えられなかった，愉快なことが重なり第一期検閲も無事に過ぎた，入隊及び第一期の勇気と希望を抱いて国家のため一生懸命勉励する
28. 山野関三	入隊以前二三年兵がシベリア風をふかせてひどい目にあわせると聞きこわごわ入隊，入隊式を終え監獄に入った心持ちがした，二三年兵は熱心であってかつ親切なことは兄弟のごとく，特に第三内務班長はじめ二三年兵の人の熱心なる教育により一期間なにごともなく，四五時間の作業にも倒れず無事にやり通したこと，軍隊の規律の正しいこと，我々が敬礼をして上官の答礼の正しいことに感じた
29. 真野政一	我等が国民学校と呼ぶ軍隊の新生活に入りはや第一期も過ぎたが，いまだに入営当初のことが思い出される，営門に入ったとき国家の干城となり大道を闊歩することができるかと好奇心にかられ同時に故郷の朋友の事を思い浮かべた，軍服に着替えた時新生活国民学校に入学した感がした，消灯ラッパの音を聞き故郷への思いに沈んだ，同郡出身の鈴木又吉殿の熱誠なるしっかりやって郡の名を上げてくれとの言葉が今なお思い出さずにはいられない
30. 高野利一	我ら待ちに待ちたる入営日，国家の感状〔＝干城〕たる軍人になったのかと思ったら非常に嬉しかった，消灯ラッパを聞き周りを眺めれば知らない人ばかり，思わず家のことを思い出した，水筒の茶がうまかったことは忘れない，酒保に行った，入営以来立派なる軍人精神を吹き込み地方の事は忘れてしまった，今地方に帰ってこの精神をもって毎日の業務を致せばまず

名　前	適　　用
	成功するだろう，三年間この心を忘れず勉励いたす心組，船こぎは我の得〔意〕業ゆえこの業を一心にな〔や？〕って人に一度腕前を見てもらおう
31. 佐野平造	内務がよく分かって参りました，佐野は腹がへってたまりませんでした，検閲が一番感じました
32. 中島仙造	家にいた心とはまるきり変わり，軍隊という所へ来てからは朝早四時か四時半には目が挙げて〔あけて？〕寝ることができんというその心が第一に感じた，軍隊は質素ということ
33. 秋田東一	目出度く国家の干城たる軍人となった，陛下のこうこう〔股肱〕たる軍人となったと思えば実に嬉しく感じた，一層気合いを入れて勉強しようと思った，入院して退院できず，暗い暗い海の底へ引き入られる気がした，教官殿がおいで下さったときは実に嬉しく子が親に会ったような気がした，退院後覚えることが多いので頭がもちゃくちゃとなり秋田のぼんやりと云われたときは実に辛かった，検閲当日は気があせって間違いをした，実に心中に針を刺すような心持ちがした，二日目にはどういうことか目を動かして教官殿より注意を受けた，この時は一生目を動かせないと思った
34. 垣内久太郎	第一期検閲にて悪しき為行かれなかったのを一番残念に思った，軍人はなるだけ倹約せねばたち行かぬと感じた，第一期前のような心で家に帰ればさだめて成功できるであろうと感じた
35. 山田三一	軍隊は国民学校であると中隊長殿班長殿から学科で聞いた，なるほど我々が除隊した後でも軍隊式で行ったならどんなことでも立派に成功するであろう，第一自分の感じたことは我が村の青年会を軍隊式に行いたいものだ，まず時間励行又は動作である，第二には自分が一家を立てるにはこの軍隊式生活で暮らす，第三に我が村に対しては軍隊式協同一致しなお自分が除隊したなれば軍隊式精神をもって社会に出たなれば人の頭となって模範的に働かねばならぬ，自分は軍隊にて目的の階級に上がり人の頭とならねばならぬ，この目的を達せねばたとえ除隊をして帰りても我内の敷はまたぐまいと決心した
36. 山中信一郎	各人及び室内の整理整頓のよくできていること，入営前思いし外に戦友はもちろん古兵殿が親切であった事，昼晩の副食物は大変に良いが飯がすくないのでもう少しあればと思った，演習において教官殿始め班長殿の熱心な教えにより出来るようになったときは嬉しかった，二三年兵殿の協同一致のあること，冬の寒い晩の洗濯はつらいと思った
37. 祖父江四五三郎	一月一日娯楽会をやった，中隊長殿教官殿の学科を聞き，色々のことがわかり覚えて喜んでいる，私も軍隊の生活のようにうちでやったら立派な人になれると思い暮らしている，軍隊に入ったはじめの内は家のことを思いよく演習もぼけたと思う，一生懸命働き勉強して，三年が終わるうちには立派な者になりたいと思う
38. 星野勝一	自分が入営する前は親戚中に上等兵になって帰ると言いふらしていたが，足を痛め入院し，入営する当初のことが思い出され心を痛めていた，教官殿や班長殿の情け深い言葉に床に入ってから一時間くらい涙が止まらなかった，演習に出られるようになりどれほど嬉しかったか語れない位であった，教官殿の言葉で兵隊という者はなかなか規律正しい厳格なものだということが胸の底までしみわたった

39.後藤芳太郎	家の事ばかり思いすごし，室の上等兵殿に毎日しぼられ，頭にこぶの絶え間なし，毎日泣き泣き面白いと思って暮らしたことはなく第一期間を暮らした，今ではすこし楽になった
40.長谷川秋数	軍服を着たとき大変嬉しかった，中隊長殿の訓辞を聞き，今後は専心軍務に勉励して国の為につくさんと決心した，初めて室内に居りしとき掃除のよく行き届いて居ることと物品がきれいに整頓してあるのに感心した，時間の正確なのもさすが軍隊であると思った，入営以前に思っていたよりも上官の方々が親切に我々を教えていただくのが意外だった，演習は面白かったが成績が悪かったのが一番残念だった，一番の楽しみは酒保だった
41.渡辺伊三郎	入営の日，中隊長殿が見送り人にまで親切なる講話をされたとき上官の親切なことに感じた，室内に入りしとき整頓の正しきこと，班の古参兵殿の親切なることに感じた，演習で教官班長殿の教えの親切なこと
42.富永政一	服を適合するときに古兵の人のねんごろなこと，兵舎内外の清潔や整頓の良きこと，何事をなすにも時間の正確礼儀の正しいことに感じ入った，演習で隊長殿始め教官殿班長上等兵殿の入念な教訓によりこれから御国のために尽くさねばならぬと感じた，演習を終えて夕食後酒保に行きあんパンを食べたときほど楽なことは家にいたときはなかったように感じた，一期の検閲を何事もなく無事にすんだのが何より喜ばしく感じた
43.磯部安一	見送り人と分かれて内務班に入った時辛いと思った，地方にいたときは軍隊は辛いと思ったが今日では面白く暮らせるようになった，雪の日の洗濯は辛いものだと思った，入営以前には菓子など食べたことは無いが今日ではたくさん食うようになり，どうしてこんなに食うようになったかと感じた，上官の親切なことに感じた
44.中村八郎右衛門	室内の整頓の正しさ何から何まで一定しており上級者の親切なこと，心細く思っていたが初年兵掛り将校物優しく心配するなとの仰せに何となく物温かく思った，軍紀風紀礼儀正しきこともわかり軍隊の生活地方と違って時間に正確なこと実に感じ入った，日々の教育により早一人前の軍人といわれるまでになったのも大隊長殿始め教官殿将校上級者のおかげと一生思い起こす
45.成田万吉	成田は字を知らんからまことにざんねんであります，五時間土工をやって内務班に来たときに食事のよけいにあったことは忘れません
46.内田新吾	室内の清潔整頓を見て軍隊とは正しきところだと感じた，入営後古兵の人の親切なことは地方にては無きことと感じた，演習で教官班長の親切に教えてくれることに感じた，軍紀風紀の正しきことに感じた
47.堀田善一	軍隊は質素であることが第一に感じた，二月二九日午前七時三〇分内務班長に注意をされたことが第二に感じた，第一期は無事に暮らしたがこの先はどうなるだろう
48.政木谷十郎	入営の時ラッパが何となく淋しかったことは今でも目の前に浮かんでくるように思われる，一月一日家のことを思い出す，家にいれば四方の神社に参拝を致し後楽しく友人と遊ぶのに軍隊にいては何事をしても楽しくなかった，土工のとき，腹の空いたときここが軍隊の軍紀かと思うとすいた腹も空かなくなる，あんパンを四十銭も食べ，軍隊に入ってからこんなにいやしき者になったかと我が身が我が身でないように感じる，軍隊の規律の良いのを感じた，早く起きると週番士官に注意を受けるから，床の中で何としたらよいかと目を開けていることが感じた，軍隊の質素礼儀のことを感

名　前	適　　　用
	じた
49.水野国太郎	入営の時はこれから軍人となると思うと嬉しかったが，一〇日ばかりは家のことを考えていた，戦友にもなれて家のことは考えなくなった，毎日体操をするので体が丈夫になったと感じたが腹が減った，演習に出るごとに何か新科目があるかと楽しみにしていた，第一期がおわり，身体の丈夫であったことが嬉しかった，中隊長殿の学科があるたびに軍人の任務の重いことを感じた
50.塚本護	室内の整頓をみると服は重箱を重ねた通り，そのように出来るかと思ったが，日が経つにつれて出来るようになった，腹が減り二ヶ月くらい辛抱したがもはや酒保へ行かねばならない，内務班の上等兵殿から下腹気合いがぬけ〔てい〕るといわれ意味が分からなかったが一期検閲前にようよう分かった
51.渡辺大	一二週の内に戦友にも慣れ，内務も大分分かってきた，はじめの内は演習も楽であったが，次第に激しくなり随分腹が空くようになり軍務を全うできるかと思ったこともあった，班長殿や助手の方が気合いが無いと種々しかられた，よく分からなかったが近頃は分かってきた，腹が空いたときには酒保へ行って菓子を食うのが一番の楽しみであった，軍隊は第一期中は随分辛いと在郷軍人から聞いてきたが，検閲がすんだ後では思ったより楽だった，第二期からも気合いを抜かず益々軍務に勉励する覚悟でいる
52.児玉一馬	一〇日ばかりは地方のことばかり考えていたが，演習になれるに従い腹が減りこれでも軍隊が勤まるかと度々思った，演習中班長殿や助手殿に下腹に気合いがないとしかられました，その意味が分かりませんでしたがこのごろでは下腹の気合いも分かりました，助教助手のおかげにて一期の検閲も終わり喇叭手を命ぜられ，このごろでは犬山架橋習の新科目を待っている
53.吉口弥七	軍隊は思ったより規則の正しいのに感じた，入営前はいろいろ心配をしていたが練兵をなすときはなし，遊ぶときは遊んで実に愉快であると感じた，室内の整頓の正しいことに感じた，消灯喇叭がなると淋しく思い，起床喇叭がなるとせわしく感じた，軍隊は倹約しなくては暮らしていくことができんと感じた，土工のえらい〔大変な？〕こと，手にまめができて身体の自由にならないことに感じた
54.杉山福太郎	待ちに待った入営，班長並びに班の上等兵の親切なことに感じた，消灯喇叭を聞き心淋しく思いああ軍人になったかと感じた，二三年兵の話に土工は偉いとかねて聞いていたがなるほど五時間連続は難渋だ，上官の教えを受け軍人精神がしみた，これで社会に出て働けば立派な人になると感じた
55.伊藤清	従兄に正月が過ぎたら古兵の人に随分いじめられると云われたが割合そんなことはなかった，物事の確実なことに驚かされた，ことに初年兵と二三年兵のはっきりした区別は実に意外だった
56.岩田満司	第一期を終え国家の干城たる軍人の仲間入りが出来た，面白いこともあればつらいこともあった，入営して一番感じたのは上官に服従するということと，演習で機敏ということと，土工作業で軍紀の正しいということ，益々軍務に精励して立派な軍人とならねばならぬ

註：〔　〕内は，一ノ瀬が文意を補ったもの。

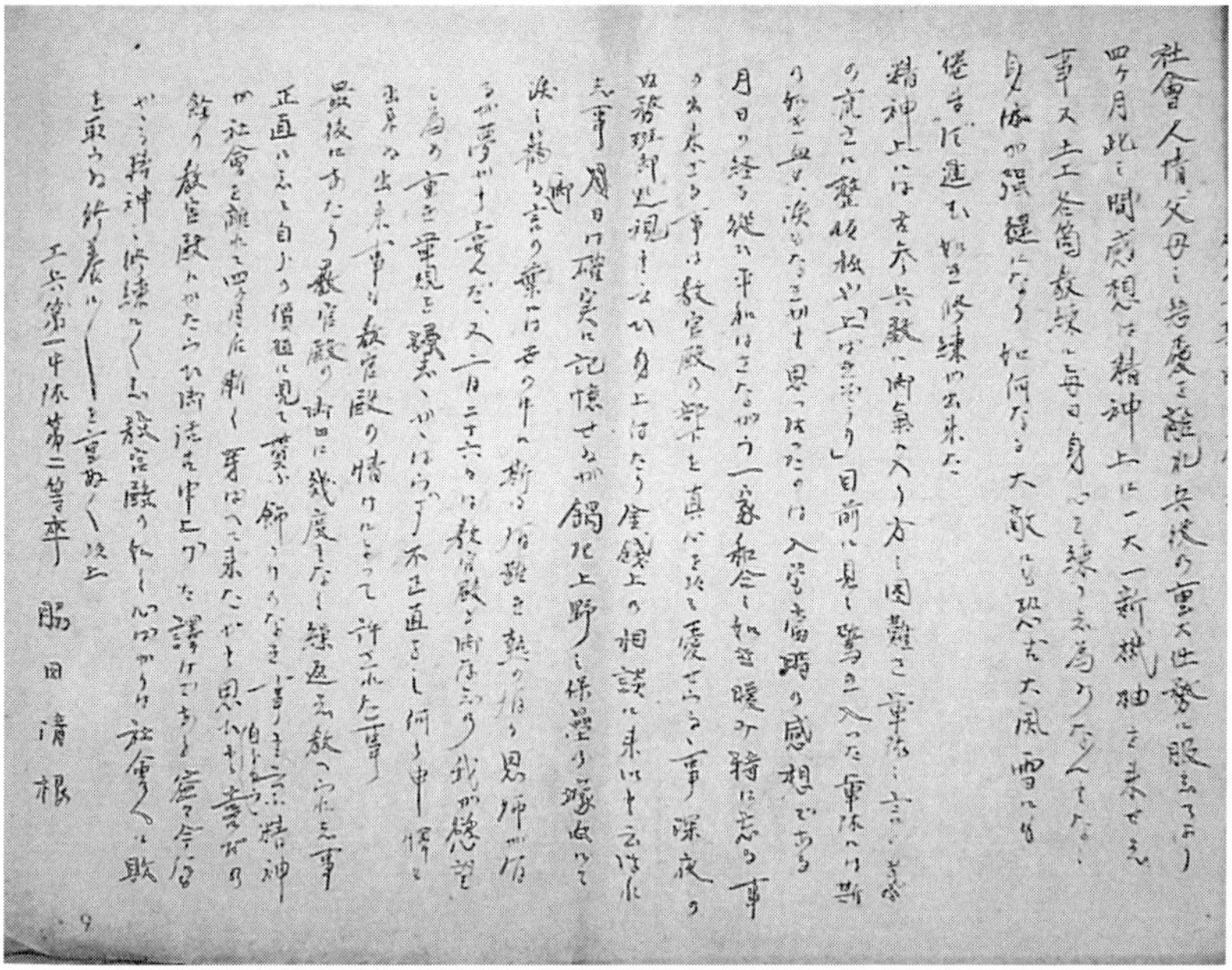

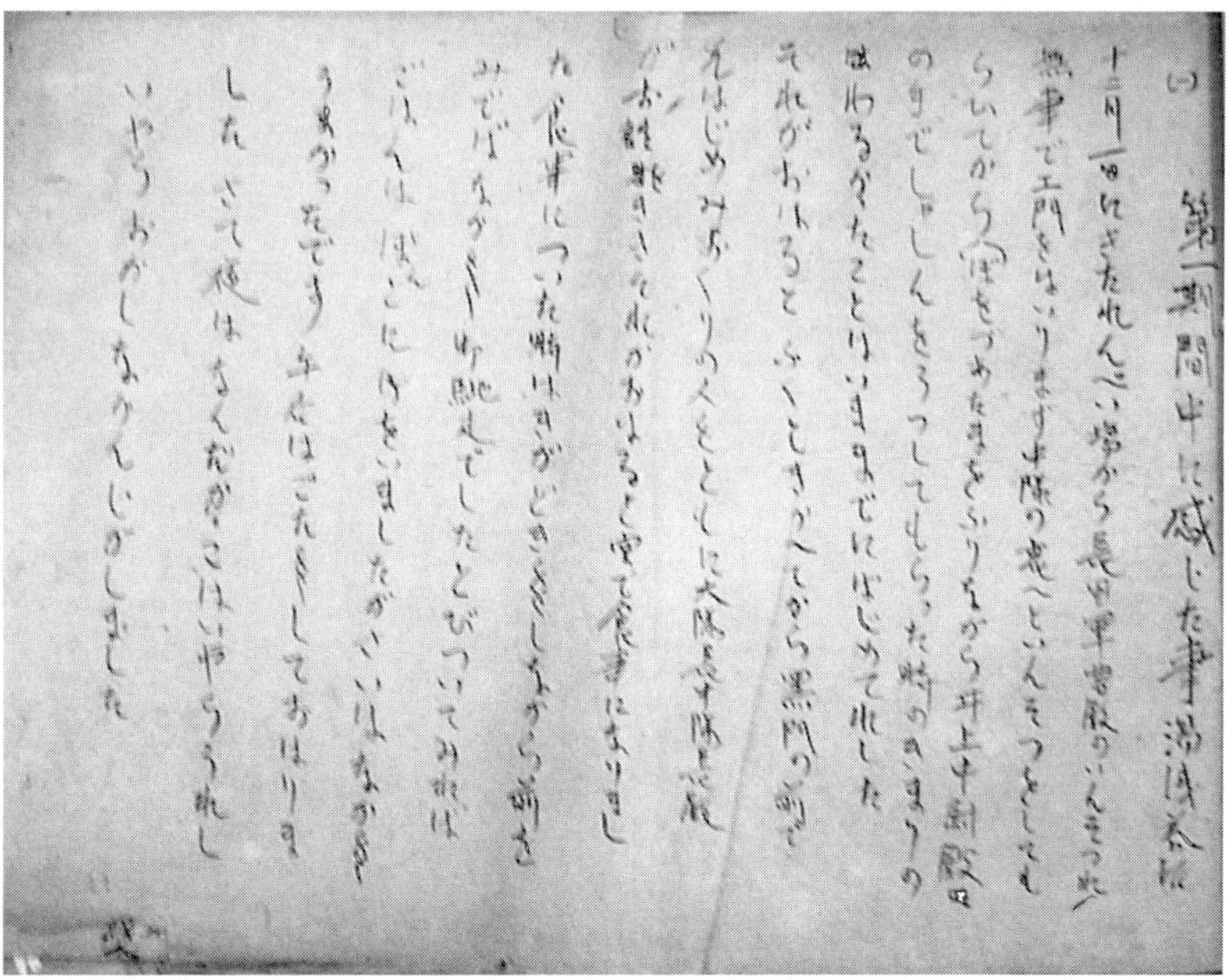

図２　『誠心の集ひ』（上：脇田清根筆，下：湯浅養治筆）

表6　『誠心の集ひ』からみた「軍隊のイメージ」

	内訳(数字は表5の各兵士の番号)	合計
①決意の披瀝(＿は故郷との関係に言及している者)	3.5.6.7.9.10.12.14.15.18.27.29.30.33.34.35.37.40.42.49.51.54.56	23
②上官への感謝	1.2.3.4.7.9.10.15.17.18.19.23.28.29.33.36.37.38.40.41.42.43.44.46.54	25
③規律正しい，質素である	3.4.6.8.19.23.26.28.32.36.38.40.41.42.44.46.47.48.50.53.55.56	22
④修養の場,「国民学校」である	4.9.29.30.34.35.37.54	8
⑤不安，不満		
寂しい	17.21.43.53.54	5
軍隊生活への不安	4.9.16.20.22.28.47.55	8
家のことを思った	11.22.29.30.37.39.48.49.52	9
腹が減る	31.36.43.48.49.50.51.52	8
演習が辛い	21.22.33.53.54	5
上官の制裁	11.39	2

表5に五六名全員の所感を要約して掲げた。この五六名の入営前の経歴・教育程度が不明という制約はあるが、同表および図2を一見すればわかるように、自らの思考を論理的に表現できる、明らかに一定度の教育を受けたとみられる兵士もいれば、「成田はじをしらんからまことにざんねんであります、五時間どこ〔土工〕をや〔っ脱か〕てきたときに内務班きたときにしょくじ〔食事〕のよけ〔いに脱か〕あ〔っ脱か〕たことはわすれません」（45成田万吉）としか述べることのできない兵士もおり、その年の初年兵の思考内容・傾向をある程度まで体系的に概観、把握できるのではないかと考える。彼らはどうすれば上官の機嫌を損ねないかと思案しつつ、この「所感」を提出したのであり、それは彼らがたとえ〝建前〟のレベルではあっても、どのような点に兵役の正当性、必要性を見出していたのかを探るひとつの手がかりとなろう。それを裏返せば、当時の軍はいかなる論理をもって、軍隊・兵役の存在を兵士に対し正当化していたのか、という問題の解明にもつながりうる。

表5の内容を、前出森本中佐による一年志願兵意識調査の形式に倣って分類したのが表6である。①軍隊に入っての決意を

披瀝する者、②上官に感謝の意を示す者、③規律正しさに感じたとする者、④軍隊を修養の場・「国民学校」とみる者、⑤不安・不満を持つ者、に大別できる。

①は「国家の干城」として一生懸命軍務に励みたい、などと決まり文句を述べたものである。「町の人に見送られ身に余る歓送に与った、一朝事ある時は命ある限り腕ある限り突進撃闘(ママ)をもって軍人の本分を保ちそして命ある時は故郷に錦を飾って見送りのお礼をしたいと感じた」などと、郷土の見送りを感謝しその期待に応えたいと述べる者(7川瀬卯三郎)が複数いることは、彼らと〝郷土〟との関係を考えるうえで興味深い。

本章冒頭にて壺井重治の同年兵たちが村を挙げての激励に対し「国家のため御奉公する」と「大げさに、腕を振りまくりながら喋った」のに対し、そこで「人殺しの稽古をしにいく」などと語った壺井は異端者にほかならなかったと述べたが、そうした地域の見送りが兵士たちに国家への「御奉公」を強制する意味あいを持っていたことがうかがえる。

②は教官・古兵の、入営当初の不安を裏切る「親切な指導」に感謝するというものである。当初「二三年兵がシベリア風をふかせてひどい目にあわせると聞きこわごわ入隊」(28山野関三)したり、「古兵殿の気に入り方の困難さ」(9脇田清根)を怖れていたのに、「今では一家和合の如き温かみ」(同)などと述べているのは、深読みすれば実態はそうではないぞという彼らの皮肉、反抗心を示していると解釈できなくもない。だが「所感」のなかで初年兵たちにそのような答え方を自らのことばとしてさせていることは、彼らをして与えられた生活に何ら不満はないと自発的に表明せしめるという、一種の服属儀礼強制とも言えるのである。

③は、「兵舎内外の清潔や整頓の良きこと、何事をなすにも時間の正確礼儀の正しいことに感じ入った」(42富永政一)などと、軍隊生活の規律、礼儀正しさにプラスの価値を認めるものである。

④軍隊を修養の場・「国民学校」とみる所感の例として、二点を次に掲げる。

我れ等が国民学校とも言ふ軍隊の新生活に入りてより早や第一期も過ぎたが、今なお消灯喇叭を聞く毎に入営したそも十二月一日のことを思ひ出す和服姿でぞろ〳〵と当隊営門に入り来りた時いよ〳〵之から国家の干城と成り大道を闊歩する事が出来るかと一方わ(ママ)好奇心にかられ其時又家之事故郷の朋友の事を思ひ浮かべずにわ(ママ)居られなかつた、まず、和服をぬいで軍服と着替た事わ(ママ)心から新生活国民学校に入学した感がした、〔中略、消灯ラッパの音を聞き故郷への思いに沈んだ〕其の時となりの床に頭を並べて居られる同郡出身者なる鈴木又吉殿の熱誠なるしつかりやつて郡の名を上げてくれとの言葉が今尚消灯してしば〳〵思わずにわ(ママ)居られぬ（29真野政一）

軍隊は国民学校であると中隊長殿又は班長殿から折々学科で聞た、成るほど吾々が除隊した後なに事でも軍隊式にて行つたなればどんな事でもりつぱに成公(ママ)するであらう第一自分の感じた事は我村の青年会を軍隊式に行ひたい物だ、先ず時間励行又は働作である尚第二には自分が一家を立るに付ては此の軍隊式生活で暮し第三には我村に対しては軍隊式共同一到(ママ)し尚自分が除隊したなれば軍隊式精神をもつて社会へ出たなれば人の頭となつて模範敵(ママ)に働かねばならぬ尚自分は軍隊にて目的の階級に上り人の頭とならねばならぬ尚此の目的を達せねばたとい除隊をして帰りても我内の敷はまたふまい(ママ)と決心した（35山田三二）

このように、さきに一年現役兵の事例で見たのと同様、軍の期待に添うかたちで兵役を「国民学校」の場ととらえ、「目的の階級に上がり人の頭とな」って「軍隊式精神」を郷里にも伝えたい、との決意を披瀝する兵士の存在は注目される(23)。この五六名の兵士中、やがて誰が「目的の階級」——上等兵・伍長勤務上等兵に選抜されていったのかは不明だが、その選抜基準の一つに、軍に対する批判精神の有無ばかりでなく、軍の教育内容や期待をどれだけよく読みとり、自らのことばとして論理的に表現できるかということもあったのではなかろうか。だとすれば、「所感」の強制は単なる兵士たちの思想調査というだけでなく、彼らになぜ軍隊が賛美に値するかを思考させ、その存在意義を確認させていく一訓練だったとも評価できるのである。

ただし、⑤軍隊生活に対する不安・不満を表明している者も多数観察される。そうした「所感」には21、22のように演習の辛さを訴えるもの、「家の事ばかり思いすごし、室の上等兵殿に毎日しぼられ、頭にこぶの絶え間なし、毎日泣き泣き面白いと思って暮らしたことはなく第一期間を暮らした、今ではすこし楽になった」(39後藤芳太郎)といったものであり、いずれも体制批判の領域にまでは達していないように思われる。かかる所感を提出した初年兵がどのような指導を受けたのかは残念ながら不明だが、もしそれが軍隊の存在意義自体の否定という段階に及んでいれば、前出の壺井繁治や『農民哀史』の著者・農民自治会運動の担い手として著名な渋谷定輔(一九二六年入営するや、眼病を理由に即日帰郷を言い渡されたと自ら記している)[24]のように、兵営から文字通り排除されたかもしれないのである。

2　歩兵第一八連隊出身兵『思い出の手記　喇叭の響き誰が知る』

表題の書(以下『喇叭の響き』と略称)は、一九二五年一月一〇日歩兵第一八連隊(名古屋)第五中隊に入営した七三名の同年兵中、三八名の現存者が戦後結成した親睦会「五友会」が一九七七年に編纂刊行した、軍隊生活の回想集である。同書には一七名が軍隊生活の思い出を寄せた。同年一八連隊には宇垣軍縮で廃止された連隊に入営するはずだった兵士も回されてくる(同書)など、まさに軍縮論が最も昂揚した時点で兵営生活を送った彼らの目に、軍隊はどのように映ったのか。半世紀後の回想だけに、事実誤認や若干の誇張は免れないかもしれないが、彼らの兵営内における行動原理、退営後保持していた軍隊観に関する基本線を読みとることは可能と考える。前出『誠心の集ひ』が上官向けのいわば〝建前〟としての軍隊観の集積であるのに対し、軍隊との縁が完全に切れた後で書かれた『喇叭の響き』

からは、より本音に近い兵士たちの軍隊観がうかがえる。

同書「緒言」は、「十七編の思い出は懐旧の感が漲っている中に、一貫して流れているものは、兵営生活によって精神を鍛えられた事に対して感謝の気持ちが溢れていることである。体力の限界に自信を与えてくれた兵営生活は、不知不識の裡に世の荒波に耐える魂に、強い筋金を植え付けてくれた期間であった事を今も懐かしく振り返っている」と全体の傾向を要約している。どの回想中にも、『凝視の一年』や『誠心の集ひ』と同様、「人生訓練場」としての軍隊観が通底しているというのである。

各人の回想の内容を観察していくと、軍隊を出世競争の場ととらえる回想が複数存在する。入営前店員をしていた伊藤三作は「どうしても上等兵にならなければ、除隊してからお店に帰える（ママ）面子が無いので一層一生懸命軍務に励んだ。特別に目立つ事は出来ず唯事故の無い様にと、夕方酒保へ行く時、お城下の豊川縁りの暗い所で、人には見られぬ様に道路に土下座して、頭を土にすり付け豊川稲荷に日々の無事故を祈願し」、その甲斐あって「最高の伍長勤務上等兵を最右翼で命ぜられ」た。彼はそのときの感慨を、「お店と郷里に早く通知しなければと思った時嬉し涙が出て手紙が仲々書けなかった。進級して初めての日曜日父が面会に来たと衛兵所から通知があった。早速三装甲の軍服と取替えたが右腕の金色の腕章が気になって衛兵所まで行く間に幾度も見た」と語っている。

伊藤は後の一九三八年応召し曹長で除隊、四四年六月に再度応召してフィリピン戦線に送られ、「百四十一人の兵員は三十人足らずに減って仕舞」うという「此の世の餓飢地獄」を体験した。そのような過酷な経験をしたにもかかわらず、彼の語りの中での軍隊は「出世の場」であり、けっして怨嗟の対象ではない。

実家の農業林業手伝いをしていた深見一造も、「先輩五、六名の内半数以下（ママ）が上等兵で立派な在郷軍人でありますので、私も何とかして先輩諸氏に負けない成績を挙げて帰り度いの気持ち胸一杯で入営致しました」と回想する。幸い上等兵候補者の一人に加わることができ、「私の様な山村で育った世間知らずのお坊ちゃんが、候補者の一人に加わることが出来たからには、何が何でも勉強を重ねて自分なりの成績を挙げたいと、心に誓って第二期に入りました」という。彼は「入営後は兎に角一日も早く自分の名前を覚えて貰い、人の目に止まる様な動作をせよと教え」るような「村の先輩」、郷土の視線を不断に意識していたのである。

思うように出世競争に加われなかった兵士もいる。山口一三は、上等兵候補者の選考に際して上官から、

お前は頭も良いし成績も良いので上等兵にしようと思っている。村役場や青年団からも手紙を貰っているのでナ。然しお前はどうも統率力が欠けている点があるように思われる点がある。〔中略〕それで工卒にしたらと思うのだが、どうだ、成績が良ければ工長適任証を貰って三ツ星で除隊できることになる、お前ならきっとできると思う

と言われ、「教官殿のお言葉通りに致します、そして一生懸命精励して必ず適任証を取ります」と答えた。靴工場に派遣されると技術の向上に努力を重ね、他部隊から来たライバルに打ち勝って技術一位の成績を収めた。しかし彼は内心「これで上等兵になれないこと工卒となって頑張ることが決まった」（六五・六六頁）と、約五〇年後に至ってもなお「出世」できなかったことに失意の念を隠していない。

これらの回想から読みとれるのは、彼らが「お店」や「父親」「村役場や青年団」といった〝郷土〟、あるいは上官の期待に添い、上等兵への昇進を果たそうと努力を重ねる姿である。そこに競争原理が働いていたことが、彼らの更なる自発的努力を引き出していたのであった。その「努力が報われた」ことが、彼らの軍隊に対するプラスのイメージの根幹にある。むろん、すべての兵がそのように努力を重ね真面目に兵営生活を送ったわけではなく、本章冒頭で述べたように「外出の所感」を書けといわれて「表現を飾ることは作文になりはしませんか」と言い返し、上官に睨まれた兵士（金田辰造、三三頁）もいたのだが、結局彼は一年で帰休を言い渡され、軍隊を去ることになったのである。

このように「所感」の強制によって体制からの逸脱者を選別、排除する軍の姿勢は、病気を理由に除隊とされた壺井繁治や、左翼思想を問題視されて即日帰郷となった渋谷定輔に対するそれと共通している。

軍隊は単なる出世・学習の場としてのみ記憶・記述されているのではない。入営前から印刷業をしていた鈴木俊一（『喇叭の響き』は彼の印刷所で製本された）は「今、想い出しても涙が滲む思いがするのは、ビンタや種々の諸芸（鶯の谷渡り、ミンミン蟬、捧げ銃、木銃正座、ヤカン釣り、整理棚下の不動の姿勢等）などではなく、編上靴の手入れが悪かった時であった。首に掛けて各班を謝り歩き、編上靴を椅子の上に置き「編上靴殿」と言って謝らされる」と、初年兵時代における過酷な私的制裁の諸相を描いている。

そんな辛い体験ゆえ、鈴木たちは「俺たち初年兵の時は、内務で酷しくやられ辛い思いをしたが、今度新しく入ってくる初年兵はいたわってやろうぜ！　鉄拳制裁を加えることだけはしないでおこう」と言いあっていた。ところが「新しい初年兵が来て三日、四日、十日たつと、ダラダラしているのが目につく。班長の方からも「こんなことでは、一人前の兵隊になれない。班から上等兵候補者も出ないぞ、皆で気合いを入れろ」の要請がくる。そんなことで、だんだん気合いをいれ」ていったという。こうした後輩に対する「鉄拳制裁」は、けっして反省や悔悟の対象ではない。その理由は次の通りである。

二年兵になって初めて判ることだが、自分達の入営時の様子と同じ初年兵をみるにつけ、戦友さんの有難さが懐しくなる。物を教えてもらう為とか学ぶだけなら、何も兵営生活など不要で、学校へ行けばよいが、規律ある団体生活を営む、ましてや軍人となると厳しさが要求されるのは当り前だろう。内務の厳しい訓練によっての起居の間に、軍人精神が培われ一人前の兵隊になれるのだ。戦場に於いての一人の失敗は、友軍に取りかえしのつかぬ犠牲を伴う致命的な打撃の誘因ともなる。その責任の重要性を養うための手段として内務の厳しさがあったのだ。〔中略〕五十年後の私が健在で居れるのも、商売上で無理なと思う事に直面した時、軍隊生活のつもりでぶち当たると、たちまちのうちに解決し、最高の仕事が出来たのも、此の期間の精神鍛錬のおかげである。（一一〇・一一一頁）

悪名高い軍隊内での私的制裁であるが、兵士たちはそれを「規律ある団体生活」の訓練、「責任の重要性」を養う「精神鍛錬」の場として、制裁の相手だけでなく自己の良心に対しても正当化していたのである。軍隊は「鉄拳制裁」を受け続けた場であったはずなのに、怨嗟の対象としては語られず、約半世紀後に至ってなお「精神鍛錬」「規律ある団体生活」の場として記憶・回想されているのである。それはさきに『誠心の集ひ』を通じてみた、軍自身の意図するあるべき軍隊像、存在意義の説明とまさに一致するものであった。

3　一般兵士における政治・国家的視点からの軍隊擁護論

1・2節では第一次大戦後の一般兵士たちが軍隊の価値を主に「国民学校」などといった面から少なくとも建前としては是認・受容していたこと、「所感」はその訓練装置となっていたと指摘した。しかし、だからといって彼らに政治・国家的視点から軍隊の価値を見出し、かつ自ら語るという発想がなかったわけではない。このことを、若干の史料をもとに指摘しておきたい。

シベリア出兵に従軍したもと歩兵第七二連隊（大分）所属の上等兵山崎千代五郎（高小卒後呉服商、一九一六年入営）は、一九一九年二月の戦闘で田中勝輔中佐指揮の支隊三五〇名が全滅したなか、辛くも重傷を負って生還した五名のうちの一人であるが、一九二七年『西伯利亜出征ユフタ実戦記　血染の雪』を武蔵野書房より公刊（定価一円、のち私家版）した。彼の同書執筆目的は、直接には上官・戦友の奮戦した有様を明らかにして「犬死」の汚名をそそぎ、慰霊することにあった。[25]ただここで問題としたいのは死者たちがなぜ「犬死」でないか、なぜ国家の「正史」に刻まれるべきかについての説明の仕方である。山崎は「過激派」が略奪など暴虐の限りを尽くして民衆が困窮、「売笑婦」や「盗賊」に身をやつす者も少なくない「革命露西亜」の現状を描写して、

この地に来て最も有難く感じるのは、日本である。日本の国体である。遠い国の噂に目が眩んで騒ぎ立てる人々は、この恐ろしい事実を目撃してゐないからで、〔中略〕何等の反省も深い省察も払はずに徒らに他の尻馬に乗ろうと騒ぐのは実に苦々しい限りである。（三四年発行の「新版」一五頁）

と語っている。まさに山崎は自己の惨烈な体験を、個人の感慨としてだけではなく、共産主義思想の昂揚下にある同時代社会への警鐘としても語っているのである。彼はそうした「恐ろしい」共産主義思想の存在にもかかわらず「国会議員等の中にも軍備縮小を唱ふるものあるが軍備不十分にして然かも軍事的実力を有せざる国の哀れさ言語に絶す」、だから「軍備縮小を唱ふるが如き者には宜しく満州薩哈嗹等を漫遊せしめ親しく其実情を観察せしむるの要あり」[26]などと、仲間の死は共産主義勢力へのいわば防波堤となったものでけっして無駄ではなかった、軍隊の存在は必須だと、一兵士のリアルな体験という形式をもって強調しているのである。

山崎は『血染の雪』中、かつて中隊長から受けた「最後の五分間」が大事であるとの「精神教育」が苦戦を生きのびさせ、今日の自分を造ってくれた、などと「人生道場」的軍隊論を披瀝しており、これも広い意味での軍隊の擁護論ととらえられる。かかる性格をもつ『血染の雪』が二九年までに二四版、三四年までに三八版を数えるなど多数刊行されたことは、[27]その社会への浸透力を示すものとして注目に値する。同書は陸軍大将大井成元、同中将山田四郎らの援助により軍の許可をえて完成したとされるが、軍のこの扱いは同書が持っていた政治性ゆえのことといえよう。

一般兵士が従軍体験を自ら政治的に語った別の事例として、大阪出身のもと重砲兵第三連隊上等兵紀本善治郎『従

軍思出之記』（一九二三年）がある。彼は一八九三年生れ、「清き働きの農夫の家に生れ、田園生活も束の間に労働生活より軍隊生活に役所生活」（同書一〇六頁）を送り、第一次大戦に応召して青島攻略に従軍、負傷して兵役免除後、大阪府方面常任委員として社会事業に従事していた人物である。[28] 一九二三年三月、一九一四年八月一六日〜一一月三〇日にわたる自己の青島従軍日誌を表題の書として公刊（私家版）、大阪第四師団に三〇〇部を寄贈[29]している。

なぜ彼はそのような行動をとったのか。同書「序文」によれば、「軍備縮小の声によつて軍人が社会より疎ぜらる様になりつ丶あること」を遺憾とし、「世界の何処に真の意味の平和があらう？」、「軍備縮小が世界永遠の平和だと想像し安心して居る多くの人々に「治に居て乱を忘れず」といふ千古の金言を注入」するのが目的であった。紀本が日本の具体的な仮想敵国として、「近々五十年間に於ける我国の進展は彼の国にとつて非常に脅威となり、野望を満たすことの出来ないのみならず、悪夢に襲われる原因となつたのである」と、ちょうどワシントン軍縮条約を締結したばかりのアメリカを挙げて軍備の重要性を主張していることは、前出『凝視の一年』の一年現役兵たちと同一である。『従軍思出之記』再版時の序文では、「国家の組織を顚へし国を売らんと計る奴輩」に対して「不断の努力を以て国家護衛の任に働きつ丶ある神聖無比の現役軍人諸士の爪の垢でも煎じて飲ませて遣りたい」、ついては「慰問」として同書を配布し、「国家の一員としての自己の責任を明らかにしたい」というのが再版の趣旨である、とされている。

おそらく紀本にも山崎と同様、自己の過酷な戦傷体験を何らかのかたちで意義づけ、社会的に認めさせようという強い願望があり、それがかつて献身した軍隊への賛美、その存在意義の強調となって表出していると思われる。

もとより以上の二史料のみで第一次大戦後の一般兵士における政治・国家意識の確立を主張することはできないし、その筆者たちがそもそもどこで自己の体験を社会に〈語る〉発想を身につけたのかなど、今後追究すべき課題も多い

（ただしそれが軍隊教育の一環として行われていたことは本書で繰り返し述べてきた）。だが二人の著作は、反戦反軍あるいは「国民学校」論だけでこの時期の一般兵士における軍隊観を論じることの是非を問う足がかりとはなりえよう。そして当該期のこうした政治性をもった兵士の軍隊擁護論が社会一般の軍隊・戦争観に及ぼした影響の諸相に関する分析は、今後より深化されるべきと考える。(30)

おわりに

第一次大戦後の兵営において、一年志願兵・一年現役兵、そして一般兵士という立場の異なる兵士たちが、いずれも「日記」あるいは「所感」を自ら書き、あるいは書かされていた。時に饒舌とも思えるその内容を分析した結果は、いずれも軍隊の擁護・賛美論であった。より詳しくいうならば、前二者の比較的教養ある兵士たちは国際情勢・社会状況との関連から軍隊の存在意義を教えられ、そこでの自己の使命が何かを主体的に考え理解していったこと、また一般の兵士たちは軍隊生活を「出世」の場、そして「国民学校」と称される、人生にとって〝意義深い〟体験として認識していたこと（ただし山崎・紀本のような発言例もあり、彼らに政治的意識がまったく欠如していたと言うのではない）が明らかになった。

重要なのは、一年志願兵や一年現役兵たちが、兵営内でそれぞれ思索を深めた（深めさせられた）軍隊・兵役の意義を、退営後本の発行というかたちで自発的・積極的に一般社会に語りかけていたということである。そうした彼らの思考の枠組みと実践は、彼らの在郷将校（遠藤自身はそうした活動をしていないが）、小学校教師という一般社会における役割を考えるとき、きわめて興味深い事実である。他方、一般兵士は軍隊を賞賛せよと命じられたとき、一年現役兵と同様に「人生訓練」や「国民学校」そして努力の結果「出世」を可能にしてくれる場として在営中、退営後を通じ語っていた。

「平和主義者」水野広徳が慨嘆した、第一次世界大戦後という最も反軍・平和思想の昂揚した時期においてすら、大多数の退営兵士が「兵役を苦痛として初め入営を嫌ひながら、愈義務を果たして在郷兵となるや、彼等の殆どすべては兵役賛美者へと早変わり」したという現象の背景には、彼ら兵士のそのような軍隊経験があったのではなかったか。これらの事実は、彼らのそれ以後の社会的立場を考えれば重要である。なぜなら彼らはのちの戦時期、〝銃後の中堅〟として地域社会の指導者的立場につき、かつ最高齢の部類とはいえ太平洋戦争敗戦まで実際に戦場で戦った兵士たちなのである(31)。

確かに〈軍隊＝出世の場〉という兵士の認識のあり方自体は、つとに広田照幸氏(32)が兵士や教師の職務に対する「努力」がそのささやかな社会的上昇を可能にし、それが戦時体制下における彼らの「自発性」を引き出す原動力となったという「藤吉郎主義」論として指摘されていることである。また〈軍隊＝人生訓練の場〉という視点も、大牟羅良氏が軍隊消滅から一五年後の一九六〇年一〇月、岩手の農村で男性四一名、女性一一名を対象に「アナタの部落の場合、軍隊生活、戦争体験などが、どう語られているか」をアンケート調査したさい、「規律のよいこと、とくに時間的にハッキリしている点」、「団体的規律訓練の場としてよかった」、「若い人達の精神教育にはいい所だ」といった回答が複数寄せられたと述べているように(33)、必ずしも目新しいものではない。

しかしこれらはいずれも昭和戦中期についての見解である。だがそれよりかなり以前、反戦反軍思想が最も高揚したいわゆる「大正デモクラシー」期の陸軍も、平和論・軍隊批判論の高揚に対抗し、自らの存在意義を説明・正当化するために、この「国民学校」という理念を強調していたのである。兵士たちの日記、所感はそれを繰り返し筆記させて確実に受容させ、従わない者を排除する装置として機能した。こうして作られた兵士たちの軍隊観は、けっして一部の研究[34]が言うような、太平洋戦争敗戦後になって初めて出てきたものではない。

むろんこの時期、現役生活を終えて退営した兵士たちが、ごく内輪の範囲で軍隊生活の怖しさを語ることも多かった。たとえばややのちのことであるが、一九三一年一二月現役入営したある農村青年は、初年兵虐めの実態を村の除隊した先輩に聞き、少しでもそれを免れるべく、別の先輩を頼って関東軍独立守備隊行きを志願しようとしてさえいる[35]。

しかしそれらはあくまで水面下のことであって、戦前社会における軍隊生活とは、少なくとも公的な場面では、プラスのイメージをもって語られることの方が多かったのではなかろうか。本章で取り上げた一年志願兵・一年現役兵という兵士たちは、退営後もなお兵役を「忠君愛国を全うするための奉仕」（『兵営夜話』）、「青年修養」（『凝視の一年』）ととらえ、それを社会に対し本の出版という形式をもって積極的に語った。また一般兵卒の多くは、上官から軍隊を賛美することを事実上強制されたとき、「国民学校」、「規律正しい場」（『誠心の集ひ』）として語っていたのだが、『喇叭の響き』中の一兵士が、軍隊が消滅して四半世紀後に至ってもなお、「精神鍛錬」「規律ある団体生活」というイメージをもって軍隊生活を語ったことを思えば、そうした語りを建前、上官への阿諛と一概には退けられないだろう。彼らが退営後、在郷軍人会や青年学校といった公的な場で軍隊について語るときの語り方もまた、おそらくはそのようなものではなかったかと考えられる。

本章冒頭に掲げた水野広徳の慨嘆は、おそらくは兵士たちの公的な場面での軍隊経験の語り方についてのものだったと思われるが、そうした語りのあり方は、社会が軍隊の存在を一種の「教育機関」という文脈で正当視していく一要因となっていた。軍国熱が一気に高揚したとされる満州事変勃発前の一九三〇年に現役入営した富山県の一兵士は、

「軍隊に入って軍隊教育というものを受けてくると、人間に何というか教養がついて、村に帰っても兵隊に行って来たというと、皆に尊敬されたものです[36]」と証言している。水野はそのような兵士、それを取り巻く社会のあり方に苛立っていたのである。

本第一部「緒言」で述べたように、軍が太平洋戦争中に至ってもなお「日記」を用いた兵士教育を行ったのは、こうした自ら語り、語らせるという教育の手法に一定度の有効性を認めていたからと思われる。

註

(1) 一年志願兵とは、戦時における下級将校の損耗を補うため、中等学校以上の卒業者に一年間の現役志願を許し（通常の徴兵兵卒の服役期間は三年、ただし一九〇七年より陸軍の歩兵のみ二年で帰休させた）、終末試験に合格した者を予備役少尉または同相当官に、落第者を予備役伍長または同相当官とした制度である。大正後期における一年志願兵の人数を示す史料としては、「大正一三年全国徴集人員表」（防衛庁防衛研究所図書館『大正一四年密大日記　六冊ノ内第一冊』所収）に「一年志願兵トシテ其ノ年入営スヘキ者」五一五八名、との記載がある。同年の「陸軍現役兵」総数は一〇万六八八四名。一年志願兵制度の変遷過程については、遠藤前掲『近代日本軍隊教育史研究』、安藤忠「国民教育と軍隊―陸軍一年志願兵制度に関する一考察―」（『日本大学教育制度研究所紀要』二二、一九九一年）が整理している。

(2) 元歩兵第一八連隊第五中隊大正一四年兵五友会編『思い出の手記　喇叭の響き誰が知る』（一九七七年）。同書は一九二五年同連隊に入営した兵士たちが、後年軍隊生活の思い出を綴った書である。同書の内容は本章第二節にて詳しく分析する。

(3) 短期現役兵とは、師範学校卒業者・在校者に小学校で軍隊の宣伝をさせるため、その現役服役期間をとくに五か月とした「優遇」策的制度である。

(4) 藤野『謎の兵隊　天皇制下の教師と兵役』（総和社、一九九四年）一〇一〜一〇二頁。

(5) 浅野和生『大正デモクラシーと陸軍』（慶応通信、一九九四年）、遠藤前掲『近代日本軍隊教育史研究』第一部第六章「一九二一年軍隊内務書改正をめぐる思想対策」、黒沢文貴『大戦間期の日本陸軍』（みすず書房、二〇〇〇年）第三章「日本陸軍の「大正デモクラシー」認識」、吉田裕「第一次世界大戦と軍部」（『歴史学研究』四六〇、一九七八年）、同「昭和恐慌前後の社会情勢と軍部」

（『日本史研究』二一九、一九八〇年）、同「日本帝国主義のシベリア干渉戦争―前線と国内状況への関連で―」（『歴史学研究』四九〇、一九八一年）など。当該期の軍縮論に関しては木坂順一郎「大正期の内政改革論」（井上清・渡部徹編『大正期の急進的自由主義『東洋経済新報』を中心として』東洋経済新報社、一九七二年の第六章）。いずれも軍上層部における「デモクラシー」分析とそれへの対応策（たとえば一九二一年軍隊内務書改正など）に議論が集中しており、軍縮期の軍が末端の兵士たちに自己の存在意識をどのような言葉・方法で説明していたのか、という問題にはほとんど関心を払っていないように思われる。

（6）藤原前掲『新版 天皇制と軍隊』六頁、同『日本軍事史 上巻 戦前編』一五八頁。

（7）吉野「「戦争」一家言」、『中央公論』一九二四年六月増刊号所収。

（8）吉野作造「兵卒に代りて――軍隊改善問題の一端」（『中央公論』三八―九、一九二三年八月号）。この文章は「最も信用するに足る着実な青年」である一年志願兵、「普通の兵卒」双方の吉野宛書簡を紹介したもの。

（9）『兵営夜話』の著者は「従来その志願料金は百八円であつたが、昨年二百四十円に増額せられ更に明年より四百円と決定したらしい」（一九頁）と述べており、かなりの高額である。

（10）大江前掲『徴兵制』八五頁。

（11）逸見『師範学校制度史研究　15年戦争下の教師教育』（北海道大学出版会、一九九一年）一一三、三五～一三六頁。

（12）遠藤『ペンと歩んだ八十年　遠藤昇二論考集』（私家版、一九八六年）巻末の「著者略歴」による。『兵営夜話』も同書中に全文復刻されている。

（13）この『凝視の一年』に関しては、拙稿「第一次大戦後における一年現役兵教育」（『国立歴史民俗博物館研究報告』一〇八、二〇〇三年）でより詳細な内容分析を行ったので、併せて参照されたい。

（14）遠藤の記述によると、兵卒たちの俸給は「月に四円五十銭一日当り十五銭」であった。

（15）従来の研究でも、前掲『季刊現代史9　日本軍国主義の組織的基盤　在郷軍人会と青年団』が「総合研究　在郷軍人会史論」にて、一九二三年ごろ神奈川、京都などいくつかの在郷軍人会分会レベルにおいて、予備役下士兵卒を中心とした参政権付与運動が展開されていたことを指摘している（一三五～四六頁）。その主張とは、「最モ穏健ノ主義思想ヲ持ツテ居ル」在郷軍人が、「思想界ニ於ケル剛健ナル先駆者トナリ社会奉仕事業ニ範ヲ示シ郷党ニ伍シテ地方自治振興ノ中堅トナ」（神奈川県小田原に一九二三年設立された「在郷軍人参政同盟」の「宣言」）ることであった。同論はこうした「在郷軍人という身分、集団としての主張」を、確かにデモクラシー化に伴う生活権の主張ではあるが、一方で彼らが自らの軍人という経歴・身分を意識し、国家と自分との関連を改めて定位した結果でもあると指摘している。本書の扱う日記・所感は彼ら兵士が「国家と自分との関連を改めて定位」するための具体的装置にほかならない。

(16) 「余が主張する国民皆兵論」(六月一六日)。『兵営夜話』が執筆された一九二三年の徴兵検査受検者数五五万一三四四人中、実際の現役徴集者数は一〇万七二二六人(一九・四%)であった。受検者数は『帝国統計年鑑』、現役徴集者数は『戦史叢書　陸軍軍戦備』(朝雲新聞社、一九七九年)一〇三頁挿表第7による。

(17) この「税金」、すなわち兵役税に関しては本書第二部において詳述する。一方の服役年限短縮の問題について加藤前掲『徴兵制と近代日本』第Ⅷ章「第一次大戦の影響」は、この時期の陸軍内部でも、従来に比べ服役年限を短縮して師団数も減らすかわりに、入営前の軍事訓練を充実することで戦時の大量の兵力動員に対応しようという考え方が一般的となり、一九二七年兵役法改正として結実した過程を整理しており、遠藤の議論はそうした軍上層部の政策志向と軌を一にしたものと言える。

(18) いわゆる「大正デモクラシー」期、反軍思想・総力戦構想の流入という状況への対応策として、兵営生活の一定度の自由化など「軍隊の社会化・国民化」が佐藤鋼次郎予備役陸軍中将など多くの高級軍人によって主張されていたことについては、註(5)に掲げた諸研究、とくに黒沢前掲『大戦間期の日本陸軍』および本書第二部第二章を参照。

(19) 前掲『ペンと歩んだ八十年』収録の『兵営夜話』に付記された遠藤の回想。

(20) 陸軍歩兵少佐沼田徳重『軍隊教育新論　下』(琢磨社、一九二六年)一六七頁。

(21) 遠藤のご子息・遠藤優氏のご教示による。前掲『ペンと歩んだ八十年』遠藤略歴によれば、彼の退営後の履歴は、一九二四年日本綿花株式会社孟買支店詰社員として英領インドに赴任、二七年インドより帰国、三二年同会社辞任、三四年岐阜商業学校教諭、同年有隣生命保険会社参事、理事、代理店課長、契約課長を経て四三年有隣生命統合につき辞職、同年株式会社浩栄社社長秘書、四四年大日本土木会社監査役。遠藤優氏には『ペンと歩んだ八十年』をご恵贈いただくなど、種々のご高配を賜った。記してお礼申し上げる。

(22) 池中『道　教職に生きた「半島の日本人」三八年の歩み』(光陽出版社、一九八九年)。

(23) こうした〈軍隊＝国民学校〉という考え方は、陸軍歩兵大佐赤松寛美『軍隊生活の解剖』(偕行社、一九二五年)など、第一次大戦後の軍人が書いた入営手引き書でも強調されている。それはおそらく、当面戦争が起こりそうもないなかで軍隊の存在意義を説明せねばならない、という事情にもとづくと思われる。

(24) 渋谷『農民哀史　上』(勁草書房、普及版一九七七年)一九八頁。渋谷は徴兵検査には合格しており、眼にはなんの異状もなかった。にもかかわらず入営と同時に帰郷を言い渡された。彼の初年兵係となるはずだった伍長が家まで送ってくれたが、そのさい渋谷は「真面目な社会主義者であるから、そのつもりで教育するように」と上官から指示されていた、と言われたという。

(25) 同書については井竿富雄「忠魂碑と正史——シベリア出兵体験における「忠誠の記憶」の恒久化に関する一考察」(『九大法学』七六、一九九八年)が分析を行い、「自らの体験と記憶を日本国家の「正史」の中に正当なものとして刻みつけていこうとした」(二六三頁)活動の跡と総括している。

(26) 付録「尼港事件の顛末概況及救援部隊行動」「新版」二六五頁。山崎は「世界に侵略民族の絶えざる限り、軍人が無かつたなら、之に対し進んで戦ふ事は愚か、纔かに退いて守る事も不可能」(「新版」一五一頁)とも述べている。

(27) 本書の売り上げを用い、今も靖国神社敷地内に立っている「田中支隊忠魂碑」は建設されたという。

(28) 方面委員の肩書きは、『昭和人名辞典　第三巻　近畿中国四国九州』(日本図書センター、一九八七年、『大衆人事録　第十四版』〈帝国秘密探偵社、一九四三年〉の復刻)による。

(29) 一九三〇年の再版時追加収録された、二三年四月一日付第四師団長鈴木荘六名の礼状による。紀本は同時に大阪輜重兵第四大隊、野戦重砲兵第三連隊にも部数は不明だが寄贈している。三〇年の再版時、第四師団参謀長依田四郎は「我国に頻出する忌まはしき時相に慨」する紀本の試みを賞賛する序文を寄せている。

(30) 第一次大戦後から満州事変期にかけて多くの連隊や在郷軍人会分会が自隊史・従軍者記念誌を反軍思想、デモクラシー思潮への対抗策として作成、その中で一般の兵士が山崎や紀本同様、自己の従軍体験を語っている事例は多い。その諸相と意義については、本書未収録の拙稿「日本陸軍と〝先の戦争〟についての語り——各連隊の「連隊史」編纂をめぐって」(『史学雑誌』一一二—八、二〇〇三年)、同「紙の忠魂碑　市町村における従軍記念誌」(『国立歴史民俗博物館研究報告』一〇二、二〇〇三年)を参照。

(31) 功刀俊洋「一九二〇年代の軍部の思想動員—新潟県上越地方の事例—」(『一橋論叢』九一—三、一九八四年)は一九二〇年代、「大正デモクラシー」的状況に対する軍部の危機感から在郷軍人会、青年訓練所によって実施された青年訓練の実態を描写、それは不振に陥りつつも満州事変期の「国防思想普及運動、国民更正運動の地域的基盤を準備」したと評価する。かかる活動を末端で担ったのは、本章でみたような軍隊教育を受け除隊してきた〝優秀な〟兵士たちであった。

(32) 広田前掲『陸軍将校の教育社会史』第Ⅲ部「昭和戦時体制の担い手たち」第2章「「担い手」諸集団の意識構造」。

(33) 大牟羅「軍隊は官費の人生道場?!」(『近代民衆の記録8 兵士』〈新人物往来社、一九七八年〉所収) 五九七頁。

(34) 原田前掲『国民軍の神話』は、「徴兵制が国家の制度であり、臣民の義務であるとされた時代に、徴兵を青年の教育論の文脈で語るものはなかった。〔中略〕未熟な青年をつかまえて「軍隊で勉強してこい」という老人たちの発言は戦後社会のものである。そう語る老人たちは、徴兵制度の位置を間違えて考えている」(九六頁)と述べる。だがそれではなぜ、老人たちは「間違えて」しまったのだろうか。戦前の兵営で教え込まれた、〈徴兵=国民教育の場〉という徴兵正当化の論理が、戦後に到るまで彼らをとらえてやまなかったのではないか。

(35) のち憲兵に志願し、満州で反日運動弾圧にあたった土屋芳雄の回想。朝日新聞社山形支局編『聞き書き ある憲兵の記録』(朝日文庫、一九九一年、初刊一九八五年) 三一頁。

(36) 小澤真人+NHK取材班『赤紙 男たちはこうして戦場へ送られた』(創元社、一九九七年) 二四四・二四五頁。

第二部　軍事救護制度の展開と兵役税導入論

緒　言

第二部では、近代日本、とくに日露戦後から日中戦争期における軍事救護制度の展開過程を、その財源案としての「兵役税」なる税制導入論との関わりから分析する。

兵役税とは、徴兵兵士の被る経済的負担軽減のために、徴兵検査と抽籤による選抜の結果、実際には兵役を免れた成年男子（例えば大正期を通じて、実際に現役入営した成年男子は、多い年でも徴兵検査受検者総数の四分の一程度(1)）から一定期間徴税し、兵士やその家族・遺族、廃兵たちの経済的負担をなんらかのかたちで補塡しようとする、一種の目的税である。

この構想は、福沢諭吉『全国徴兵論』（一八八四年刊行）に遡る。福沢は戸主、官員、学士など徴兵令の規定により入営を免れる者が毎年二〇万人いるので、これに年五円の兵役税を三年間（兵士の現役服役期間が三年のため）課し、現役兵の除隊時に一人一〇〇円ずつ支給するよう主張している。また日露戦前の一九〇一年、第一五議会に菅野善右衛門が「徴兵令補則法律案」を、翌年の第一六議会に吉岡直一ほか四名が「兵役税法案」「兵卒給与法案」をそれぞれ提出しているが、「ほとんど無視に近いかたちで否決(2)」されている。その導入が広く議論の対象となったのは日露戦後、一家の働き手を奪われ多大の経済的負担を強いられていた兵士の家族、戦中発生した戦死者遺族・廃兵の救護を、国家が主体となって拡充せよとの議論が民間で活発化する中でのことであった。

兵役税は一九一四年の第三五議会以降、法案化（兵役税法案）され、大正期の終わりに至るまで八回にわたり、議員立法の法律案として議会に継続提出された。ただし一九二〇年、第四二議会以降の五回は非役壮丁税法案と改称され

表7　兵役税法案（のち非役壮丁税法案に改称）議会提出状況（第35～46議会）

法案名	提出者	議会回次	提出年月日	衆議院	貴族院
兵役税法案	矢島八郎・杉山東太郎（すべて立憲同志会）	35	1914.12.25	審議未了	—
兵役税法案	矢島八郎・杉山東太郎（以上立憲同志会），宮原幸三郎（中正会）	36	1915. 5 .31	1916. 2 .24 修正可決	審議未了
兵役税法案（「廃兵，戦病死者遺族，軍人家族救護法案」と一括提出，提出者も同一）	矢島八郎，望月小太郎，杉山東太郎，黒須龍太郎，村松山壽，大場竹二郎，早川龍介，樋口秀雄（以上立憲同志会），加藤定吉，宮原幸三郎（以上中正会），望月圭介，根本正（以上政友会），小林丑三郎，大場茂馬，田村新吉（以上無所属団）	37	1915.12.22	審議未了	—
非役壮丁税法案	荒川五郎，田中善立，山田珠一，岡四郎（以上憲政会），土井権大（国民党）	42	1920. 2 . 5	審議未了	—
非役壮丁税法案	荒川五郎，磯貝浩，小山松壽，田中善立（すべて憲政会）	43	1920. 7 . 8	審議未了	—
非役壮丁税法案	荒川五郎，磯貝浩，小山松壽，田中武雄，古屋慶隆，三浦得一郎，浅賀長兵衛（すべて憲政会）	44	1921. 2 .16	審議未了	—
非役壮丁税法案	荒川五郎，三浦得一郎，田中武雄，古屋慶隆，磯貝浩，浅賀長兵衛，高木正年，中馬興丸，柴安新九郎，下田勘次（以上憲政会），仙波太郎（庚申倶楽部），土井権大（国民党）	45	1922. 2 . 3	審議未了	—
非役壮丁税法案	荒川五郎，高木正年，柴安新九郎，田中武雄，下田勘次，三浦得一郎，古屋慶隆，磯貝浩，浅賀長兵衛，中馬興丸（以上憲政会），仙波太郎（庚申倶楽部），土井権大（国民党）	46	1923. 2 .16	審議未了	—

ている（表7参照）。また、課税対象を兵役を免れた成年男子だけでなく、全国戸主にまで拡大した共済組合化案（護国共済組合構想）も議員立法で法案化され議会審議されるなど、実に日中戦争期に至るまで議論の対象となっている。

まずは軍事救護、兵役税に関する研究史を整理しておこう。まず軍事救護の問題に関しては、主に社会事業史研究の立場から蓄積が重ねられてきた。(3)だが、それらの多くはどちらかといえば「救貧」制度史的記述にとどまり、救護の実態や徴兵制度の運用上果たした機能の問題を十分視野に入れたものとは言えないように思われる。

近年そうした社会事業史研究を批判し、軍事救護制度に対する陸軍、ひいては国家の政策的意図を、救護の実態との関わりから解明しようという試みがいくつか行われている。(4)これらの研究は本書のように長期的視野に立ったものではなく、特定時期の個別的な問題を扱ったものであるが、その中で近代日本における軍事救護の展開過程と特質、および兵役税導入論の位置を総括したものとして、佐賀朝「日中戦争期における軍事援護事業の展開」がある。佐賀氏は日中戦争期に至るまでの「近代日本における軍事援護問題の基本的性格」を従来の研究に依拠しつつ整理しており、現時点での通説的理解と考えられるので、長文ではあるが可能な限り要約して引用する。

①　兵士遺家族に対する援護においてはまず親族、ついで地域社会による援護――いわゆる「隣保相扶」――によってもなお不足する場合、はじめて国家・地方団体による援護がなされるべき、との考え方が一貫して存在した。

②　すなわち、兵役義務履行に伴う損失は、原則として社会が負担すべきであり、それに対して国家が物質的な補償を与えることは、国民の崇高な「必任義務」であるはずの兵役を金額化＝計量化する恐れがあるため避けなければならず、その意味からも①の原則が強調された。

③　そのため国家は事実として存在する兵役負担の不公平を是正すべく主張される「兵役税」的な負担平等化論にも反対せねばならなかった。この主張は、兵役の金額化を通じて徴兵制度の不公平性を顕在化させ、「国民皆兵」

という原則の虚偽性、ひいては徴兵制軍隊の階級的本質を暴露しかねない性格のものだったからである。

④しかし、日露戦後、戦争の大規模化による被害の深刻化とその社会問題化、あるいは都市化の進展による「隣保相扶」的援護条件の弱化、といった事態の進展にともない、国家は軍事援護を公的扶助制度として整備していかねばならなかった。第一次大戦時の軍事救護法は、遺家族に対する国家の義務救助主義を確立した意味で重要な画期である。その結果、国家は同法の存在を理由に兵役税的負担平等化論をかわす一方、法規の運用にあたっては、あくまでも「隣保相扶」優先を強調することで、兵役負担に対する応分補償を回避するという②の原則を維持しえたまま、日中戦争期以降の大量の兵力動員を迎える。

ここでも、兵役税法案が可決実現されることがなかったためか、同税導入論が国家の政策形成過程に与えた影響はとくに認められていない。それは、徴兵制度に関する既存の概説的研究が兵役税法案の議会審議に言及したさい、その担い手の問題意識などに深く踏み込んだ分析を行わないまま、「あるべき徴兵制についての陸軍の考え方に直接的な影響を与えたとは思われない(5)」、あるいは「陸軍省などに兵役税に関する議論を期待するのは無理(6)」などと評価してきたのと同様である。しかしそれでは、兵役税導入論が実に日中戦争期に至るまで繰り返し政治的議論の対象となり続けたことの理由、そして歴史的意味は明確にされないままである。

かかる問題意識をもって前記の佐賀氏の整理を読むと、素朴な疑問としてまず浮かぶのが、そもそもなぜ「崇高な必任義務」であれば「金額化＝計量化」されてはならないとされたのか、ということである。それに、兵役の「金額化」が懸念されたといいながら、一方で「兵役義務履行に伴う経済的負担は原則として社会が負担すべきであ」ったとしているのは、いささか矛盾している感がある。実際には、かかる負担は社会によっても負担されるべきではない、という議論すら存在したのである（後述する、日露戦後の板垣退助の例）。

そして佐賀氏は陸軍が一貫して兵役税に反対し続けた理由を、②では「兵役義務の金額化」が懸念されたとしているにも関わらず、③では菊池邦作氏の「もし兵役税によって、徴収した金を兵隊に還元すれば、徴兵制度の最大の眼目が論理的に崩壊する。すなわち、被支配階級（貧乏人階級）から強制徴兵し、支配階級（有産階級、金持階級）を擁護する階級支配の原則がぐらつく」、「あたかも有産階級の子弟も公平、平等にこの義務を果しているかのごとき錯覚を与え、徴兵制度の階級制を隠蔽することに必死の努力をしている」(7)などといった記述を援用して、兵役義務負担の不公平性の顕在化、「徴兵制軍隊の階級的本質の暴露」への懸念と述べている。

菊池氏は陸軍が議会などで展開した、「成タケ兵役ヲ遁レタイ、兵役ノ名誉ト云フモノヲ深ク思ハヌト云フヤウデ、之ガ金ヲ出スト云フコトデ済ムト云フコトデアレバ、其感ジハ益々減ツテ来ルデアラウ」(8)、つまり本来「権利」のはずの兵役義務が、実は金で免れうるものにすぎないという印象を国民に与える、という議論は「徴兵制度における金持優先、金持擁護の性格」を「合理化」するための「虚構」であると片づけ、大江志乃夫氏も同様に陸軍の〈兵役＝名誉〉の論理は「表面上の理由」(9)と述べている。最新の研究である郡司前掲論文も、兵役税導入は「国民皆兵の原則」が虚構であると宣言することにほかならないとしつつも、「崇高なる道徳的行為である兵役を非服役者が金銭をもって代償すれば、兵の士気に関わる」とする陸軍の主張については菊池氏や大江氏と同様、「建前論の域を出な」い、とのみ述べている（九〜一〇頁）。だが明治の陸軍は、自らが「支配（金持）階級擁護の物理力」であるなどとは思ってもみなかっただろう。ある特定の「史観」をもって過去の人々の意識・行動を忖度すべきではない。

そもそも兵役税導入論とは、同論者たちの発言を素直に読めば、佐賀氏が言うような単なる「負担平等化」論ではない。その主眼は、税収入を兵士とその家族たちに与え、彼らの負担を緩和して軍人としての「士気」を向上させることにあった。確かにそうすれば、何もしないよりは兵士の不満も抑制できるし、兵役負担が不公平であるとの批判も回避でき、陸軍にとって一挙両得だったはずである。しかるになぜ、陸軍はそれを否定したのだろうか。義務負担不公平性の顕在化をおそれたというが、実際に現役入営するのが一部の成年男子にすぎない、という意味での不公平性自体は、誰の目にも自明のことで今さら隠蔽できるものでもなかった。そしてかような批判であれば、陸軍は「全部ノ壮丁ヲ入営サセテ教育スル事ハ経費其ノ他ノ関係テ到底出来ナイ相談テアルソコテ平時ハ体格完全ナル男子ノ内カラ籤引ニヨツテ必要ノ最小限ヲ選ヒ出スノデアル」(10)と自らの正当性、他意のなさを主張できた。一方社会の側にも、兵役負担の「公平性」に関しては、一九三三年のものだが次のような論調が存在していたのである。

　高等教育を受ける者はブルジョア階級であるといふ様な思想的抗議は第二とし、〔中略〕国家が必要と認めて折角高等の学問を施して置きながら、之を無教育或は低教育の一般青年と同様に均等の兵役義務を負はすといふことは、国家の政策として大なる矛盾である。国民が国家に報ずる道は兵役ばかりではない。兵役などといふ一種の労働職務は学術的教育の低い青年に課することが国家としての得策である

こう述べたのは、軍や政府の高官などではない。反戦平和主義者として近年とみに評価の高い退役海軍大佐・水野広徳である(11)。このような論調の存在を思えば、徴兵制の「階級的本質」や不公平性とは、戦前の社会においてどこまで深刻に問題視されていたのだろうか、という問いをたててみることも可能なのである。

兵役税をめぐる議論を通じて浮き彫りとなる、兵役義務と金銭（「代償」）との関係、および兵役の「公平性」についての陸軍・社会の考え方を、それぞれの〝兵役観〟の問題として実際の発言に基づき詳しく分析、明確化しなおす必要がある。この点を第二部における第一の課題としたい。より詳しく言えば、兵役税は兵役義務の名誉性、すなわち「国民ノ兵役ニ対スル観念」(12)にかかわる問題であるから認められないという陸軍の主張を今一度読みなおし、陸軍が「あるべき徴兵制」についての自らの考え方を社会に向かってどのように語り、同意獲得に努めていたか、一方の社

会はそれをいかに受け止めていたかを問う試みである。思えば従来の徴兵制研究は、少数の体制逸脱者――たとえば徴兵忌避者――に対する権力の凄まじい弾圧に目を奪われ、〝その他大勢〟の国民の同意をいかに獲得しようとしたか、という点に目を向けることがあまりに少なかったのではなかったか。

また前掲の佐賀論文による整理では、民間の軍事救護拡充論、その一環としての兵役税導入論が、国家的な軍事救護政策の展開過程に与えた影響は明確にされていない。その解明を本第二部における第二の課題としたい。ここで展望のみ示しておくと、兵役税導入論は単なる兵役「負担平等化論」などではなく、一貫して徴兵兵士の「士気」向上策として議会の場などを通じて主張されており、ゆえに国家の側も無視できず、なんらかの対応策実施を迫られていった。日中戦争期に至るまで、兵役税導入論の展開過程と政府による軍事救護拡充の過程とは、いわば表裏一体ともいうべき関係性をもって展開していったのである。

註

(1) たとえば一九二一年の場合、徴兵検査受検者総数五五万一五一四人に対する実際の陸軍徴集員数は、一三万五九四八名であった(徴集率二四・六%)。受検者総数は『第四一回日本帝国統計年鑑』(一九二二年)五〇一頁、徴集員数は『戦史叢書　陸軍軍戦備』(朝雲書店、一九七九年)八一頁挿表第四による。

(2) 大江志乃夫「反徴兵制の思想」(宮本憲一・大江・永井義雄編『市民社会の思想』御茶の水書房、新装版、一九八九年)三七九頁。

(3) 日本社会事業大学救貧制度研究会『日本の救貧制度』(勁草書房、一九六〇年)や吉田久一『現代社会事業史研究』(勁草書房、一九七九年)、池田敬正『現代社会事業史研究』(法律文化社、一九八六年)など。

(4) 山本和重「満州事変期の労働者統合―軍事救護問題について―」(『大原社会問題研究所雑誌』三七二、一九八九年)、加瀬和俊「兵役と失業―昭和恐慌期における対応策の性格―(一)(二)」(『社会科学研究』四四―三・四、一九九二年・九三年)、佐賀朝「日中戦争期における軍事援護事業の展開」(『日本史研究』三八五、一九九四年)、郡司淳「軍事救護法の成立と陸軍」(『日本史研究』三九七、一九九五年)など。いずれも題名が示すように、一九一七・一八年(の軍事救護法制定)、満州事変・昭和恐慌期、日中戦争期など特定の時期に限定して分析を行ったものである。

（5） 加藤前掲『徴兵制と近代日本』一八一頁。その他兵役税にふれた研究として大江前掲『徴兵制』一一五〜一一八頁、同『昭和の歴史3 天皇の軍隊』（小学館ライブラリー新装版、一九九四年、初刊一九八二年）七九、八〇頁、同「天皇制軍隊と民衆」（遠山茂樹編『近代天皇制の展開―近代天皇制の研究Ⅱ―』岩波書店、一九八七年）八二〜八七頁、同前掲「反徴兵制の思想」三七六〜三七九頁（同論文のみ、福沢諭吉など日露戦前の兵役税論も取り上げている）が挙げられるが、そこでも概略的に法案の議会審議の状況が整理されている程度である。しかし近年、郡司前掲論文が兵役税法案の議会審議過程をやや詳細に取り上げているので、次の第一章において改めて言及する。

（6） 前掲遠藤芳信氏による加藤『徴兵制と近代日本』書評一〇二頁。

（7） 菊池前掲『徴兵忌避の研究』八六・八七頁。

（8） 一九一五年六月四日、第三六議会衆院兵役税法案委員会（第二回）における大島健一陸軍次官の発言。

（9） 菊池前掲『徴兵忌避の研究』八五頁、大江前掲『徴兵制』一一八頁、同『天皇の軍隊』八〇頁。大江氏はさらに進んで陸軍が兵役税に反対した「実際の理由」は、税負担に堪えきれない貧民層が逆に現役志願をして、その結果徴兵制軍隊が事実上の傭兵軍隊化する点にあったと述べているが、陸軍のそうした予想を示す史料は管見の限りとくに存在しない。

（10） 『第五師団長岸本中将閣下口述 在郷軍人指導ノ例』一二頁。同書は表題の通り、在郷軍人の兵役義務・在郷軍人会への不満・疑問に対する一種の想定問答集で、管下の在郷軍人会などに配布されたものか。岸本鹿太郎中将が第五師団長だったのは一九二三〜二六年のことであるから、同書もその間に作成されたとみられる。

（11） 『水野広徳著作集 第七巻』（雄山閣出版、一九九五年）三三六頁。引用史料は軍事評論家松下芳男宛、一九三三年四月二九日付書簡の一節で、松下の幹部候補生制度（高等教育修了者の現役服役期間を短縮し、将校への登用をはかった制度）廃止論への反論。

（12） 一九二〇年七月一九日、第四三議会衆院非役壮丁税法案委員会（第二回）における山梨半造陸軍次官の発言。

第一章　日露戦後の兵役税導入論と軍事救護法

はじめに

本章では、日露戦後社会における軍事救護拡充論、その一環としての兵役税導入論の担い手と論理を検証し、それが軍事救護法制定という国家の政策にまで影響を与えたことを明らかにする。軍事救護法とは、現役・応召下士兵卒の家族・遺族、傷病兵中「生活スルコト能ハサル者」に対する現金給与（当初一人一日一五銭・一家族六〇銭以下、のち数度にわたり増額）・現品給与、生業扶助、医療の実施などを規定した法律であり、その法律案は政府より一九一七年六月第三九議会に提出され原案可決、翌一八年一月一日より施行された。同法は、一九三七年に軍事扶助法と改称されるなど数度の改正を受けつつ、敗戦まで国家による軍事救護の中心的法制度として機能した（表8）。

郡司淳氏[1]は同法が制定される以前の第三七議会（一九一五年一二月～翌年二月）に衆院議員矢島八郎（一八五〇～一九二一年、群馬県高崎市選出、憲政会）らが提出した兵役税法案と、武藤山治（当時鐘紡重役）が中心となって作成した「廃兵、戦病死者遺族、軍人家族救護法案」（以下「救護法案」と略称）との合同審議過程を検証した。氏はその審議最中の一六年一月二五日、陸軍次官が大蔵省に出した「兵役服役者及其家族ノ扶助法」を考究したい旨の書簡[2]が、第三九議会での政府による軍事救護法案の提出・可決にとって「画期的な意義」（一〇頁）を有しており、陸軍の同法制定の意図は貧困による徴集猶予・現役免除者（徴兵令第二二条ほかに規定）を減らし、現役兵の員数を確保するという意味での徴兵制度「補完」にあったと結論づけている。

その後、小栗勝也氏は郡司前掲論文を批判し、「陸軍の現役兵確保の要求が存在したという事実」(3)はなく、軍事救護法の制定に対して陸軍は一貫して消極的であり、同法の制定は「議会側の積極的な攻勢」によるものであったと指摘した。確かに陸軍は第三七議会の前には「〔国家が服役者家族救護の〕確トシタル方法ヲ定メテヤルコトハ出来ナイ」、

表8　軍事救護法（1937年9月1日，軍事扶助法に改正公布）による救護の状況

年度	戸　数（戸）	人　員（人）	金　額（円）	年平均（円）	
				1戸当り	1人当り
1917	3,187	7,912	42,126	13.22	5.33
1918	12,325	34,473	536,747	43.57	15.57
1919	11,740	30,712	613,875	52.29	19.99
1920	11,910	30,974	866,111	72.71	27.21
1921	12,315	32,792	1,004,461	81.55	30.72
1922	11,981	32,452	920,533	76.83	28.36
1923	10,478	39,118	915,064	87.33	31.43
1924	11,627	32,684	1,080,973	92.90	33.06
1925	11,726	33,374	1,016,692	86.70	30.46
1926	11,564	33,585	1,150,560	99.49	34.26
1927	12,269	36,080	1,275,477	103.96	35.35
1928	14,867	44,947	1,474,078	99.16	32.80
1929	14,540	44,143	1,498,014	103.10	33.94
1930	16,379	51,859	1,586,695	96.87	30.60
1931	22,604	71,643	1,731,614	76.60	24.17
1932	30,751	99,023	2,427,496	78.94	24.51
1933	30,094	98,905	2,702,935	89.82	27.61
1934	31,996	105,772	2,809,248	87.80	26.56
1935	33,611	111,533	2,897,665	86.21	25.98
1936	38,857	115,721	2,968,837	85.17	25.65
1937	371,654	1,357,557	33,917,917	78.79	23.85
1938	562,957	2,107,327	84,691,750	150.44	40.19
1939	574,948	2,077,792	79,065,205	137.52	38.05
1940	432,302	1,582,113	57,899,680	133.93	36.60
1941	—	1,807,185	72,384,384	146.03	40.03
1942	—	—	—	—	—
1943	—	1,977,185	100,837,433	—	51.00
1944	—	2,480,756	155,578,507	—	62.71
1945	—	2,979,562	227,709,611	—	76.42

註：1917年度のみ3か月分。出典は41年度までは『日本社会事業年鑑』昭和16・17年版。43～45年度は吉田久一前掲『現代社会事業史研究』385頁表30「自一八年至二〇年各種救貧法比較」より再引，同表は出典に46年9月『生活保護法案資料』とあるが，作成者・所蔵などについての記述はない。

「チョット今ドウ云フ案モ立チマセヌノデ、尚調査モ致シマセウガ、其上デナクテハ御答ハ出来マセヌ」[4]などと述べていたのであるから、第三七議会で議会側が展開した主張になんらかの影響力、説得力を認めないわけにはいかないだろう。

郡司氏は、陸軍が議会側の主張に一定度「譲歩」した理由について、「一九一〇年代における現役兵徴集人員の飛躍的増加」（前掲論文二頁）や都市化に伴う「隣保相扶」の無力化、国民の兵役観念悪化を挙げており（同九・一〇頁）、あたかも陸軍にとってそれらの問題は当初から自明のこととして意識されていたかのようである。しかし武藤が一九一五年五月、第三六議会に提出した「出征軍人家族、廃兵、戦病死者遺族救護ニ関スル建議案」の審議中、大島健一陸軍次官は確かに郡司氏が指摘するように「主義ニ於テハ無論御同意ヲ致」す方針であり、「適当ナル方法ヲ見出シマシタナラバ是ガ実行ト云フコトニハ着手スルニ吝ナラヌ考」であると述べつつも、肝心の「適当ナル方法」については「ヤハリ地方デ協力シテ県以下郷党ニ於テ之ヲ保護スルトカ、或ハ後援会デ援クルト云フ以外ニハ余程ムヅカシカラウ」[5]とも発言していたのである。

この第三六議会の時点で陸軍は日露戦中以来の「郷党」、民間団体主体の救護（後述）に固執する姿勢も示しており、いまだ問題を切迫視していなかったとみることができる。この時期陸軍は別の場でも、廃兵遺族は恩給、扶助料などでそれぞれ相当の生活を営んでおり、「それでもまだ足りない所は軍人後援会や愛国婦人会或は尚武会などが心配して補助を与へて居り、また隣保の互助の交誼から互に面倒を見合つて居る」などと、救護問題に「無関心の有様」[6]と批判されていた。その陸軍がなぜ、まがりなりにも軍事救護法の制定に向けて動いていくことになったのだろうか。

そもそも郡司氏の言う「隣保相扶」の無力化、国民の兵役観念悪化とは、以下詳しく検討していくが矢島、武藤らが議会で繰り返し指摘した問題にほかならず、陸軍をして法の制定に向かわしめた〝説得力〟もそうした面に求められると考えられる。では彼らがいかなる理由でそれを問題視し、議会の場で解決を主張したのかが次なる問題となろう。

ところが郡司氏は、この矢島・武藤らの論理、行動の動機について、前者は〈兵役負担の均衡〉、後者は〈廃兵遺族の国家救護〉にあったとしか説明していない。また、当初別々に企図されていた武藤らの「救護法案」と矢島らの兵役税法案が合同して議会提出されたのも、兵役税は救護法の財源となり、救護法は兵役税による収入の使途を法制上明確にするという臨時的、便宜的なものと説明されるのみで、両論の理念面からの比較検討はなされていない。小栗氏も武藤ら「議会側の攻勢」の理由として困窮者が多い、人道上看過できない、といった一般的な理由を挙げている程度で、その社会的背景への分析は少ない。これ以外の先行研究として、日露戦後における兵役税導入論高揚の理由を当該期の軍拡に伴う現役兵徴集員数の増加（一九〇三年・五万五九八〇人→一九一二年・一〇万三七八四人）が「改めて兵役の不公平に国民の関心を集中させ」たとする、大江志乃夫氏の研究(7)が挙げられる。いずれの研究においても、なぜこの時期、兵役は「不公平」であってはならない、廃兵遺族は国家によって救護されねばならないという主張が民間において起こってきたのか、そしてなぜそうした議論は陸軍に軍事救護法制定を志向させるうえで「画期的」な説得力を持ちえたのか、という疑問に対する十分な回答はなされていないと言ってよい。

日露戦後の民間における軍事救護拡充論、その一形態である兵役税導入論は、武藤、矢島らが議会の問題とする以前から、さまざまな論者により盛んに唱えられていったものである。そうした議論の活発化は、当該期の兵士家族遺族、廃兵の困窮を思えば、一見自明のことのようである。しかし本章があえて同論の具体的内容の検証を試みるのは、それらが単純な彼らへの同情論とのみ片づけられない性格をもっているからである。すなわち同論は、救護を通じて徴兵兵士の「士気」低下を防止しようという意味での徴兵制度「補完策」的内容・特質を有しており、それ自体は陸軍の利害とも一致していたのである。同論の陸軍に対する説得力の問題は、かかる特質との関係から考察されるべき問題であるように思われる。

以下本章では、この時期、兵役税の導入などによる徴兵制度の「補完」が必要であると国家よりも社会において先に主張され、軍事救護法成立という結果をもたらすことになった過程、一方で兵役税導入がついに実現しなかった理由を明らかにする。この点は、陸軍が軍事救護法制定という施策をとるに至った社会的背景のみならず、当該期の社会、そして国家にそれぞれ存在した多様な兵役観、軍隊観の諸相を解明していくうえで、きわめて興味深い問題であろう。

一　日露戦後の社会と軍事救護―国家主体論の形成

1　日露戦中・戦後の民間軍事救護活動

なぜ日露戦後の社会で軍事救護の拡充、兵役税の導入が問題となったのかという疑問を解くうえで、第一の手掛りになるのが、当時の兵役税導入論者の一人升田憲元（予備役陸軍歩兵大尉）の著書『最新兵役税論全　一名兵役の神髄』（一九一三年）における以下の記述である。

〔日露戦争時の〕戦傷病者中には多数の予後備兵を包含し、此等の者は出征の当時すでに一家の柱石となりて、父母妻子の養育に任し居りたる者なるが故に、一朝にして彼等が死亡するや、其遺族は自己の扶養者を失ひ恰も盲亀の浮木に離れたるが如く其拠る所を失ふに至りたるも、戦役当時は世上の同情も熱く、且つ特別賜金の下賜等ありて、多少彼等を賑はしめ稍安穏なる生活を為すに至りたりと雖も、幾干もなくして世人の同情は冷却し、特別賜金も漸次費消するに至りて、現今に於ては僅かに下賜さる丶扶助料を以て唯一の保維となし、憐むべき生活を送りつ丶ある者其数頗る多し。(8)

彼の議論の詳細はのちに詳述するが、このような「世上の同情」の冷却、すなわち救護に対する社会的関心の低下という認識が、本章の主題である民間での軍事救護―国家主体論、そして兵役税導入論の形成につながっていったのである。では彼の言う「世上の同情」の冷却とは、具体的にいかなる現象を指すのであろうか。日露戦中、戦死者遺族たちに向けられた「世上の同情」として第一に想起されるのが、民間の諸団体による軍事救護活動である。

この活動に関しては、すでに多数の先行研究が存在する。それらによると、開戦とともに当時の郡や市町村が個々に「尚武会」などの名称を有する団体を組織して住民から寄付金・会費を徴収、出征兵士の家族に対し金銭や米などの物品を継続的に給付するという事例が全国的に観察されている。(9) 政府の側も一九〇四年四月二日、下士兵卒家族救助令を制定し、出征兵士の家族に金銭の給付を行った（ただし現役兵家族は対象外）が、「親族隣保の扶助若しくは救護を目的とする諸団体の救助尚ほ及はさることあるときは国家は茲に始めて救助を共にすへき義に付其旨を誤らさる様周到注意を要す」との指示を出し、「隣保相扶」すなわち救護の主体はあくまでも地域社会、民間との原則を強調していた。(10)

「尚武会」など地域社会、民間による金銭的救護は、各町村間で格差があり、またそれが兵士家族たちの生活を支えるのに十分な額であったか否かは別としても、戦時中一定度の活発化をみた。(11) ところが戦争が終結すると、その地域社会、民間による救護が機能不全に陥るという事態が各地域で発生したのである。日露戦後の尚武会など民間救護団体の実態についての先行研究は現在のところ見受けられない。同会に関する一次史料の残存状況も管見の限り必ずしも良好ではないが、(12) 本章ではいくつかの地域・民間救護団体の事例をもとに、軍事救護が議会の問題となるまでの約一〇年間の事情を観察していきたい。

一県レベルでみると、たとえば一九〇六年、新潟県は尚武会活動を奨励する旨の各町村宛て通牒の中で、各町村尚武会は「平時に在て一般尚武心の啓発を奨励し又は廃兵戦病死者の遺族保護等国家恩典の足らざる処を補助」すべきであるにもかかわらず、「一部の町村を除くの外は概して有名無実にして何等為すべき事業を為さず会々日露開戦に際し出征軍人の歓送迎家族救護等一時の急務に迫られ俄かに規約を設け事業に従事し多少国民後援の実を挙げたるも平和克復後は亦た旧状に復し敢て斯会の拡張を図らざるは洵に慨嘆の至りに候」[13]と述べている。県内の各尚武会が戦時中こそ若干の活動を行ったものの、戦争が終わるや否や「有名無実」の「旧状」に復してしまった事情をうかがうことができる。

個々の市町村レベルに目を向けると、地域によっては「尚武会」的団体が戦後解散してしまうという事態まで観察される。一九〇四年二月、山形県米沢市当局が設立した「米沢奉公義団」は、解散に際し『明治三十七八年戦役　米沢奉公義団史』（同団、一九〇七年六月）を編纂したことにより、戦中戦後の地域における救護状況を一貫して把握できる希少な事例のひとつである。同団は市長を団長として市民から「寄贈金」（実際には町単位で強制的に割り当て）を徴収、出征兵士家族中の困窮者に対して男女十二歳以上は一日三合五勺、同十二歳以下は二合五勺の白米を給付した[14]。

ところが同団は、戦争が終結する以前から寄贈金の減収に苦しむに至った。その背景にはまず、重税による民衆の疲弊という要因があったと思われる。前掲『米沢奉公義団史』によれば、同団の寄贈金徴収は一九〇四年一二月ごろから困難化しはじめた。一九〇五年三月二六日、市長二村忠誠が市内各町用番（代表者）に対し寄贈金について「今日迄義団で救助して来たりたる者を金員が集まらすと云ふて之を捨て、置く訳にはなりますまい捨て、置けは殺すより外はない」と、市税については「〔滞納者には〕容赦なく滞納処分を施しすんすん遣て行く」と述べ、両方の徴収強化を督励しているのは[15]、この間の事情を示唆していよう。

そして、地域新聞『米沢新聞』には、開戦当初こそ「出征軍人の遺族(ママ)の中には出立直く父母妻子の糊口に迫るのも沢山ある」から奉公義団が「此れ等憐むへき遺族を救護[16]」すべしとする投書が掲載されていたが、約一年後、戦局が有利に進むと「〔兵士家族は〕力一杯働いて自分の生活するこそ名誉である救助を仰ぐは無能力者とか怠惰とかを証明しているよ」との投書[17]が複数掲載されるようになる。このように、留守家族が一種の〝惰民〟視される事態が発生したことは、軍事救護に対する民衆意識の変化をみるうえで注目に値する。投書者の身元こそ不明だが、かかる投書、それを掲載した新聞とも、とくに道義的非難の対象になどなっていないことが、軍事救護に対する当時の社会のまなざしを表していよう。

以上の事情を背景に、同団はまず一九〇五年一一月九日、現役兵家族の救護を中止した。そのさい「予後備兵ハ従来一家ノ主働者トシテ妻子ヲ養育シ来タリシカ時局ノ為メニ応召シテ家計上ノ困難ヲ来」しているのだから団が救護するのは当然だが、「現役兵ハ当然国家ニ対シ勤ムヘキ義務ニシテ常時ト些モ異ル処ナ[18]」いので救護は不要との説明を行っている。同団の米支給戸数は出征兵士の帰還とともに逐次減少し、一九〇六年六月、一戸に支給して打ち切りとなり、残務整理後の一九〇六年一一月、団自体が解散するに至った。解散の理由は、「出征軍人漸次凱旋帰郷シテ復タ救護ノ必要ナキニ至」(同一〇九頁)ったためとされている。以上の経緯を見る限り、日露戦後の同地域においては戦死者遺族や廃兵、そして平時においても発生するであろう現役兵家族中の困窮者への対策は等閑視されていたと言わざるをえない。

ここで全国規模の民間軍事救護団体の状況に目を転じてみよう。日露戦中活発な救護活動を展開した帝国軍人後援会[19]でも、予備役陸軍歩兵中佐牛尾敬二が一九〇七、八年に「某両県に亘り三市十八郡」の戦死者遺族の生活調査を行ったところ、遺族たちは「案外にも、其の日の生計に苦しむものの多く」、「戦役当時は村内或は諸方より、慰問や救助を受けたけれども、恩賜金の下付を一段落として、爾来毫も顧るものなく、賜金は負債を償ふて余りなく、窮困日に益加はり、一家常に其の窮境を嘆息して、不運不幸の怨声を発して居」た。牛尾は「後援会に於ても、一般国民の気風がさう云ふ〔廃兵遺族を「厄介視」している〕風になつて、事業に対する同情が薄らいだのに反して、一方救護すべきものは多数であるから、随分困難」である、との危機感を表明していた。[20]事実、日露戦後帝国軍人後援会が廃兵遺族の生活保護などのため支出した「保護費」は、一九〇六年三万二八五四円七四銭、〇七年一万二一〇五円七二銭、〇八年八一三八円八〇銭、一〇年七四四〇円八七銭、一二年六〇〇六円二二銭と、第一次大戦勃発前までほぼ一貫して減少を続けている。[21]

また同じ民間の軍事救護団体、愛国婦人会は戦後、「事情の通ぜざる地方に於いては、平和の今日左様に会員を募集し、会費を醵集する事は不必要であると云ふが如き、大いに誤つた考へを持て居るものがある」[22]といった、いわゆる「愛婦不要論」の台頭を迎えることになった。同会もまた、「平和の今日においては戦争当時、軍人遺族や廃兵遺族に対して温かき同情を寄せられた方々も去るものは遠しで、年月の遠ざかるに従ひ、自然其温きものも冷やかになり、将来は今までの如く、熱誠を以て活動すること出来るか如何であろうか」[23]と懸念していた。両団体とも戦後社会の軍事救護に対する必要性認識の低下――升田の言う「世上の同情」の冷却化――を自らの活動不振の原因として憂慮していたのである。

帝国軍人後援会ほかの調査によると、一九一五年の時点における全国戦死者遺族・廃兵の総数は一〇万六八四四人（遺族八万八〇六三人、廃兵一万八七八一人）、うち救護を要する者が約三万人存在した。[24]これに対して「軍人後援会愛国婦人会町村尚武会其他ノ私立団体」が行った救助の金額は、遺族（一万七一二六人）に対しては一人年平均三円二〇銭八厘、廃兵（一二六二人）に対しては同一円四四銭九厘と「言フニ足ラヌ瑣々タルモノ」であった。国家が支給する恩給・扶助料も、たとえば寡婦扶助料が一人当り年平均四〇円五一銭であるなど、「不十分ヲ極メテ居ル」状態であると批判されていた。

以上の各地域の事例からも、升田『最新兵役税論』のいう、日露戦後一〇年間の社会における「世上の同情」冷却化という指摘は、尚武会、愛国婦人会、軍人後援会などの民間救護が廃兵遺族、現役兵家族の生活困窮に十分に対応できなくなっていったという意味において、けっして根拠のないものではなかったということができるだろう。(25) 注目すべきは、もはや日露戦中のようには民間団体の軍事救護に期待できない以上、多大の犠牲を国民に強い、廃兵遺族の困窮の原因をつくった国家こそが、その救護に責任を負うべきとする論調が出現したことである。

たとえば一九一五年一〇月、内務省が全国各道府県を対象に行った軍事救護実施状況に関する調査（後述）に対し、名古屋市東区は同年一一月一日付愛知県内務部長への回答中、(26)「国家ノ為ニ戦テ戦ニ斃レシ者ノ遺族ニシテ惨状ナル境遇ニアルモノハ国家トシテ救フハ将ニ当然ノ義務タリ故ニ政府ハ之等ノ者ニ対シ宜敷適当ノ方法ヲ設ケラレタシ軍人後援会、愛国婦人会等各種ノ慈善団体ヨリ救護ノ途モ行ハレツ、アルモ之等ハ前項ニ謂所国家ヨリ一定ノ救護以外トシテ現存ノ如クナルヲ可トス」と述べている。国家が強いた犠牲である以上、その国家が義務として彼らを救護すべきだというのである。ここで軍人後援会など民間団体への言及があるのは、問題がもはやそれらの手に負えない段階に来つつある、という認識に基づくのであろう。

言論の分野に目を転じると、雑誌『第三帝国』などでの軍国主義批判で著名な西本国之輔（もと陸軍大尉）(27)は一九一三年、日露戦後廃兵の置かれた境遇に関して次のように述べている。

吾人は兵役の義務者に対し郷党の扶持を受けしむるを欲せず、正々堂々国家に賠償せしむるが当然なりと信ず。

先日余の宅へ廃兵といふのが薬を売りに来て、女中を捕へて殆んど押売の態度だ、そこで余は玄関まで行つて『貴様はなぜこんな所で女を困らせてゐるのだなぜ陸軍省へ押しかけて、廃兵で飯が食はれないから飯の食はれるようにしろと談判しないか。一人で力及ばずばなぜ全国の廃兵を糾合して立たないか』と教へてやつた。廃兵も廃兵だが、廃兵をこういふみじめな境涯に突き落して平気でゐる国家も国家だ。(28)

彼らの「みじめな境涯」への対策は、もはや「郷党」すなわち地域社会の手には負えないのであるから、その原因を作った「国家に賠償せしむるが当然」との主張である。

そしてこうした廃兵・戦死者遺族の困窮問題顕在化の中で、働き手を奪われた現役兵家族の困窮も併行して問題化されていった。西本は同時に現役兵に関しても「手当てを増して、家郷から小使ひ銭を持ち出さないでも済むやうにしなければならない」と述べている。前出の牛尾敬二「無形の後援」も「世人は彼等（現役兵とその家族）を目するに、法律に依て兵役に服したる者なれば、我等の関する所にあらず、戦時なれば格別なるも、平時に於て之を救護するの道も無く、又義務もなしと、口に出してこそ云はねども、実際は其の通りであ」り、「生計困難の者往々これ在る」と指摘する。牛尾のいう現役兵家族への「世人」の態度は、まさに前掲の米沢奉公義団の発言と同一である。かかる態度は、戦後社会においてはけっして米沢市だけの特殊な事例ではなかったわけであるが、そうした「世人」の態度を問題視する姿勢は、同時期の兵役税導入論の担い手とも共通のものであった。次節では、同論の内容を詳しく分析する。

2　兵役税導入論の論理

升田憲元『最新兵役税論』（一九一三年）は、日露戦後の社会状況に対応して形成された軍事救護国家主体論—兵役税導入論の最も先駆的かつ詳細な著作である。同書でも牛尾などと同様、戦死者遺族に対する地域団体の軍事救護はおよそ当てにならぬとの認識（「世上の同情」の冷却化）が示されていたことは前述した。同書は現役兵の待遇に関しても問題点を指摘している。彼らが受け取る給料は一九一〇年改正の給与令によっても月額一円五六銭（一・二等卒）とごく少額であり、逆に「一ヶ月二三円の送金を〔実家に〕仰がざる者は稀なり」（一四九頁）という有様である。これでは「徴兵忌避の有力なる原因をなし、〔中略〕父兄をして軍隊に対し一種の悪感情を懐かしめ」ざるをえないだろう。かくして導き出されるのが、

国家は彼等〔現役兵や、戦時に召集される予後備役兵〕に兵役の義務を負はしめ、為めに生ぜる結果を自から進んで処理する当然の義務を負ふものなるが故に、少くとも彼等家族が最小生活費を償ふに足るべき救助費は、慈善団体等の喜捨に竢たずして之を供給せざるべからざるものなり、換言すれば彼等家族の救助は慈善に依るものにあらずして、寧ろ彼等の権利として国家に要求すべきものたるなり。（三〇一、三〇二頁）

と、救護の実施は民間「慈善団体」のそれがあてにならぬ以上、国家の「当然の義務」でなくてはならない、との結論である。その国家による救護の財源として升田が最適とみたのが兵役税であった。この意味で兵役税導入論は、軍事救護―国家主体論の一形態にほかならないといえる。升田にとっても兵士家族、戦死者遺族、廃兵の待遇改善は本来「教育又は法律の力若しくは其他行政等の手段」（三九八頁）によって行われるべきものであったが、国家財政の現状ではそれは不可能なことであった。彼は財源確保のためにあえて兵役税という目的税を提起した理由として、「租税として極めて公平適当にして、且つ其歳入額も比較的大なるものあるが故に、国家歳入上選択すべき好財源」（九〇頁）と、事実上徴兵を免れた者への課税であるという点で説得力があること、そして多額の収入が期待できることを挙げている。

では升田は、兵役税を財源とした現役兵の増給、現役兵・応召予後備兵家族の救助費支出、軍人遺族扶助料の増加[29]によって、具体的にいかなる利点を期待していたのだろうか。

彼は『最新兵役税論』中、兵役税導入の利点を主に「軍事上の基礎」（一一六〜一五八頁）と「社会政策上の基礎」（一五九〜一九九頁）の二点に分けて説明している。[30]「軍事上の基礎」として挙げられているのは、兵卒の不平思想の緩解、徴兵忌避の防止[31]、軍事思想の普及、選兵上適良の資質を有する入営壮丁の増加（優秀な志願兵の増加）、軍事上の必要性（現役兵卒の給料増額、現役兵応召予後備役兵中家計困難なる者の家族救助費、廃兵保護、軍人遺族扶助料の増加をそれぞれ可能とする）である。この項に廃兵保護や軍人遺族扶助料があるのは、彼・彼女らの悲惨な生活が「一般軍人の威信を失墜し、此等廃兵の状態を目観する現在又は将来に於ける兵士の士気に影響を及ぼすこと尠少ならざる」（一五五頁）からである。

一方、「社会政策上の基礎」としては、兵役義務履行による貧富の差の調整、都市と地方との不平等の是正（兵士は農村の出身者が多い）、兵役義務に原因する「下級社会」の不平思想の緩解、徴兵忌避を目的とした身体毀傷行為などの防止が挙げられている。徴兵忌避の防止や「下級社会」の不平緩和など、升田における兵役税導入の目的は軍事救護の拡充による徴兵制度運用の円滑化、いわば制度の「補完」にあったとみてよいだろう。彼は経済的困窮による不平、実際には入営しない者がいることへの不公平感を持つ兵士中には「甚だしきに至りては非軍隊主義、非国家主義を唱道瀰漫せしむる者ある」（一一九頁）と述べ、兵士の経済的困窮にともなう「士気」低下を、徴兵制軍隊の存立に関わる問題としてとらえていたのである。

こうした徴兵制度の「補完」という問題意識は、本章前節にてとりあげた、他の軍事救護をめぐる議論の担い手たちとも共通していた。彼らは在郷とはいえ陸軍将校としての使命感・専門知識と、そこから導き出された独自の徴兵・国防論を持っていた。

升田憲元の議論は「国家間に於ける最後の実力は独り兵力あるのみ」(『最新兵役税論』五頁)、「軍は立国の基礎にして〔中略〕、軍人中とくに大なる名誉と義務を有する者は非幹部即ち兵卒とす」(同一七頁)と、国防およびその中での一般兵士の役割を重要視する立場からの発言だった。また『第三帝国』誌上にて西本国之輔が標榜した国防論とは、陸軍縮小→海軍一元化論であったが[32]、徴兵制度自体は「壮丁が何等の不平なく欣然として国家の徴集に応ずる程の名実兼ね備はるものであらねばならぬ」(前掲「兵制改革」)と当面存続、したがって改善されるべきものと位置づけられていたのである。

帝国軍人後援会の牛尾幹二も、廃兵遺族が「生活も困難のない様に、十分の慰藉を与へられる状況であるならば、其の後進者が必ず、己も国家有事の時には、身命を擲つに躊躇せぬと云ふ観念を、知らず識らずの間に起すであらう〔が、現実は逆である〕[33]」と、廃兵遺族の困窮を、現役兵士の士気維持の観点から問題視していた。彼らの問題関心は、兵士家族、廃兵遺族の困窮に対する同情もさることながら、地域社会の軍事救護、ひいては軍事それ自体に対する関心低下という事態の中で、いかに兵士の経済的「不平」を解消して「欣然として国家の徴集に応」じさせるかにあった。彼らが軍事救護の拡充という、当時としては特異な軍事改革論を公に展開できたのは、言論内容、価値観の多様化を迎えた戦後社会の中で、在郷将校という民間人に近い比較的自由な身分であったことも大きかったと思われる。

もっとも、日露戦後の軍事救護に関わる民間の議論のすべてが、単なる拡充論だったわけではない。当時すでに政界を退き社会事業に従事していた板垣退助は、日露戦中の尚武会など民間団体の遺家族に対する物品給付について、具体的に東京市内の例を挙げ、「救護と〔義務負担への〕報酬とを混同せるものにして、国民的兵役の趣旨に遠ざかること甚だし」いから、救護はあくまでも授産など物品給付以外のものに限るべしと主張していた。本来徴兵は「人民自ら国家を衛るの謂にして、国民として楽を共にする者は、また憂をも共にせざるべからず、との道理を其の根本の主義[34]」とすべきである、すなわち徴兵制度のもとでは全国民が自発的に国防に参加するのが必須の建前であるのに、金品中心の軍事救護が義務履行に対する一種の「報酬」と化しており、それでは国民の徴兵に対する〈自発性〉という理念が否定されてしまうというのである。板垣も戊辰戦争で実戦の指揮をとったという点では「もと軍人」の一人であり、兵士の待遇に対する関心も高かったと思われる。

板垣は戦後「廃兵の慰安」（一九一三年）などを著して、廃兵の「世を厭ひて人生を詛ふが如き極めて悲惨なる生涯」に深い同情を示した。しかし兵役税論については同年の「徴兵の精神」[35]にて、「血税の義務を尽すを得るを以て無上の幸福なりと為」すことこそが徴兵の「精神」であるはずなのに、免役者をして「兵役を免れたるを以て幸福なりと為し、自から之を祝する所の報酬として其利益に向つて課税するの意に出でしめば、これ実に「我一兵卒となりて国に尽くさん」との精神より出づる所の全国皆兵の主義を根本より破壊するものにして、由々敷き一大事と謂はざる可からず」と批判した。兵役税を導入して非服役者に課税すれば、服役を免れたことがあたかも「幸福」であるかのような印象を与え、それでは「身を挺して国に殉ずるを喜ぶ所の国士の気象（ママ）は勢ひ失墜せざるを得」なくなってしまう、というのである。

彼は兵役税によって得られた資金を事実上の「報酬」として受けることになる兵士についても、「徴兵の精神は変じて傭兵の精神となり、義務の為に働きたる者は利益の為めに働くに至り、国民挙つて国を護るの主義は根本的に破壊」されてしまうと述べている。板垣にとって徴兵の問題は、

> 蓋し余輩のすでに説けるが如く、兵役の義務は参政の権利を相伴ふものなるが故に、自由の民にして始めて国民的兵役の義務あり。専制治下の民に至つては真正なる意義に於て徴兵の義務あること無し。されば自由を愛し権利を重んずる欧州の国に在ては、其国民が国に尽すの純潔無垢なる精神を顕はすの語として「我れ一兵卒となり

て国の為めに尽さん」と言へるを見る。(36)
という発言からもわかるように、近代国民国家の根本理念に深く関わる内容を持っていた。牧原憲夫氏は、板垣が戊辰戦争に参加したさい、会津藩の庶民が主家滅亡の危機をよそに逃げ出したことを見て、民権（民衆の政治参加）の重要性を悟ったというエピソードを引用し、「民権家にとって兵役は国民の義務であると同時に、「国家ト憂楽ヲ共ニスルノ気象」（大井憲太郎の言）のもっとも明快な発現」であったと述べている。(37)板垣の反兵役税論は、彼の政治的信念を如実に反映した発言だったと言えよう。

升田の側にとっても、こうした批判は自論の正当性に直接かつ深く関わるだけに、けっして無視できないものだった。そこで彼は『最新兵役税論』中、「兵役税賛否論」に関してとくに一章をさき、兵役税が兵役負担の「代償」と化して徴兵の理念を損なうとする板垣的な議論に反論を行った。そこでは同税導入論があくまでも「国民の兵役義務に対する冷淡忘閑を戒め、以て国防に関する義務的思想を普及」（九六頁）する意図に基づいていることが強調されている。この意味で、日露戦後の民間における軍事救護に関する議論は、国民の〝あるべき兵役観〟をめぐる議論としての性格が強い。

以上の考察から、日露戦後の軍事救護―国家主体論、その一形態としての兵役税導入論は、当該期の重税による民衆の疲弊、平和時の軍事・徴兵兵士に対する社会的関心の低下という状況の中で、廃兵遺族、そして現役兵家族の経済的な負担の緩和→「現在又は将来に於ける」兵士の士気低下防止という、いわば徴兵制度の「補完策」的観点から展開されていったと総括できる。同様の議論は一九一五年以降、議会の場においても展開されていく。

二　議会における軍事救護拡充論

1　武藤山治・矢島八郎の理念と主張

兵役税法案は衆院議員矢島八郎らの手によって作成され、第三五議会以降、連続して議会提出されることになった（表7）。とくに武藤山治（当時鐘紡重役）が事実上中心となって作成された前出「救護法案」（全一三条、廃兵、戦病死者遺族、現役・応召兵士家族に対する「軍事救護金」の支給などを規定）と一括で提出された第三七議会においては、一九一五年一二月～翌年二月にわたる審議を通じ、政府、とくに陸軍省との間で活発な論議が繰り広げられた。[38]

従来の研究に対して疑問に思われるのは、本章冒頭でも指摘したように、矢島ら兵役税導入論者の意図を〈兵役負担の均衡〉と、武藤らの意図を〈廃兵遺族の国家救護〉とのみ説明し、そもそもなぜ兵役負担は〈均衡〉化されねばならないのか、なぜ廃兵遺族は国家に救護されねばならないのか、という彼らの根本的な目的・論理については、ほとんどふれられていない点である。[39]前節では日露戦後民間にて唱えられた軍事救護―国家主体論、兵役税導入論が徴兵兵士の「士気」低下防止という観点から提起されていったことを指摘したが、そうした発想・論理は武藤、矢島らにも共通のものだった。以下、この点を彼らの論説、議会発言などから論証していこう。

当時まだ衆院議員ではなかった武藤（彼の衆院議員初当選は一九二四年）が軍事救護問題に関心を持つ契機となったのは、日露戦争で戦死した弟の恩給があまりに少額だったこと、新聞で第一次大戦出征者家族の生活難を知ったことだったという。彼は、衆院議員林毅陸（香川県選出、政友会）などに協力を依頼して一九一五年五月、第三六議会に「出征軍人家族、廃兵、戦病死者遺族救護ニ関スル建議案」を提出、政府に「適当ナル方法」を採るよう求めるなどの活動を行った。同建議案は六月九日衆議院を通過したものの、貴族院にて審議未了となった。
しかしより本質的な武藤の動機として、戦死者遺族、廃兵たちの生活状況が「遂ニ護国ノ根本精神ニ憂フベキ影響ヲ及ボ」（前記建議案中の文言）す、つまり兵士の義務観念を悪化させ、それは「資本家階級」たる自身の経済的利害、社会的責任に関わるとの認識を抱いたことが挙げられる。この点をのちに彼が著した『軍人優遇論』（初版一九二〇年、ダイヤモンド社）に即してみていこう。

今日の経済生活が、国家を単位として、互いに競争を擅にすると云ふ伝統的組織に、一大変革を生じない限りは、武装の勢力が、好むべきであると無いとに拘らず、依然として続くのは已むを得ない。（六四頁）

すなわち国家の保持する軍隊は、その国家を単位として行われている経済競争（「資本家」たる彼にとって主要な関心の対象）を保障する一種の必要悪という認識であり、その軍隊の基盤となるのが一般兵士の有する「士気」である。ところが彼は、物売りの廃兵が演習中の兵士の一群に向かい、自分たちのようになっては馬鹿らしいからほどほどにしておけと言ったという話[40]などを耳にして、次のような危機感を抱くに至った。

生の執着は、（中略）人間の行動、事業の過程の一切を支配するは無論の事、其の執着の意味が、文明の進歩と共に益々濃厚の度を増すとすれば、命を的にして義勇奉公の精神に終始する軍人の生活は、如何に其の影響を感ずるであらう乎。軍人も亦人間である。人間としての普通の感情は、軍人をして死ぬ者貧乏の思を懐かせずに居るであらう乎。否、一般社会は、軍人をして、此の如き思を懐くの遑無からしむるまでに軍人の待遇に心を用ひて居るであらう乎。一身すでに国に許した後に、骸はすでに草場の露と消えた後に、其の遺族を却て路頭に迷はしむるが如き、不幸なる、無情なる、残忍なる実例を、社会は余りに多く作りつゝ、ありはせぬ乎。（六七頁）

彼が自ら兵士の「死ぬ者貧乏の思」を除くべく軍事救護拡充運動を開始したのも、「此の軍人優遇は、畢竟、資本家階級の決心如何に依つて解決される問題である。資本家階級にして、其の地位を思ひ、其の責任を顧み、其の永久の利害を想像することが出来たならば、此の問題の解決の如く至急を要するものが無いことを覚るであらう。〔中略〕而して此の如き率先的声明は、今や明に資本家階級自らの最高義務の一種である」（一一九頁）と、労働者階級出身者が多い兵士とその家族遺族の救護問題を、単なる同情論としてではなく「資本家階級」たる自らの「永久の利害」の問題としてもとらえていたからであった。そしてその救護の主体として想定されるのは、「国家の救護を補ふが為めに、世間の同情者が、更に各種の慰安の方法を講ずるのは別として、国家が其の救護の全責任を挙げて之を慈善団体の負担に委して顧みないのは、乱暴も亦甚しい」（七三頁）と民間団体などではなくあくまでも国家であり、「資本家階級」はそれを国家に対し政治の場で率先して要求する義務を有する。これが武藤の達した結論であった。

彼の軍事救護―国家主体論の背景には、前節で検証した、廃兵遺族たちに対する日露戦後社会の無力無関心があった。そのことは、「日本の家族制度と隣保相助くるの慣習とは、或る意味に於いて、大いに世界に誇るに足るが、之を戦死者遺族及廃兵救護の立場より観るときは、固より之を以て足れりと為すべきではない。彼等の親族、彼等の隣保も、概ね彼等と同一の境遇に在るが故に、実際上之に頼ることが出来ない。〔中略〕所謂徴兵忌避が、少なからず経済上の打撃に由来して居ることも、此の事実に関連して知ることが出来る」（同七五頁）という記述や、彼の協力者林毅陸による「軍人後援会愛国婦人会町村尚武会其他ノ私立団体」による救護が「言フニ足ラヌ瑣々タルモノ」であるとの前掲「救護法案」提案理由説明からも明らかである。

こうしてみると、武藤における国家救護実現運動の目的は、それを手段とした兵士の「士気」向上・徴兵からの離反防止→自らの経済活動の安定性確保、という一点にあったとさえ言えるのである。武藤が第三六議会提出の建議案において、郡司氏の言う〈廃兵遺族〉だけでなく、戦時の出征兵士（現役・予後備役の両方）家族も救護対象に挙げていたのは、実際に戦場で戦う兵士の「士気」を重視し、彼らに「死ぬ者貧乏」との思いを抱かせまいとしたからにほかならなかった。確かに当初の第三六議会提出建議案中、平時に服役する現役兵家族は救護の対象とされておらず、その理由もとくに説明されていないが、これは前掲「米沢奉公義団」や軍人後援会の牛尾敬二が述べたように、現役兵は予後備役兵よりも年齢が相対的に低く、また平時には実質二年の服役を終えれば再び実家に戻って働けるなど、廃兵遺族・応召兵家族に比べて困窮の度合いが低いと見なされたからではなかろうか。もっとも第三七議会に提出された「救護法案」の条文中では、兵役税法案の提出者・矢島八郎が平時における現役兵家族の困窮問題を重視していたためもあってか、彼らも救護対象に含まれている。

その矢島八郎については残念ながら関係史料に乏しいが、彼が兵役税法制定運動を開始するに至った背景には、兵士家族の困窮に対する同情があった。もともと矢島に運動を勧めたのは、地元高崎市在住の野中卯三郎なる人物であった。野中の詳細な履歴は不明だが、彼が兵役税導入を必要と認識するに至ったのは、自分の息子は兵役を免れたのに、隣家の息子は三人とも兵役にとられ、甚だ気の毒な状態に陥ったのを見たからだという。「挙国皆兵主義が斯る偶然のことからこんな不公平な結果を来すやうになつては、此の主義にも甚大なる欠陥を生じ国民に不平の念や不満の心を懐かせるやうになる、万一さうなつては国防上由々しき問題を起す」(41)と考えた野中は「同郷の先輩代議士」矢島を訪ねて援助を依頼、以後数年間、陸軍省や内務省などへも熱心に陳情してみたが(42)、了解を得ることは困難であった。そのため彼らは「どうしても議会の問題として提出し解決するより外に方法がないと決心し」たという。

この挿話から、矢島たちの運動が徴兵兵士とその家族たちの重い経済的負担に対する同情に起因していたことがうかがえる。矢島が野中の主張に同調した背景には、彼が日露戦中の高崎市長・高崎尚武会長として軍事救護の現場に立ったことがあるとも想像される(43)。

しかし、矢島らが武藤と連合する以前の第三六議会時から兵役税法制定が必要な理由として挙げていたのは、①「国民皆兵」の実現、②「国民義務」の平等化、③兵役を免れる者の多い「富者階級」と兵士を多数出している「貧民階級」の経済的格差の是正、④服役期間中の経済的損失に起因する自傷など、徴兵忌避行為の防止、⑤兵士の給料増額、廃兵・軍人遺族の「特別保護」の財源確保、⑥「比較的公平ナ、ソシテ何人ニモ余リ異論ノナイ新規ナ良税」であること、⑦廃兵・軍人遺族の「寄付ノ勧請ヤ物品ノ押売」の防止、の七点であった(44)。

矢島はこの七点を総合して、法案提出の目的は「自然ト徴兵忌避ノ原因ヲ減退致シマシテ、〔中略〕其上兵卒廃兵軍人遺族、其他ノ軍人待遇改善問題ヲ良好ニ解決シテ、現在及将来ニ於ケル軍人ノ志気ヲ鼓舞作興致シ」、「国民教育上及軍事上ニ多大ノ利益ヲ得マスト共ニ、社会政策上ニモ亦多大ノ貢献ヲナス(45)」ことにあると議会で説明していた。そして彼は、これまで兵士の在営中、あるいは戦死後その家族の経済的困窮を救護してきた民間の「義侠団体」ではもはや、「安ンジテ居ルコトハ出来ナイ、ドウシテモ国ニ於テ尽スベキモノト確信(46)」するとも主張していた。

矢島らの運動は本来、現役兵の経済的困窮に対する同情から出発していた。しかし彼は議会という現実政治の場で兵役税の利点を説明するさい、単に〈兵役負担の均衡〉実現というだけでなく、それを手段とした兵士家遺族、廃兵、そして給料増額による現役兵自身の待遇改善――「現在及将来ニ於ケル軍人ノ志気」振作もまた強調していたのである。彼は一六年一月二五日第三七議会衆院委員会にて、田村新吉委員〔憲政会〕の「〔兵役負担の〕不公平ヲ匡正スルト云フ方ガ本当ナル趣意デゴザイマセウカ、其不幸ナル国家ガ尽サナケレバナラヌ人ヲ、待遇法ガ甚ダ冷淡デアルカラシテ、之ヲ今ノ冷淡ナル所ガ矯メラレテ変ヘサヘスレバ宜イト云フノ二ツノ点ハ、孰方ガ主ナル点デスカ」との質問に対し、「此目的ハ〔軍事救護に金銭を〕支出スベキカ、〔義務負担不公平を〕匡正スベキカ、支出スベキモノガ目的トナッテ居ル」と答弁している。彼は少なくとも議会の場では、義務負担の〈不均衡〉自体よりもむしろ、それが「貧富ノである。

懸隔ヲ益々大ナラシ」め、兵士の不満を醸成することこそが「社会政策上最モ憂慮スベキコト」(47)と主張していたのである。

矢島がかかる論理を議会で提起した背景には、前節でとりあげた『最新兵役税論』の升田憲元の補佐助言があったようである。升田は矢島に対し、おそらく依頼されて「参考意見」を提示する役割を務めていた(48)。矢島の掲げた目標中、たとえば徴兵兵士の「士気」低下防止や「社会政策」への貢献などは、升田の影響をうかがわせる。本来兵士家族の困窮に対する同情から運動を開始した矢島らにとっても、升田の議論は自らの主張を政治の場で陸軍に対して正当化していくうえで好都合な、かつそれ自体〝正義〟として受け入れるに足るものだったのではなかろうか。そして升田もまた衆院議員の矢島を通じ、自らの持論を議会という現実政治の場で主張することができたと言えよう。その升田は『最新兵役税論』中、「兵役税は兵役を購ふ代金にもあらず、又服役者対非服役者間に於ける犠牲上の不公平を調和するを以て其唯一の目的ともなさ」(九八・九九頁)ず、あくまで、さきに述べた目的達成のための「租税として極めて公平適当な(中略)好財源」にすぎないと述べている。つまり彼にとって〈兵役負担の均衡〉はあくまで手段であって、それ自体が目的だったのではないのである。

以上、武藤、矢島がそれぞれ〈廃兵遺族の国家救護〉、〈兵役負担の均衡〉を通じて何を実現したかったのか、という観点から両者の主張、理念を検証してきた。矢島たちが武藤との連合以前から議会で主張していたのは、兵役税導入による〈兵役負担の均衡〉化を手段とした徴兵忌避、兵士の「士気」低下防止であった。ちなみに升田『最新兵役税論』は、貧困による現役徴集延期者が一九一一年度六九五名、一二年度七四五名に上っている事実を指摘し、兵役税導入の副次的効果として、「教育中途にして現役免除のため除隊し、更に補欠を入る、が如きは軍事経済上大なる損失」であるから「少額の救護により、所定の教育を終了せしめ」た方が軍事上、国家経済上得策であると説いている（三〇二頁）。このように「軍事経済」の効率化、現役兵員数の確保を目指す発想は、なにも軍事救護法制定に動いた一九一七年の陸軍省軍務局だけのものではなく、民間の論者に先取りされていたのである。

武藤も後に兵役税の理念について、「戦病死者の遺族に対しては、少くとも最低度の生活を保障して、心安く其の生を終わらしむるの方法を立つべきである。国防的精神の充実と緊張とは、此の保障の上に於て、初めて期待すべき事実であらう。所謂兵役税は、此の保障に対する基本的条件として主張された」(49)と理解を示している。また矢島ら兵役税論者にとっても、〈廃兵遺族の国家救護〉は、たとえば升田が廃兵遺族の悲惨な境遇を「現在又は将来に於ける兵士の士気に影響を及ぼす」と述べているように、当初から主要な問題関心のひとつであった。矢島、武藤が議会の場で展開した議論は、〈徴兵兵士の士気低下防止〉を目標とするという点で、まさに一致していたのである。両法案は二十数回の委員会審議を経て、一部修正のうえ、一六年二月一九日の衆院委員会、同月二四日の同本会議で可決された。この要求に対し、陸軍はどのように対応したのだろうか。

2　陸軍の兵役税―兵役義務観

陸軍省は第三七議会での矢島・武藤らの要求に対し、現役兵家族、廃兵遺族に対する救護の必要性は認めるが、財源案としての兵役税導入には「全然御同意ガ出来マセヌ、（中略）兵役ノ義務ナルモノハ決シテ金銭ヲ以テ代ユルベカラザルモノデアル」(50)と反対を表明した。従来の研究は最近の郡司前掲論文に至るまで、このような兵役義務の〈名誉性〉への影響を懸念する陸軍の兵役税反対論を、「国民皆兵の原則」の虚構性、兵役負担の不公平性暴露を防止するための「表面上の理由」、「建前論」と片づけてきた。だが本部「緒言」でも述べたように、兵役負担の不公平性自体は誰の目にも明らかなことであり、ならば何もしないよりは「金持ち階級」から兵役税を徴収し、升田ら兵役税論者が主張するように兵士の不満をわずかなりとも解消した方が「階級支配の原則」維持上も好都合だったのではないかと思われる。しかるになぜ陸軍はそうしなかったのか。以下陸軍の兵役税—兵役義務観と、一方で国家救護の必要性それ自体は承認するに至った経緯・理由を分析していきたい。

のちに軍事救護法制定に中心的役割を果たす陸軍省軍務局歩兵課が第三七議会中の部内資料中、兵役税を不可とする理由として挙げたのは、

蓋シ兵役ハ日本帝国臣民ノ義務ナルト共ニ名誉アル権利ナリトス即チ忠愛ノ精神ニ発シ身命ヲ擲テ君国ヲ防衛スル崇高ナル道徳的行為ハ兵役ニ服スルモノニシテ始メテ獲得スヘク且此(ママ)至大至高ノ権利ハ何者ヲ以テスルモ之ニ報酬シ之ニ匹敵スルヲ得サルモノタルコトカ即チ国民ノ兵役ニ対スル感念ナラサルヘカラス今若シ此ノ権利ヲ無視シ単ニ兵役ト徴税トニ依リ義務負担ノ衡平ヲ計ラント欲セハ軍人ニ対スル国民ノ感念ニ悪影響ヲ及ホスノ虞アリ是レ服役者非服役者モ共ニ兵役ヲ以テ若干ノ金銭ニ相当スルノ行為ナリトシ或ハ自ラ兵役ヲ軽ンシ志気ノ減退ヲ来シ或ハ納税ヲ以テ兵役義務ヲ尽シタリトシ軍人ニ対スル後援ノ念ヲ消磨スルニ至ルヲ保シ難ケレハナリ(51)

というものだった。本来「至大ノ権利」であり「崇高ナル道徳的行為」であるはずの兵役義務が、実は金銭で免れられる程度のものだとの印象を兵士、その他の国民に与えるということの指摘は、兵士の兵役義務観＝「士気」の問題を重視している点で、さきに掲げた板垣退助の反兵役税論と同一内容と言えよう。

そして陸軍には、兵役税の収入が兵士に対する事実上の「代償」として使用されることを板垣と同様に警戒する姿勢も存在した。たとえば長谷川好道元帥は、兵役税法案提出議員の一人から「大御所」(山県有朋)、寺内正毅とともに、陸軍における「大臣以上ノ大臣」として「迚モ民間ノ事情ガ分カリヤウガナイ」(52)兵役税反対の黒幕と非難された人物である。その長谷川はややのちの一九二一年五月、『読売新聞』記者中尾龍夫(もと陸軍中尉)が紙上にて兵役税導入論

を展開したさい、「人を介して」次のような異論を寄せてきたという。

俺の兵役税に反対だと云ふのは明治十年前後に存在して居たやうな兵役税、即ち兵役を免がれる為に金を納めたアノ様な兵役税は国民皆兵の精神に反するからいかぬと云ふのである、〔中略〕従つて徴兵令の欠陥を補ふ目的で不合格者に税を賦課しやうとする意見には決して反対ではない、併し一旦課した兵役税の収入を如何なる方面に使用するか、即ち何の財源に充てるかと云ふ事は頗るむづかしい問題だと信じて居る。(53)

長谷川のこの発言は、板垣退助と同様、兵役税による収入が兵士の義務履行に対する直接の「代償」となり、彼らが名誉ある義務ではなく金銭のために働くことになってしまうことを警戒しているとみるべきであろう。ちなみに中尾の兵役税論はその利点に「壮丁及び其家族の感情を緩和し且つ軍隊内に起る兵卒の不平思想を緩和する」(54)ことを掲げるなど、全体的に前掲升田憲元『最新兵役税論』の主張と酷似している。その意味で升田の議論は狙い通り、一定度の社会的影響力を発揮しえたといえる。

このように、陸軍が兵役税に反対論を唱えて止まなかったのは、本来「権利」であり「自発的」に行われるべき兵役義務に対して「代償」を与えたり、かつて板垣が指摘したように「兵役を免れたるを以て幸福なりと為し、自ら之を祝する所の報酬として其利益に向つて課税する」ことを明らかな矛盾ととらえたからである。兵役の自発性、権利性とは、国民が兵役「義務」をなぜ負担しなくてはならないのかを説明するさい、軍が提示しえた数少ない〈理念〉であった。それは菊池前掲書が述べたように「虚構」にすぎなかったかもしれない(55)が、だからこそ守られねばならなかった。

むろん兵役義務の「公平性」、「国民皆兵」も重要な理念ではある。しかし兵役義務の「権利」性とは、たとえば田中義一が一九一六年、わざわざ『壮丁読本』なる本を執筆して「兵役は健康にして善良なる国民の公権にして、また名誉の義務[56]」と述べるなど、「国民」がなぜ「皆兵（みな）」とならねばならないのかを兵士たちに対して常に説明、正当化し続けていくうえで必要な論理だったのであるから、けっして「建前論」、形式論とのみ片づけることはできない。

陸軍は、実際に入営する徴兵兵士たちに対しても、なぜ兵役義務に「代償」は与えられないかについての説明を日露戦前から繰り返し行っていた。以下は一九〇二年から一九一一年にかけて兵士向けに市販された、徴兵・兵営生活手引き書を通じて兵士たちに語られた言葉である。

① 兵卒ノ給料ハ其名給料ト称スレドモ其実ハ手当金ナリ〔中略〕我国ノ兵卒ハ必任義務兵ナルヲ以テ給料ノ為ニ服役スルモノニアラズ、即チ国家ノ為メニ服役スルモノナリ故ニ真ノ給料ヲ受クベキモノニアラズ[57]

② 或る国では傭兵と云つて御上から給金を与へて、兵士となる者を傭ひ入れるのがあるが、成程御上の金と云ふものは、国民皆々が、税を出してあるのだから、傭兵にて国を護ると云ふのも、国民皆々が、矢張手を尽して居る様なものだが、此通り傭はれて兵士と為るものは、命までも賭けて本気でやるといふ気象がないから、良くないのである、なぜなれば一寸考へて見ても解るのだが丁度、売買をすると同じ様で、金で傭はれてあるのだから、真底の勤め気はなくて、自然表面の働らき丈けと云ふのが多い事である、〔中略〕現に、眼に見えて居〔る〕のは、支那の国で支那は此傭兵であるが、其戦争に価値の無のは論より証拠である[58]

③ 我国の兵卒は必任義務者なるを以て別に給料を給せず只だ些末なる物品を買弁せしむる為めの手当金なりとす[59]

④ 自分の国〔の軍隊〕は自分の国内の人々で組織せんと弱くあります、即ち国民皆兵で傭兵とか志願兵では立派な体裁や、立派な精神を持つ人間が少いですから何処までも兵備は国民皆兵でなければなりません、即ち我国では立派な体格の男子は十七才から四十才までは兵員になる権利を憲法上持つて又義務を負ふことになつて居るのでありります[60]

陸軍は兵士たちに、兵役とは国民が自発的に務めるべき義務であるから「代償」は与えられない、と兵役税導入論にはまったく関係のない場で繰り返し語っていたのである。

その他、この時期の陸軍における兵役「代償」観を示す史料として、『軍制学教程』（兵事雑誌社、一九一四年）を掲げよう。同書は士官候補生などのため「士官学校ノ教程ヲ経トシ軍隊教育令ヲ緯トシ」て編纂された市販の教科書であるが、「兵力ノ要素」としての傭兵と必任義務兵の得失を比較し、「傭兵制度ハ国軍建設ノ目的ニ背戻スルヤ明ナリ是レ国益ヲ防護スルハ其国民ノ義務ニシテ唯自己ノ利益ノ為ニ戦争ヲ職務トスル傭兵ニ国家ノ運命ヲ決スベキ自衛ヲ委任スルコトノ不利ナル勿論」（一一～一二頁）、つまり金のために働くような兵士に国家の命運は預けられない、と述べているのである。前出の大島健一陸軍次官も、後年のことではあるが、兵役税を「国費ヲ以テスル傭兵」として否定する発言を行っている（本書第二部第三章第二節「護国共済会の設立」参照）。

以上の諸史料をもとに考えれば、兵役義務と金銭の同列化を懸念する陸軍の主張は、単に兵役税を廃案に追い込むための「建前論」としてではなく、さきに掲げた板垣の反兵役税論と同様に、なぜ日本の軍制は「国民皆兵」でなければならないのか（答えは「傭兵」制では「立派な精神」を持った兵士を得られないから）を兵士、国民に向かって説明し、兵役義務の存在を正当化し続ける、という意味での政治性を持った論理として読むに足るものである。

こうした陸軍の論調に関しては、当時の一般社会においても賛否両論が存在した。まず賛成論として、財政学者の田中穂積（当時早稲田大学講師）は、一九〇六年九月『経済学商業学国民経済雑誌』（第一巻四号）に「兵役税論」を発表、同年大蔵省内に設置された税法調査会が議題に兵役税導入を挙げたことについて、もし同税を導入すれば「其ノ結果ヤ甚重大ニシテ、免役者（＝税負担者）ニアリテハ納税ニヨリテ護国ノ任ヲ尽セリト做シ、入隊者ニアリテハ僅少ナル納税義務ニ代ヘテ挺身護国ノ任務ニ服スルコトノ従爾タルヲ感ズルハ必然ノ勢ニシテ、延テ一国ノ士気ニ如何ノ影響ヲ及ボシ、如何ニ軍隊ノ精鋭ヲ傷クベキカ」は明白である、「国民皆兵主義」という国是の否定にほかならない、と批判する。兵役義務とは国民に死ぬことを要求するものであるから「単ニ経済上ヨリ此ヲ観察スルガ如キハ甚シキ誤謬」であり、戦後の財政がいかに至難であるとはいえ「国庫ニ若干ノ収入ヲ得ルガ為メニ兵役義務ノ尊厳ヲ害スル軽挙ヲ否認セザルヲ得ズ」という彼の結論は、これまで観察してきた兵士の「士気」を重んじ陸軍の主張とまったく同一である。ちなみにこの税法委員会では「兵役免除税」導入が可決されたが、(61)立ち消えとなっている。

一方の反対論であるが、陸軍や田中のような議論を「形式に固執する俗論」と批判するのは、やや後年、一九二〇年の吉野作造である。(62)吉野は山梨半造陸軍次官の「兵役を免れたるものに課税すれば、納税の結果兵役を行ひたる者と同様の感念(ママ)を生ぜしむる憂なしとす」るとの議会発言の意図を、㈠兵役は国民の高尚なる義務でこれを果たさないのは一種の恥であること、㈡その恥との観念を、兵役を果たさない者に忘れさせてはならない、㈢納税はこの羞恥の観念に対する責任解除の形となるので道徳上面白くない、と忖度し、「此は前提が間違つて居る。兵役の義務に関して斯くあれかしと云う希望を斯くあるの事実と妄想して居る。事実の観察が間違つて居るから、納税をさせないからとて国民の兵役観の上には何の影響もない。却てマザ〳〵好個の財源を失ふの愚を敢てして居るだけの事」と批判している。しかし陸軍に言わせれば、吉野の批判は実際に徴兵兵士となる者の「兵役観」を忘れた謬論ということになるだろうし、そうした主張には田中のような賛成者も存在したのである。

では、民衆・兵士レベルにこうした陸軍の兵役義務「代償」に関する論理はどこまで浸透していたのだろうか。正確に測定するのはもとより困難であるが、若干の事例を元に考察してみよう。まずは檜山幸夫氏が発掘した、日清戦争時ある兵士が戦地から家族に送った書簡の一節を掲げる。

〔清が〕日本尓まける者いくさのへたもあ連ど第一ニし奈の兵隊者金をもらってやとわ連て居るやつらゆへ命ばか

りほしがつてをるから寿こしいくさ寿ると皆ちり〳〵ばら〳〵尓なつてにげてしもふ(63)

この兵士が自らの戦う理由を具体的にどう意識していたのかは明確ではない。ただこの発言から、清兵は自分たちと違って金のために働いており、だから弱い、という意識を見て取ることは可能である。檜山氏がこの書簡に即して「清国兵に欠けていたのは、兵士が誇りと思う国家が無かったこと」と指摘しているのはまことに示唆的で、兵士たちにとっても、国家ではなく金のために戦うような兵士は弱体で役にたたない、という陸軍の説明はけっして理解不能なものではなく、とくに戦時にあっては実感として受け入れやすいものではなかっただろうか。日露戦争勃発直前の一九〇二年、愛国婦人会の創設者奥村五百子は徴兵兵士相手の講話会中、前年中国を見聞したさいの体験談として、

支那と云ふ所は徴兵と云ふことがないから、皆兵が買上になつて居る、〔中略〕兵たる者は何をして居るかと云ふと、皆朝は農具を持つて日傭に出て行く、それを傭ふ者は人民である、それであるから傭ふ者が真中を通つて、傭はれる者が端の方を通る、〔中略〕ドウです、アナタ方も驚くでございませう、日本ではアナタ方が兵に出たならば、向こうから兵隊が来ると言つて、片脇に寄つて御通し申す、支那と日本は違ひますゾ(64)

と語っている。彼女も「支那〔兵〕の弱い原因」を彼らが日本兵と違い金のため働いていることに求めており、兵士は無報酬で働くからこそ国民の尊敬を集めうる、と主張しているのは注目に値する。

日露戦後の一九〇九年発行された覆面の記者『兵営の黒幕』は、一徴兵兵士の視点から軍隊生活を批判的に解説した通俗的著作（本書第一部第一章参照）であるが、兵役義務とこれに対する「代償」の関係については、以下のように述べている。

日本の徴兵制度は傭兵主義に非ずして、国民皆兵主義である、即ち日本国民は義務として国家に奉公する責任を負うて居る、従つて彼の傭兵主義を実行する英米の如く、対価を主眼としない、換言すれば国民の愛国心に訴え

て国家を擁護するのである、従つてその報酬否手当の如きも、一身を国家に捧げた代償として支給するのでなく、詰り日常の小遣として其の不足の部分を補ふのである（一七〇頁）

「覆面の記者」は、かかる事情は承知の上だが、やはり一月一円二〇銭の給料では身の回り品購入にも足りず、実家から仕送りを受ける者すら多いので増給が必要と主張している。「国民の愛国心」を強調して「傭兵主義」を否定する軍の姿勢自体はとくに批判の対象とされていない。

このように、当時の一般社会においても「納税行為と兵役義務を同列化してはならない」、「兵役は国民が自発的に務めるべき義務であるから「代償」は与えられない」という陸軍的な説明はさまざまな場で唱えられており、それは少なくとも正面切っては否定できない、正当なものとして受容される余地を持っていたのではないだろうか。兵役税の導入は、そうした「説明」を陸軍自ら否定し去ることにほかならなかった。そのため陸軍はこの後も兵役税法案に関し、「〔兵役〕義務ニ対シテハ、所謂此物資的(ママ)ヲ以テ報酬シ得ナイノヲ本義ト致シタイト思フノデアリマス、此根本義ガ(ママ)即チ国民ノ兵役ニ対スル観念ニシタイト吾々ハ思ウテ居ル」、「所ガ今此兵役ト徴税トニ依ッテ此義務ノ負担ヲ保護サセヤウト致シタナラバ、兵役ニ対スル所ノ此崇高ノ観念ハ、遂ニ根底カラ覆没サレハシナイカト云フ懸念ヲ持ツノデアリマス、〔中略〕納税ト兵役トガ同ジト云フコトニナリマスト、自然兵役ト云フモノガ軽ンゼラレマシテ、前ニ申シタ崇高ナル観念カラ遂ニ引落トサレテ、仕舞フヤウニナル」(65)などとの反対論を一貫して表明し続けていく。また帝国議会の議員たちの間からも、兵役税〔非役壮丁税〕に対しては「月給制度ニナッテ、一種ノ傭兵制度ニナル端緒デアル、此傭兵制度ニ這入ル根本観念ヲ国民精神ニ培養スルヤウナコトハ、此立法ノ精神カラ言ッテモドウシテモ許スコトハ出来ナイ」(66)といった批判が加えられていくのである。

かくして第三七議会提出の兵役税法案、「救護法案」はいずれも貴族院にて審議未了廃案となり、実現することはなかった。[67]

3　陸軍と軍事救護法の制定

ところが陸軍省は第三七議会終了後、自ら軍事救護法制定に着手するに至った。大島陸軍次官は一六年三月三〇日大隈内閣陸相に就任（病没した岡市之助の後任）後、彼の升田憲元を陸軍省書記官に採用、人事局恩賞課が同年八月までに下士兵卒家族、廃兵・同家族、戦病死者遺族の国費救護に関する法律案「軍人遺家族教護法案」および同施行令を作成した。[68] 陸軍省はこの草案を九月に内務省・海軍省へ送付したが、寺内内閣成立後、軍事救護法は内務省の主管とされたため、升田は内務省書記官に転じて引き続き兵役税法・軍事救護法調査の任にあたった。このうち軍事救護法に関しては地方局長渡辺勝三郎が主任となり、田子一民らが憲兵隊調査報告書、升田の研究成果に依拠しつつ法案を作成、一九一七年七月第三九議会への提出に至ったという。[69]

本章冒頭でも述べたように、郡司前掲論文は陸軍が第三七議会にて矢島らの主張に一定度「譲歩」せざるをえなくなった「客観的情勢」として、「隣保相扶」の無力化、国民の兵役観念悪化を挙げており（九・一〇頁）、あたかも陸軍にとってそれらは当初から自明のこととして意識されていたかのようである。しかし一九一五年五月、武藤らが第三六議会に提出した前掲建議案の審議中、陸軍は日露戦中以来の「郷党」、民間団体主体の救護に固執する姿勢も示しており（本章註（5）参照）、必ずしも問題を切迫視していた訳ではなかった。本節では、その陸軍がなぜまがりなりにも法の制定に向けて動いていったのかを考えていきたい。

まず第一点として考えられるのが、矢島、武藤らが第三六、三七議会にて繰り返し提起した議論が単純な同情論ではなく、現役兵家族、廃兵、戦死者遺族の困窮は「郷党」（具体的には第一章で検証した通り、「尚武会」などの民間軍事救護団体）による救護の不振のため、もはや解決不能な段階にあるという具体的内容を有していたことが挙げられる。矢島は議論の過程で常に「社会ノ実際」[70]を強調していた。たとえば第三七議会において、一家四人が兵役に就いたため「家産ヲ蕩尽」したという「帝国在郷軍人団飾磨郡公団員ノ一人三十四年徴集後備歩兵」（ママ）（ママ）の自分宛て書簡を掲げ、「此事情ヲ当局ニ訴へ」[71]るものであると述べている。このとき飯森辰次郎委員も「其一村近傍ノ者ハ同情ヲ寄セテ、国家ノタメニ不遇ニナッタトコロノ不遇ナ者デアルト云フコトノ観念ハ、ヒョットシタラ、大分崩レテ居ルマイカト云フコトヲ憂ヘマスル、〔中略〕政府委員ノ御方ガ世間ノ事情ニ恐レナガラ疎イ所ガアル」と、民間救護の実態に対する陸軍の認識不足を攻撃している。

一方の武藤らも自らの廃兵遺族生活調査結果を議会で提示する一方、第三七議会中大島陸軍次官に対し、憲兵隊に廃兵、遺族、現役兵家族の生活調査をさせること、升田憲元を採用して兵役税法および軍事救護法を研究せしめること、欧米に人を派遣して当地の軍事救護法を調査させることの三点を要求した。金太前掲『軍事救護法ト武藤山治』は、大島はその全部を容れ、同議会終了後の一九一六年七月から一二月にかけて憲兵隊に遺族、家族、現役兵貧困者の生活調査をさせたと記している[72]。郡司前掲論文は憲兵隊の調査が金太の記述とは異なり、遅くとも同年八月の時点ですでに終了していた旨指摘しているが[73]、調査開始の時期についてもより正確に言うならば、第三七議会終了後直後の一六年三月から開始されたものである。国立史料館蔵『愛知県庁文書』中の史料から、この陸軍省調査前後の経緯を概観しておこう。

陸軍省が調査を行う前年の一九一五年一〇月、内務省は軍事救護の実施状況に関し各府県に照会を行った[74]。愛知県はこれに対する回答中、次のように述べている。

従来ヨリノ貧困者ニシテ一家ノ主働者ヲ欠キタル為メ生業ニ支障ヲ生ジ延テ困難ヲ訴ヘ稍々悲惨ノ程度ニアリト

認メラルヘキモノ別紙ノ状況ニ有之而シテ該人員ノ比較的郡部ニ少ナク市部ニ多キハ其原因種々アルヘキモ要スルニ都会ニ於ケル人情ノ敦厚ナラザルト生存競争ノ結果ニ依ルヘク且又郡部ニ於テハ尚武会ノ事業トシテ夫々救護ノ方法ヲ講シ実行セラル、モ市部ニ於テハ是等ノ方法確立セサルニヨリ如上ノ現象ヲ生スルモノト被存候（中略）之カ救済ノ方法トシテハ現行恩給法ヲ改正シ其額ヲ増加セラル、カ若クハ他ニ適切ナル方法ヲ設ケ其程度ニ応シ救護ノ途ヲ講シ地方民ノ力ヲ藉ラス以テ生活シ得ラル、如ク考究実施セラル、ヲ最善ノ□□ト思料致候[75]

この史料の「別紙」によれば、県庁が各市区町村の報告を合計した結果、県内の「戦病死者総数四千八百二十九人廃兵総数九百三十二人ノ内多クハ下級ノ労働者ニ属シ其生活状態素ヨリ区々」であるが、そのうち戦病死者遺族中の「生計困難者」戸数は日露戦争分市部（名古屋市・豊橋市）四〇戸・郡部四六戸、日清戦争分市部二戸・郡部五戸、日独戦争分郡部一戸であった。郡部ではともかく、市部においては「尚武会」による救護体制がこの時点に至っても確立できず（外部からの人口流入・流出が激しく、地縁的関係が十分に築かれえないということか）、「到底現在ノ恩給及扶助料而已ニテハ生計ヲ支持スルコト困難ニシテ遂ニハ悲惨ノ境遇ニ陥ルニ至」っているとの報告である。このためさきにふれたように、名古屋市東区からは「国家ノ為ニ戦テ斃レシ者ノ遺族ニシテ惨状ナル境遇ニアルモノハ国家トシテ救フハ将ニ当然ノ義務」であるから政府が適当な方法を設けよ、軍人後援会や愛国婦人会など民間の救護は「国家ヨリ一定ノ救護以外トシテ現存ノ如クナルヲ可トス」、との付帯意見が提出されているのである。

翌一六年三月、今度は陸軍省が軍人家族、廃兵遺族の生活実態調査を実施した（五月末日締切）[76]。この調査に対する愛知県の回答は前掲『自大正四年至同七年　閣省府県往復　兵事門』には収録されておらず、具体的な調査結果は不明である。だがこの調査で判明した要救護者数は、前年の内務省調査よりもかなり多数に上ったらしい。というのは、内務省がこの後の同年一二月一八日、前年の自らの調査では「其救助ヲ要スル悲惨ナル境遇ニ在ル者ハ申迄モナク生計困難ナル者ト雖モ極メテ少数ニ過キサル趣ニ有之候処本年陸軍省ノ照会ニ依ル回答書ニ依レハ其救護ヲ要スル者非常ノ多数ニ上リ居」るのはなぜか、「調査方法ノ如何ニモ依リシ儀カ」と地方局長名で愛知県知事に照会しているからである（「出征軍人家族廃兵戦病死者遺族救護ニ関スル件照会」）。これに対し同県は、陸軍省が各市町村長に指定した書式が具体的だった（内務省調査では、管内に困窮者が存在すれば氏名などを記入提出するよう求めていたのに対し、陸軍省調査は個々の廃兵遺族ごとに救護の要否を記入するようになっていた）ため困窮者も「自然多数ニ上リタル」のであり、県としては各市町村の回答を取りまとめ陸軍省に提出したにすぎない、と回答している。[77]

この内務省宛回答中には、県下各市町村が陸軍省の要求に応じて算出した遺族、廃兵、現役軍人家族の「要救助金額」も引用されており、その合計は約三万七一六四円、これは「町村ニ於ケル生活ノ程度ト主任者ノ見解トニヨリ多少区々」であり厳密性を欠くだろうから、仮にその半分のみを救護するとしても、一九一五年中に愛国婦人会県支部が救助のため支出した額は六〇一二円、一九一六年中の帝国軍人後援会支会のそれは一七七円であるので「約一〇、〇〇〇円ノ不足ヲ見ル次第ナリ」、「要スルニ救助ノ実ヲ挙ゲントスルニハ相当救助費ノ支出ヲ要スルハ勿論」との説明がなされている。そのとき「郡及町村尚武会」による救護は、「時機救助金ヲ交付シタルモノ又ハ生業扶助ヲ与ヘタルモノ多少アル見込ナルモ統計シタルモノナキニ依リ其額不明ナリ」と位置づけられている程度にすぎない。

このように陸軍省の調査が従来の内務省の手法をいわば〝信用しない〟方式で実施されたのも、民間救護は機能不全である、政府は「村ナリ町ナリニ於キマシテ、非常ニ苦ンデ居ル遺族デアルトカ、廃兵デアルトカ云フ者ノ多イト云フコトヲ、（町村は治績の如何が問われるので）成ベク発表シタクナイ、（中略）成ベク少ナイヤウニ世間ニ発表シタイト云フ気味」[78]があるという現実を知らない、などとする武藤や矢島らの主張に正当性を認めてのことだったろう。陸軍省の調査自体は「救護ニ要スル予算編成上」[79]の目的で実施されたものであるが、これによって陸軍省は、それまでの内務省調査では明らかにしえなかった廃兵、兵士家族遺族の困窮と、民間諸救護団体の対応困難化を現実の事態として自ら可視化させるに至ったのである。

第二の理由として挙げられるのは、さきにも述べたように武藤、矢島らが彼らの困窮を現在、そして将来の兵士の士気に関わる問題と位置づけ、救護拡充を兵士の「士気ヲ鼓舞シテ、前途非常ニ国家ノ為ニ利益デアル(80)」と、陸軍の利害とも共通する、いわば徴兵制度の「補完策」的な論理のもとに要求したことである。かかる要求に対し陸軍省軍務局歩兵課は第三七議会中、兵役税に関して「兵役服役者ヲシテ後顧ノ患ナク完全ニ兵役義務ヲ遂行セシムル為帝国臣民全部ガ挙テ兵役義務服役者ノ家族ヲ優遇扶助スルノ義務ヲ有ス」という趣旨に基づくのであれば、「進テ同意ヲ表セントス(81)」と発言している。また一九一六年二月七日、第三七議会兵役税法案審議の現場でも、隈徳三陸軍主計総監は兵役税に関しては歩兵課と同様、「全然御同意ガ出来マセヌ」としつつも、「廃兵又ハ戦病死者ノ遺族其他兵役中ノ軍人軍属ニ対スル救済法」を国家が実現することは「士気ガ疎漏セザルノミナラズ、益々振ッテ来ルト考ヘマス、要スルニ軍人ハ後顧ノ憂ナクシテ誠心誠意君国ノタメニ一身ヲ抛ツコトガ出来ルノデアリマス、此救済法優遇法ヲ御設ケニナルコトハ賛成ヲ表スル(82)」と答弁している。

第三九議会での軍事救護法案審議時、大島陸相は「是〔法案〕ガ国民ノ士気振興ノ上ニ如何ナル影響ヲ及ボスデアラウカ、世人ノ注意ヲ喚起センガタメニ」聞いておきたいという田辺熊一委員の質問に対し、「救護〔受給〕者ハ勿論延テ一般ニ精神上非常ニ善イ感ヲ与ヘルデアラウ(83)」と答弁している。陸軍にとって、救護を拡充して兵士の士気を高める「後顧ノ患ナク完全ニ兵役義務ヲ遂行セシ」めたいという矢島らや武藤の理念それ自体は、自らの利益にも直結する問題であり、けっして否定すべきものではなかったのである（財源を兵役税に求めるが否かはまた別の問題となるが）。

もちろん法の制定に際しては、郡司前掲論文が指摘する、生活困難による服役免除者を減らして現役兵員数を確保したいという要請や、第一次大戦中における財政事情の好転（郡司論文一三頁）という事情もあっただろう。だが、議会において議員たちと陸軍との間で議論の焦点となったのは、矢島が第三七議会中「吾々議員側ノ方ノ意志ハ、此兵役税ヲ行ヘバ士気ヲ鼓舞シテ、前途国家ノ為ニ利益デアルト信ズルノデアリマス、之ニ反シテ陸軍ノ方ハマルデ反対デ、是ハ士気ニ非常ニ悪影響ヲ及ボシテ、国家ノ為ニ不利益デアルト云フ解釈ガ基礎ニナッテ居ルヤウデゴザイマスガ、是ハ甚ダ了解ニ苦シム」(84)と端的に述べていたように、現役兵員数の確保などではなく、徴兵兵士の「士気」はいかにして維持・振起されるべきかという問題にほかならなかった。

以上の分析から、陸軍による軍事救護法制定に関しては、①武藤、矢島らとの議論を通じて日露戦後社会における「隣保相扶」の無力化を知る、②かつ平時から兵士とその家族遺族、廃兵らの「救済法優遇法」を整備していくことは自らの利害にもつながると認識していく、という過程を抜きにした説明は困難であると考えられる。

軍事救護への社会的関心低下にともなう兵士の「士気」低下防止という議論の枠組みは、日露戦後の民間における軍事救護拡充論がほぼ等しく有していたものであったが、武藤・矢島らがそうした議論を議会で内務省ではなく陸軍省を相手に繰り返し展開したことは、政府による軍事救護法制定過程において重要な役割を果たしたのである。

もっとも同法による救護は、最終的に内務大臣の許可を必要とするなど申請手続が煩雑であったり、実際の給付金額が一人一日一五銭・一家総額六〇銭以内と少額(85)であるなどの点で、十分なものとは言えなかった。このため第一次世界大戦後も兵役税法案は荒川五郎（広島県選出、憲政会）らにより、非役壮丁税法案と改称のうえ「危険不熟ノ思想」(86)すなわち左翼思想対策の見地から、第四二〜四六議会の五回にわたり（表7参照）兵士家族遺族のさらなる優遇、兵士増給などに用いる目的税案として議論の対象とされていく。

荒川と矢島八郎（一九二一年死去）との関係、法案提出の動機については史料に乏しく詳細は不明であるが、わずかにそれをうかがわせるのが、後年の一九三〇年彼が記した「兵営を国民大学とせよ」[87]なる一文である。荒川は全国私立学校協会理事長などを歴任した教育家としての立場から、軍隊を「国家的精神の養成から、時間や規律の厳格な励行、及び出入進退灑掃整頓、敏捷精進等の人事教育」を行う「国民大学」に改良し、「国民の中枢たり幹部たる多くの青年をして、悉く烈々たる愛国の精神に燃えて常に国家本位に活動するやう導く」べしと提言している。軍隊とは国民教育上重要な場所（かかる言説が当時の軍隊内・社会に広く流布していたことは、本書第一部にて詳述した）なのだから、金銭的理由などで国民の怨嗟反感を招くべきでない、との認識が、荒川における法案提出の一要因だったのかもしれない。

おわりに

軍事救護法に関する従来の研究は、同法による救護が結果的に現役兵家族に集中したことから、同法を陸軍による貧困者徴集免除の代替策、現役兵員数確保策と位置づけ、その特質は「〈兵役負担の均衡〉は無論のこと、〈廃兵遺族の国家救護〉に存じたのでもなく、貧困者により重い負担を強いた徴兵制を補完する機能をはたした点にこそもとめられる」と結論づけてきた[88]。しかし日露戦後、民間で展開された軍事救護―国家主体論、そしてその一形態としての兵役税導入論の内容・論理を具体的に検証してみると、徴兵制とは国家救護という手段によって不断に「補完」し維持していくべきもの、という認識の枠組みはなにも陸軍だけの専有物ではなく、民間の軍事救護拡充論にも共通のものであったということが確認できた。前記の現役兵員数確保という政策的意図とて、陸軍に先んじるかたちで民間の兵役税論者升田憲元が主張していたのだが、問題はなぜ日露戦後の民間で軍事救護拡充、兵役税導入を徴兵制の「補完」策的意味あいのもとに主張する議論が形成されていったのか、ということである。

当該期の民間における軍事救護拡充論、兵役税導入論の多くは、西本国之輔や升田憲元など、それぞれ自ら理想とする国防像を持つ在郷将校によって提起された。彼らの議論は兵士家族遺族、廃兵の困窮に対する単純な同情論ではなく、彼らに対する経済的待遇の悪さが現在の兵士の「士気」——国防への意欲低下を引き起こしており、しかもそれは日露戦中のような地域・民間団体の救護では解決困難（＝「世人の同情」の冷却化）とする認識に基づいていた。彼らがそうしたユニークな軍制論を公にできたのも、在郷将校という比較的民間人に近い、自由な立場にあったからと思われる。

国家救護を議会の問題とした武藤山治の主張は、廃兵遺族たちにのしかかる重い経済的負担が、それを見た現在の兵士、そして将来兵士となる者の平戦両時における「士気」を削ぎかねない、という点にあった。「資本家階級」としてのアイデンティティを持つ武藤は、このことを自らの経済的活動、社会的責任に関わる問題と意識した(89)。そこで彼は自ら具体的な統計資料を収集・提示しつつ、その解決を繰り返し政治の場で主張したのである。

矢島八郎ら兵役税導入論者についてみても、彼らの運動はもともとは現役兵家族、そして廃兵遺族の悲惨な生活に対する同情に起因していた。しかし実際の議会の場でそれは、陸軍向けの正当化策的な面もあったかもしれないにせよ、武藤と同様に現在の兵士、そして将来兵士となる者の「士気」に悪影響を与えるものとして問題化されていた（「同情」と「士気」の問題は必ずしも矛盾しない）。矢島らの主張に一定度の影響を与えたとみられる升田の兵役税論が、国防の充実、兵士の「士気」低下防止を重視する立場からの発言だったことはすでに確認した。矢島らの議論もまた、理念的には徴兵制度の円滑な運用、すなわち制度の「補完」を志向している点で、武藤のそれと一致していたのである。兵役に呻吟する〝民の声〟は、こうした〝論理〟に変換されて政治の場へと届いたわけである。

重要なのは、そうした民間の議論の有していた論理が、当初救護に「無関心の有様」と批判されていた陸軍にとっても自らの利害に通じるものであり、ゆえに無視、あるいは否定できるものではなかったことである。確かに陸軍は救護財源としての兵役税導入には反対した。しかしそれは、従来言われてきたような「金持ち階級優遇」というよりはむしろ、①兵士、その他の国民が兵役とは金銭で免れられる程度のものとの印象を持つ、②金銭を受け取る兵士が義務ではなく金銭のために働くことになり、それは兵士の「傭兵」化、「士気」低下につながる、という理由によるものだった。こうした兵役≠賃労働という〈兵役観〉はけっして軍、国家だけのものではなく、兵役義務における国民の自発性理念を重視した板垣退助や奥村五百子など民間の側にも存在していた。それは兵役税導入論とは直接関係のない場面においても語られていたものであるから、陸軍の独りよがりな兵役税潰しのための「建前論」と片づけることはできない。

日露戦後、政府と民間の間で繰り広げられた軍事救護をめぐる論争の担い手たちは、なんらかの手段による兵士の「士気」維持―兵役義務に対する同意、支持獲得が必要との認識では一致していた。議会で議論の焦点となったのは、物質的措置を講じて兵士の不満を抑制すべきか、兵役の〈崇高性〉理念を堅持すべきか、「士気」維持のための具体的な手段にほかならなかったのである。このことは、近代日本軍事救護政策の本質を如実に示す。

現役・応召兵士家族、戦没者遺族、廃兵中の困窮者のみを対象とした「救護」（したがって義務に対する「代償」支給ではない）法・軍事救護法とは、陸軍がそのような議論を通じ選択していった政策にほかならなかった。そう考えるならば、日露戦争以降の国家による軍事救護政策の展開過程は、同時期の「社会ノ実際」に根ざした民間の軍事救護拡充論の論理、影響力と分離して考えることは不可能であろう。

もっとも同法による救護は、申請手続の煩雑さや給付金額の少なさなどの点で、十分なものとは言えなかった。その改善を目指して第一次大戦後議会提出された非役壮丁税法案はいずれも衆議院で審議未了に終わったが、同時期の陸軍部内では、兵役税導入論が検討の対象とされていくのである。次章では、その過程と理由について考察する。

なお最後に付け加えておきたいのは、戦死・戦傷病死者遺族、廃兵、退役軍人などに階級に応じて支払われた一八七五年創設の軍人恩給や年金が兵役の「代償」と意識されることはなかったのか、ということである。軍人恩給の受給は軍事救護法のそれと異なり、法律上も明確に「権利」と位置づけられた(90)。陸軍が兵役への「代償」設定は不可であると言い張るなら、兵役税導入論者は軍人恩給の存在を指摘すればよかったように思うが、かかる議論が行われた形跡はこののち太平洋戦争の敗戦、兵役義務の消滅に至るまでほとんど見うけられない(91)。

その理由として第一に、板垣退助の前掲「徴兵の精神」が、徴兵兵士は「血税として、義務として、我れ一兵卒となりて国に尽くさんとの国民的自覚に基」づくべきものであるから「国家は之に向つて毫も報酬を与ふべきにあらず」(七一七頁)、しかし将校は要するに「国家の雇人」にすぎないのだから「報酬」をうけて当然と述べていることが挙げられよう(92)。将校たちの俸給や恩給が問題として取り上げられなかったのは、戦前こうした将校観が広く存在したからではないか。しかし将校たちは将校たちで「経済的打算観念」など否定して「軍職を一種の天職と心得、身命を賭して国家に奉仕し忠節をつくすことを、本分と肝銘し一意専心、軍務に励んだ積り」であったから、「職業軍人」との呼び名は「私達の社会には通用しない禁句」であった(93)。陸軍において兵役税が否定されたのは、そうした考え方を一般の徴兵兵士たちにも強いたがゆえのことと観ることもできる。第二に、歴史の古い軍人恩給制度はあくまで「有難イ国家ノ恩恵制度」にすぎないという認識が国家・社会の双方に定着しており、義務負担に対する直接の「代償」という発想は誰の頭にも浮かばなかったということもあるのではないか(94)。

註

(1) 郡司前掲「軍事救護法の成立と陸軍」。

（2）一九一五年五月、第三六議会衆議院に林毅陸議員（議会における武藤の協力者）ほか三名が「出征軍人家族、廃兵、戦病死者遺族救護ニ関スル建議案」を、矢島八郎議員ほか三名が兵役税法案を提出した。大蔵省はこれを受け、続く第三七議会中の一五年一二月二一日独自に「壮丁税法案」を作成、陸軍省に送付した。ところが陸軍省は翌一六年一月二五日、「先以テ兵役服役者及其家族ノ扶助法ヲ考究」し、財源に関してはその後改めて検討したい旨の回答を次官名で送付、大蔵省の申し出を拒絶した。以上の経緯自体は郡司前掲論文八・九頁において整理されている。

（3）小栗「軍事救護法の成立と議会—大正前期社会政策史の一齣—」（『日本法政学会法政論叢』三五—二、一九九九年）一三九頁。小栗氏は「大正前期軍事救護関連法案について—資料と考察—」（『静岡理工科大学紀要』七、一九九八年）で議会・政府双方の軍事救護関連法案草案などの史料を紹介、その内容を表に整理しており有益である。

（4）一九一五年六月二日、第三六議会衆院軍人恩給法中改正法律案外二件委員会（第二回）での大島健一陸軍次官の発言。

（5）前註に同じ。

（6）金太仁作『軍事救護法ト武藤山治』（国民会館公民講座部、一九三五年）七九・八〇頁。金太は武藤の側近として後述する軍事救護法制定運動に協力した人物。

（7）大江前掲「天皇制軍隊と民衆」八三頁。

（8）升田『最新兵役税論全　一名兵役の神髄』（東京堂書店、一九一三年。以下『最新兵役税論』と略記）一五七頁。升田は一九〇〇年陸士卒、日露戦争に従軍後大尉で予備役編入、一九一一年京都帝国大学政治科、一三年同法律科卒。同書は「陸軍歩兵大尉法学士」の肩書きで書かれている。のち陸軍省参事官、衆院議員、弁護士として帝国在郷軍人会本部法律顧問などを歴任した。以上は『議会制度百年史　衆院議員名鑑』五八七頁参照。

（9）佐々木隆爾「日本軍国主義の社会的基盤の形成」（『日本史研究』六八、一九六三年）、桑山利和「日露戦争における軍人家族救護活動」（『三河地域史研究』七、一九八九年）、山村睦夫「帝国軍人援護会と日露戦時軍事援護活動」（『日本史研究』三五八、一九九二年）、飯塚一幸「日清・日露戦争と農村社会」（井口和起編『近代日本の軌跡3　日清・日露戦争』吉川弘文館、一九九四年）、北泊謙太郎「日露戦争中の出征軍人家族援護に関する一考察—下士兵卒家族救助令との関わりにおいて—」（『待兼山論叢』三三、一九九九年）など。ただし遠藤芳信「1880～1890年代における徴兵制と地方行政機関の兵事事務管掌」（『歴史学研究』四三七、一九七六年）は、そういった「尚武会」的団体（論文中では「徴兵慰労会」と呼称）は一八八九年徴兵令改正前後より全国的に組織されはじめたとしている。日露戦争勃発はその活動を活発化させたと考えられる。

(10) 山村前掲論文七三頁。また飯塚前掲論文一二九頁によれば、日露戦中の京都府内各市町村救護団体による救護実績(約五〇〇〇戸に一二万四三七七円二七銭を給付)は、国費のそれに比して救護戸数で約一〇倍、金額で約二〇倍に達したという。

(11) 桑山前掲論文は愛知県内の事例から日露戦中の軍事救護実態を論じ、町村独自の救助活動については『碧海郡奉公事績』(碧海郡教育会・同郡尚武会、一九一〇年)をもとに、同郡内の各町村のほぼすべてが月額四円五〇銭~五〇銭程度の生活救助、耕耘補助費の支給、役務による耕耘補助などなんらかの援助活動を行っていたことを明らかにしている(四三頁)。

(12) 日露戦中の各「尚武会」の活動は、長野県『明治三七八年戦役時局史』(一九〇七年)などいくつかの県・郡(ほか石川県、福岡県などが作成しており、前掲『碧海郡奉公事績』もそのひとつである)が戦後編纂した記念誌によって知ることができるが、それらは戦中における国民の結束を顕彰するのが目的であり、戦後の状況をフォローしたものではない。また各市町村尚武会文書も兵事文書の一種として扱われたためか、管見の限り残存状況は必ずしも良好ではない。現存している兵事文書についても、たとえば山本和重「旧和田村・旧高士村役場の兵事関係資料について」(『上越市史研究』二、一九九七年)が太平洋戦争敗戦時、焼却を免れた新潟県内の二か村の明治二〇年代から昭和二〇年代までの兵事文書目録を掲載しているが、尚武会関係文書は一九一九年以降のものしか含まれていない。

(13) 新潟県第二部長野田藤馬「町村尚武会奨励に関する通牒」(『新潟県尚武会雑誌』五、一九〇六年)。新潟県は一八九八年六月「尚武会規則」を制定して各市町村に設立を督励したが、実際に各地で設立が進んだのは、日露戦争勃発以降のことであった。この点は『新潟市史 通史編3 近代(上)』(一九九六年)二六九・二七〇頁を参照。筆者が現存を確認している日露戦後の『新潟県尚武会雑誌』は一、五、六号(それぞれ一九〇六年三、七、八月発行)のみで、前記の通牒以外に具体的な尚武会活動状況を知りうる記事は残念ながら掲載されていない。

(14) 米沢市の全従軍者一〇一〇名(延べ人数)に対し、一月当りの被救護戸数は最大で一四三戸・二四五名(一九〇五年三、七、八月)だったから、おおむね七戸中一戸程度が団の救護を受けていたと推定される。

(15) 「納税に就て」と題する演説、同年三月二八日付『米沢新聞』所収。

(16) 一九〇四年二月一〇日付、「同情生」投書。

(17) 一九〇五年二月一五日付、「労働生」投書。

(18)　前掲『米沢奉公義団史』六頁。

(19)　帝国軍人後援会は、当初「軍人家族救助義会」として一八九六年、衆院議員郡山保定らによって設立され、全国に支部・出張所を設けて会費・寄付金をもとに困窮軍人家族遺族、廃兵救護にあたった。日露戦中の一九〇四年には、「普通保護費」として困窮軍人家族遺族三九一三戸に一万二三九一円を、翌〇五年には三〇五四戸に三万五七二五円九八銭（〇五年のみ「小児保護費」「慰問保護費」を含む）を給付するなどの活動を展開した。のちの一九三九年、全国の各大規模民間援護団体を一本化して設立された「恩賜財団軍人援護会」に統合されるまで、全国最大規模の民間軍事救護団体でありつづけた。以上は『財団法人帝国軍人後援会史』（同会、一九四〇年）を参照。

(20)　牛尾「無形の後援」（帝国軍人後援会機関誌『後援』一一三、一九一一年）。

(21)　前掲『帝国軍人後援会史』巻末年表一七八～一八〇頁による。ただし一九一三年は皇室より一万円が下賜されたためか、七六七一円二二銭に増加した。

(22)　一九〇七年五月二三日、愛国婦人会主事会席上での顧問清浦奎吾の演説（『愛国婦人』一三〇、一九〇七年）。

(23)　前註に同じ。

(24)　一九一五年一二月二六日の第三七議会衆院本会議で、林毅陸議員（無所属団）が「救護法案」提案理由説明のさいに提示した、帝国軍人後援会調査と別の「信スヘキ調査」とを平均した値。この「信スヘキ調査」とは武藤山治らが一九一五年三月以降実施した調査のことで、同調査については、金太前掲『軍事救護法ト武藤山治』八三、二七一頁を参照。

(25)　本章は各「尚武会」など民間援護団体の実態解明を直接の目的とするものではないが、筆者が未知の史料も各地に多数存在すると思われるので、今後その解明につとめていきたい。日露戦中、「尚武会」などでは出征兵士家族・遺族数増加への対応策として、「授産」（職業補導）による彼らの自活を重視していた。しかし割り当てられた仕事は軍需品の生産が主であり、戦争終結とともに「授産」による生活維持が困難化していった点については、桑山前掲論文を参照。前出の米沢奉公義団でも軍用ガーゼ、リンネル製造を留守家族に行わせたが、一九〇六年四月には「家遺族救護ノ必要ナキヲ以テ」（前掲『米沢奉公義団史』五〇頁）、いずれも中止されている。

(26)　内務省は、後述する武藤山治の軍事救護拡充の建議案議会提出をうけ、彼の主張が正当か否かを各地方長官に照会調査した（一九一五年一〇月一四日付、渡辺内務省地方局長発松井愛知県知事宛「出征軍人家族廃兵戦病死者ノ遺族救護ニ関スル件照会」、国

文学研究資料館史料館蔵愛知県庁文書『自大正四年至同七年　閣省府県往復　兵事門』所収）。
(27) 松尾尊兊『大正デモクラシー』（岩波書店同時代ライブラリー、一九九四年、初刊一九七四年）一三三頁。
(28) 西本「兵制改革」（『第三帝国』一六、一九一三年）。
(29) 升田の想定する納税義務者は、兵役義務を有する者のうち、徴兵検査と抽籤の結果「兵役若くは現役を免れたる者及徴集を猶予せられたる者」だった。ただし身体障害者、貧困のため納税能力のない者などは除外する。税率は「階級税」として各納税者の資産規模に応じ五段階の差を設け、これとは別に所得税を負担している者には付加税を設定する。納税期間は七年間（実際に兵士となる者の服役期間が現役・予備役あわせて合計七年のため）、これによる収入は実施より七年経過した段階で年額約一〇〇〇万円がみこまれる。その使途は兵卒家族救助費として三九万円（現役兵家族中救助を要する家族が約三〇〇〇戸あるので毎年一〇〇円を給付し、予後備兵の演習召集期間中扶助を要する家族も三〇〇〇戸あると仮定し、これに一五円を給付する）、兵卒給料増加費として二二三万円（陸軍全兵卒の給料を五割増しし、海軍志願兵にも陸軍に準じて増給する）、軍人遺族扶助料増加費として一四一万円（一九一〇年の軍人恩給法改正より前に恩給額の確定した受給者は平均三割を、それ以後の受給者は一割増額）、廃兵保護費（恩給増額、廃兵院拡張）として四二万円、戦時に出現が予想される多数の兵士留守家族遺族、廃兵の救済準備金として五〇万円、残りは一般歳入に繰り入れて通行税や穀物移輸入税の廃止、生活必需品の価格や税率の引き下げ、小所得者の所得税の減免、一般営業税の軽減などに充てることが提案されている（『最新兵役税論』二八一～三九三頁）。
(30) その他「道徳上の基礎」「財政上の基礎」「国民体力、国民経済及行政上の基礎」を挙げている。
(31) ここでいう「徴兵忌避の防止」とは、中産以上の階級の者が徴兵による経済的損失を免れるために海外へ「仮装旅行」したり「仮装学生」となる事例が多いので、兵役税を徴収して「経済上何等利する所」をなくし、そうした行為を防止しようとの意味である。
(32) 西本『軍制改革論』（興文館、一九一二年）。
(33) 牛尾前掲「無形の後援」一四頁。
(34) 板垣「軍人救護意見」（一九〇四年）、板垣守正編『板垣退助全集』（初刊一九三一年、『明治百年史叢書』第九七巻として一九六九年、原書房より復刻）四七九～四八八頁。
(35) 前掲『板垣退助全集』七一一～七二八頁。

(36)　板垣前掲「軍人救護意見」四八五頁。

(37)　牧原『明治七年の大論争　建白書から見た近代国家と民衆』（日本経済評論社、一九九〇年）第二章「徴兵制か士族兵制か」六一頁。

(38)　第三七議会提出の兵役税法案の内容を要約すると、納税義務者は「徴兵適齢ニ当リ陸海軍ノ現役ニ服セザル男子」（戸主でない者は戸主が納税）、税率は（所得税法による）第三種所得に対する納税義務者は第三種所得金額の一〇〇〇分の二〇、第三種所得に対する納税義務者でなく公民である者は五円、公民でない者は三円。以上の者の納税期間はすべて七年間。教育召集に応じた補充兵・六週間現役兵に服役した者・現役に服した者で入営後三か月に満たずしてその役を免除された者は、その翌年より七年間、前記の税額の半額を納税。現役服役者以外で税を免除されるのは、入営後公務による傷痍疾病により現役免除または召集を解除された者、一家に二人以上の現役相当者があって一人が現役服役している場合その他の者、徴兵令第一九・二二条の該当者（生活困難による服役免除・延期者）、戦時・事変に際し召集を受けた者（ただし既納の兵役税は還付せず）とされた。

(39)　武藤の貧困者救護への取り組みについては、山本長次「武藤山治の政界活動と救護法」（『佐賀大学経済論集』二七—六、一九九五年）が一九二九年の（一般）救護法制定時における武藤の行動を分析している。しかし彼が軍事救護拡充に熱心に取り組んだ理由についての踏み込んだ分析はない。

(40)　この話は一九一五年一二月二三日、第三七議会衆院本会議における林毅陸の「救護法案」提案理由説明の中でもふれられている。

(41)　金太前掲『武藤山治と軍事救護法』一三九・一四〇頁。

(42)　野中は一九一四年三月一一日付で第三五議会衆議院に提出した「兵役税法制定之儀ニ付請願」（防衛庁防衛研究所図書館所蔵『大正六年甲輯第六類　永存書類　陸軍省』所収）中、兵役税を徴収して「先ツ以テ現役兵ノ日給増額又ハ満期除隊兵ノ成績ニ依リ賞与ヲ行ヒ猶進テハ在郷軍人会ヲシテ現役者家族ノ慰安又ハ将来兵役ニ就クモノニ向テ活動セシムル基金ニ補助（年限若クハ年限ヲ定メ）シ若シ剰余アル場合ハ軍事費ニ編入」すれば、「現役者非現役者ヲ論セス精神上至大ノ影響ヲ印シ忠君愛国ノ至誠益々其肝ニ銘シ軍事上多大ノ光輝ヲ発揚」できると、税の具体的用途および兵士の「士気」に及ぼす効果を強調している。

(43)　日露戦後の高崎尚武会などの活動状況は市行政資料の焼失のため残念ながら不明だが、日露戦中の県宛報告によると、同市からの出征軍人は一三三名、うち生計困難な者は五五名と他の市郡に比べて困窮の度合いは高かった。以上は「軍人家族救助状況調」（「群馬県行政文書　明治三四～四三年　雑事」、『群馬県史　資料編二一』九一一～九二四頁）を参照。この経験も矢島に救護拡充運動を開始させる一要因となったのではなかろうか。

(44) 一九一五年六月一日、第三六議会衆院本会議における矢島の兵役税法案提案理由説明。

(45) 前註に同じ。

(46) 一九一五年六月四日、第三六議会衆院兵役税法案委員会（第二回）における矢島の発言。

(47) 註(44)に同じ。

(48) 後年の一九三六年、衆院議員となった升田は自ら軍事救護法改正法律案を第六九議会に提出（衆議院で審議未了）し、提案理由説明の中で矢島らが第三七議会に提出した「軍事上及ビ社会政策上重大ナル法律案」（＝兵役税法案）に言及、当時自分は「議員諸君ニ多少ノ参考意見ヲ述ベタ」と発言している。また金太前掲『軍事救護法ト武藤山治』には、矢島らと武藤らの連合前の交渉の場で、金太が「矢島側の升田憲元氏と口角沫を飛ばし」（二七〇頁）て議論した旨の記述がある。升田が矢島らの運動に積極的に参加・発言していた様子がうかがえる。

(49) 武藤前掲『軍人優遇論』八三・八四頁。

(50) 一九一六年二月七日、第三七議会衆院兵役税法案外一件法案委員会（第五回）での隈徳三陸軍主計総監の発言。

(51) 一九一六年一月一〇日付陸軍省軍務局歩兵課「壮丁税法案ニ関スル意見」（前掲『大正六年甲輯第六類　永存書類』〇五四〇・〇五四一頁）。同史料は歩兵課が軍務局軍事課、経理局主計課に兵役税に関する意見聴取のため送った文書の一部。歩兵課は徴兵事務を管掌する課であり、のちの軍事救護法案作成の中心ともなった。

(52) 一六年二月一五日の衆院委員会における、兵役税法案提出者の一人望月圭介委員（政友会）の発言。

(53) 中尾龍夫『軍備制限と陸軍の改造』（金桜堂、一九二二年）九七～一一〇頁。

(54) 中尾前掲書一一六頁。それ以外に中尾が掲げた利点は、徴兵忌避者の防遏、現役兵卒の給料増額など待遇改善、現役・予備役・後備役別なく在営兵の家計困難な者の救助、廃兵保護の改善、軍人遺族扶助料の増額、兵員徴集上都市と農村の間に起こる不公平の緩和、下層社会の不平減少、間接的に財政上に余裕を生ずる、軍人恩給増額の財源に流用可能、である。さきに升田が『最新兵役税論』中掲げた「軍事上の基礎」「社会政策上の基礎」とほぼ同一と言ってよい。また升田『最新兵役税論』はオーストリアにおける兵役税の梗概を紹介している（七三～七六頁）が、中尾前掲書も同国兵役税の大要を掲げている（一一〇～一一六頁）。両者は細かい言い回しを除きほぼ同一文章であり、中尾の「引用」は明白である。

(55)「現在ニ於テ甚ダ遺憾ナガラ兵役ニ服スルコトガ至大ノ名誉デアルト云フコトハ、是ハ陸軍ノ教育総監部ナドニ於テ士気ヲ鼓舞サレンガ為ニ斯ウ云フ解釈ヲ御取リニナルノハ御尤デゴザイマスケレドモ、事実ニ於テハ動モスレバ徴兵忌避者ナドモアルヤウナ現状ニ於テハ成ルベク国民全般ガ兵役ニ服シテ居ルト云フコトハ、理想トシテハ宜シイカモ知レマセヌケレドモ、現在ノ事実ニ反シタヤウナ意見デハナイカト思フ」（一九一六年一月二四日、第三七議会衆院兵役税法案外一件委員会における樋口秀雄委員の発言）。

(56) 田中『壮丁読本』（一九一六年）三〇・三一頁。田中の「序」によれば、同書は壮丁の軍事予備教育の標準、青年団の補習読本とすべく執筆されたものである。

(57)『歩兵須知』（鍾美堂、一九〇二年）九二頁。同書は陸軍歩兵少尉宮本林治が執筆し、陸軍中将岡沢精ほか多数の軍人の校閲を経て発行されたものである。

(58) 陸軍歩兵中尉芦原武治『いくさのようい　国民の心掛』（神戸市在郷軍人会、一九〇二年）本文七・八頁。

(59)『兵営生活』（川流堂、一九〇九年）二二五頁。同書の編者は記載されていないが、発行者の小林又七は陸軍省内に出張所を構え、市販の各種典範類の発行元となるなど陸軍と関係が深く、この部分は従来の陸軍の意向に沿って編纂されたと考えられる。

(60) 陸軍歩兵大尉湯本幕天『新兵入営後之一週間』（京都株式新報社、一九一一年）八・九頁。

(61) 東京大学経済学部図書館所蔵「濱田徳海資料」2—6—1「兵役税及び壮丁税」5「我国ニ於ケル壮丁税問題ノ経過」（一九三六年八月）。同資料については、次の第二・第三章にて再述する。

(62)「非役壮丁税の是非」（『中央公論』三八七、一九二〇年、一二〇・一二一頁）。

(63) 歩兵第七連隊所属、石川県出身、歩兵二等軍曹片岡力蔵の一八九四年一一月二七日付郷里宛書簡。檜山前掲編著『近代日本の形成と日清戦争』八五頁。

(64) 日水会編『陸海　兵役談』（一九〇二年）五一・五二頁。同書は日水会なる団体が一九〇二年三月三一日、東京市における徴兵適齢者四三〇〇余名（原文ママ）を神田錦輝館に招いて実施した講話会の速記録。当日は奥村のほか日水会主太田覚眠、本郷区連隊区司令官陸軍中佐平尾信寿、海軍大学校兵学教官海軍少佐鈴木貫太郎が講話を行っている。

(65) 一九二〇年七月一九日、第四三議会衆院非役壮丁税法案委員会（第二回）における山梨半造陸軍次官の発言。

(66) 一九二二年三月九日第四五議会衆院身元保証ニ関スル法律案外三件委員会（第四回）における松岡俊三委員（政友会）の発言。

(67) 「兵役税ハ貴族院ハ大抵反対スルコトニ纏リ居候間御安心被成度候」(一九一六年〔二月〕二二日付の岡市之助陸相宛田中義一陸軍省軍務局長の書簡、国立国会図書館憲政資料室所蔵「岡市之助関係文書」)。

(68) この陸軍省内での草案作成過程において、家族の自活不能な兵士の徴集延期または現役免除を規定した徴兵令第二二条などの存廃をめぐる論争が人事局恩賞課と軍務局歩兵課との間で行われている。この論争は結局同条を存続させ、軍事救護法の救護を受けてもなお自活不能な者に限り適用する方針が明確化されて決着した。その間の経緯は郡司前掲論文一八~二三頁に詳述されているので省略する。

(69) 金太前掲『軍事救護法ト武藤山治』三八六~三八八頁。なお、この間の経緯は小栗前掲論文一四四~一四六頁にて整理されている。

(70) 一九一五年六月四日、第三六議会衆院兵役税法案委員会(第二回)での発言。

(71) 一九一六年二月七日、第三七議会衆院兵役税法案外一件委員会(第五回)での発言。

(72) 前掲『軍事救護法ト武藤山治』一〇〇、三八六~三八八頁。

(73) 郡司前掲論文は前出の軍務局歩兵課と人事局恩賞課間で行われた徴兵令第二二条の存廃をめぐる論争のさい、恩賞課員安藤紀三郎少佐が一六年九月一日付の回答中「今回現役兵ノ生計調査」では「憲兵隊ノ調査上五千五百五十九戸」の自活できない一家が存在した旨の記述をその根拠に挙げている。

(74) 註(26)に掲げた一九一五年一〇月一四日付、渡辺内務省地方局長発松井愛知県知事宛「出征軍人家族廃兵戦病死者ノ遺族救護ニ関スル件照会」。この通達には、武藤の前掲建議案が参考として添付されている。

(75) 「出征軍人家族廃兵戦病死者遺族救護ニ関スル件回報」(前掲『自大正四年至同七年　閣省府県往復　兵事門』所収)。この史料は、愛知県社寺兵事課長が一九一五年一二月一四日付で起案した内務省宛回答の案文。

(76) 一九一六年三月二五日付、陸軍次官大島健一発愛知県知事宛「廃兵戦病死者遺族軍人家族生計状態調査ノ件照会」(前掲『自大正四年至同七年　閣省府県往復　兵事門』所収)。

(77) 陸軍省は前註史料に添付の「軍人遺族現況調書」で、各遺族の人員、一か年の収入、生計程度、救護の要否、生業援護に要する経費概算、生計程度を限度として補助金を給する場合の経費概算などを個別に調査記入するよう指示している。愛知県はこの書式を印刷して管下市町村に配布した。

(78)　一九一五年五月二八日、第三六議会衆院本会議における林毅陸議員の「出征軍人家族、廃兵、戦病死者遺族救護ニ関スル建議案」提案理由説明。
(79)　一九一六年六月六日付、陸軍省軍務局発愛知県宛「軍人遺族現況調書ニ関スル件照会」（前掲『自大正四年至同七年　閣省府県往復　兵事門』所収）。本史料は陸軍省が愛知県に「予算編成上」差し支えるので、至急註(76)調査への回答を提出するよう督促したもの。
(80)　一九一六年二月一五日、第三七議会衆院兵役税法案外一件委員会（第七回）での矢島発言。
(81)　註(51)に掲げた陸軍省軍務局歩兵課「壮丁税法案ニ関スル意見」。ただし現在議会提出されている兵役税法案では、税負担が入営しない壮丁のみに偏在するので不可、というのがその結論である。
(82)　一九一六年二月七日、第三七議会衆院兵役税法案外一件法案委員会（第五回）での隈徳三陸軍主計総監の発言。
(83)　一九一七年七月三日、第三九議会衆院軍事救護法案委員会（第三回）における発言。
(84)　一九一六年二月一五日の第三七議会衆院兵役税法案外一件委員会（第七回）での発言。
(85)　ただし地方長官が内務大臣の許可を得てとくに増額できた。国立公文書館蔵『兵役義務者及廃兵待遇審議会総会議案』所収「軍事救護増加最高額調」によると、一九一九～二八年にかけすべての道府県が増額を行い、全国平均で一人一日三四銭、一戸一日一円二〇銭にまで増額されている。
(86)　一九二〇年七月一四日、第四三議会衆院非役壮丁税法案第一読会における荒川の提案理由説明。
(87)　民政党機関誌『民政』五—五、一九三一年、所収。
(88)　郡司前掲論文二四頁。一九二八年度の被救護者別軍事救護成績を例にとると、下士兵卒家族一万三〇二一戸に総額計一二六万一三三九円が給付されているのに対し、傷病兵は六四戸・五五八一円、傷病兵家族は七七九戸・一二万八〇三円、下士兵卒遺族は六六三戸・五万一六〇七円、傷病兵遺族は三四〇戸・三万四七四八円にすぎない（国立公文書館所蔵『兵役義務者及廃兵待遇審議会総会議案』）。しかしこれは郡司論文自身が別の頁で述べている通り、軍事救護法による救護資格の有無が申請者の日収に応じて決定され、廃兵・戦死者遺族には微々たるものとはいえ恩給扶助料が与えられていたためである。したがって、この被救護者数割合だけから同法制定の目的が現役兵員数確保にあったと即断するのは妥当ではない。
(89)　この武藤における「経済活動の安定化」志向について、山本和重氏より「階級関係に引きつけすぎた理解」であり、「軍国主義批判に重点があると見るべき」（「軍隊と民衆――一九三〇年代の軍事援護政策から」、『人民の歴史学』一五六、二〇〇三年）との批判が寄せられた。本書は武藤の軍国主義批判を主要な論点とするものではないので詳しくは言及しなかったが、陸軍（「ミリタリスト」）の専横を批判することと、兵士に「死ぬ者貧乏」の思いを抱かせないで徴兵制軍隊の基盤を維持し、自己の「経済活動の安定化」を目指すこととは、とくに矛盾するものではない。先に掲げた武藤の一九二〇年版『軍人優遇論』などを見る限り、やはり彼にとって「経済活動の安定化」は軍事救護拡充運動の有力な要因であったと考える。

(90) 総理府恩給局『恩給制度史』（一九六四年）二二頁。同書は一八七五年制定の「明治八年陸軍扶助概則」を近代日本恩給制度の端緒とする。

(91) 後藤新平内相は一九一七年七月三日第三九議会衆院軍事救護法案委員会（第三回）にて「軍人恩給法ハ是ハ幾分ノ権利ヲ認メテ居リマス、此方〔軍事救護法〕ハ国家ノ同情ヲ以テ往クモノデ、権利デハナイ、是ガ即チ軍人恩給法ト救護法トノ差違デアル」と発言している。

(92) ただし皆無というわけではない。第一部第二章冒頭で紹介した反戦論者水野広徳は次の第二章でとりあげる松下芳男『軍政改革論』（一九二八年）への書評中、「陸軍当局者が反対する如く、若し果して兵役税が「神聖なる兵役義務の道義的基礎を同様せしめ、兵役義務を軽視するものである」とせば、陸軍大将の佩べる金鵄勲章の年金は、軍人の勲功を軽視するものではあるまいか」（松下『水野広徳』〈四州社、一九五〇年〉一九一頁）と述べている。だが管見の限り、こうした主張を他の論者が展開した形跡はない。

(93) 籾山正員（一九〇九年陸軍士官学校卒）「職業観念と軍人堅気」（一九六六年八月記、『歩兵第六連隊歴史』一九六八年、所収）一四六・一四七頁。彼の将校任官と、板垣が「徴兵の精神」を著したのはほぼ同時期である。両者とも軍人（その中に一般の兵士を含むか否かは別として）は国のため死なねばならないのであるから、「経済的打算観念」を持つなどもってのほかという点で一致しているのは興味深い。

(94) 一九三七年二月二七日、第七〇議会衆院軍事救護法中改正法律案外一件委員会における、中村又一委員（民政党）の発言。かなり後年に至っても、軍人恩給の位置づけとはそのようなものだったのである。

第二章　第一次大戦後の陸軍と兵役税導入論

はじめに

前章において、日露戦後活発化した兵役税導入論と、それに対する陸軍の強硬な反発について分析を行った。ところが、第一次大戦後の陸軍部内では、多くの軍人たちが臨時軍事調査委員『兵役税ノ研究』（一九二一年）などのかたちで軍事救護拡充に関心を示し、兵役税導入論までも展開しているのである。本章の課題は、当該期の陸軍軍人たちなどによって展開された多様な軍事救護・兵役税に関する論考・発言を分析し、その意図・背景と、一九二九年の兵役義務者及廃兵待遇審議会設立、三一年の軍事救護法改正公布などといった具体的政策への影響を探ることにある。

兵役義務者及廃兵待遇審議会とは一九二九年一一月、陸相を会長に、内閣、陸海軍、内務ほか各省次官・事務次官・局長、貴衆両院議員、民間人など四五名を委員（中途で交代し新規に参加した者を含む、内訳は表9参照）にして設置された大型の審議会である。約一年後の答申により、軍事救護法の一部改正、兵士退営後の再雇用を雇用者に義務づけた（ただし入営する可能性のある者を最初から雇用しないおそれがあるので、違反時の罰則規定なし）「入営者職業保障法」制定などの政策が実現された。

同審議会に関してはすでに、山本和重氏、加瀬和俊氏の研究(1)が存在する。軍事救護法改正の規模は微温的なものに止まり、入営者職業保障法は企業が未入営壮丁の雇用を忌避するおそれがあったため罰則を欠くという不十分なものだった、というのが両氏の結論であり、本書もこの点とくに異論はない。ただ、両論文ともに審議会設立の主要因を、昭和恐慌〜満州事変期における失業問題の顕在化に求めている。これに対して加藤陽子氏(2)は「昭和三年八月の時点で」陸軍省軍務局徴募課が兵役義務者及廃兵待遇審議会設置を決定した理由に、「兵卒優遇の財源を兵役税に求める世論が盛んとなり、それへの対応に迫られた」こと、「この方面での要求には、陸軍もむげに拒絶できな」かったこと、すなわち兵役税導入論の影響を挙げている。しかし陸軍が同論を「むげに拒絶できな」かった背景、だが結局は兵役税を導入しなかった理由は明確にされていない。

本章は、山本・加瀬両氏よりも長期的な視野に立ち、同審議会設立に至るまでの陸軍内外における兵役税導入論・軍事救護拡充論の展開過程を、第一次大戦後の陸軍における徴兵制度観の変容、およびその社会的背景の問題として分析するものである。そして、両氏は軍事救護法・入営者職業保障法という二つの法令を重視するあまり、審議会が全体としてはいかなる待遇改善案を志向されていったのか明確にしていないので、この点にも目配りを加えていきたい。

結論を先取りしていえば、このような陸軍の軍事救護に対する関心の増大という現象は、第一次大戦終結後の国内外における平和思想、徴兵制度批判論の勃興に対抗し、同制度への社会的同意を調達するための動きであった。従来、第一次大戦後の陸軍における「デモクラシー」、「自由主義」思想の分析・受容過程についての研究は数多く行われ、そうした思想が陸軍部内で一定度の理解を得ていたことは指摘されてきた(3)。しかしそこでほとんど言及されていない、兵役税導入による軍事救護拡充への志向性を分析することは、当該期における陸軍の徴兵制度観・社会観の変容を、その実際の政策への影響と関連づけながらとらえなおすことなのである。

一　第一次大戦後における陸軍の徴兵制度観

一九一八年の第一次大戦終結後、その講和会議の議題のひとつに徴兵制度存続の是非が取り上げられた。それは正しく、「大戦カ交戦諸国ニ与ヘタル有形上ノ惨禍即チ巨額ノ戦費、産業ノ減衰及多数壮齢者ノ犠牲等ト無形上ノ影響即チ国民思想ノ変遷、労働運動ノ赤化等」が「相関連シテ戦後ノ兵制改革ニ当リ或ハ軍備問題或ハ在営年限短縮或ハ服役年限ノ問題或ハ徴兵制度ノ撤廃等ノ諸問題ヲ台頭セシ（4）」めた結果であった。

この事態に当時の日本政府は外交調査会を開き、講和委員宛に「徴兵不可廃」の理由を記した陸軍案を訓令とともに送付したという（5）。このような徴兵制度廃止という世界的潮流は、当時の日本社会にもある程度まで波及していた。

その一例として、『東京日日新聞』が一九一九年一月一〇日～一五日に、そして『東京朝日新聞』がのちの二六年五月二五日・六月一日に掲載した社説が挙げられる。これらの社説は、「世界の形勢がことごとく自由〔志願〕兵役制となり、しかしてそのモットーが世界平和の増進といふ事であつたとして、その暁においても日本はあくまで徴兵制度を存続し得るであらうか」（二六年五月二五日『東京朝日新聞』社説）と、世界の大勢は志願兵制であるから、日本も慎重の考慮を払うべしと説くものであった。しかし当時の日本陸軍は、このような国内外の動きに対抗し、徴兵制度を維持せんとする活動を、第一次大戦の終結直後からすでに開始していたのである（6）。

たとえば陸軍将校の啓蒙雑誌『偕行社記事』第五三七号（一九一九年五月）に公表された陸軍歩兵大佐烏谷（うがや）章「徴兵制度廃止問題ニ就テ」は、第一次大戦後の諸外国における徴兵制度廃止（志願兵制への移行）論を批判し、なぜ日本では徴兵制度が存続に値するかを説いている。この論考は、当時の陸軍が国民の兵役義務履行をいかに理論的に説明・正当化しようとしていたかを知るうえで興味深いものである。

烏谷はまず、志願兵制度の欠陥の指摘から議論を開始する。それによれば同制度は、①国防の要求に基づく所要の兵員を得ることができない、②兵員の能力が劣弱となる、③兵員の志気を損じ訓練が不徹底となる、④軍費が増大する、といった欠陥を有するものである。

これらの項目を裏返せばそのまま徴兵制度の利点になるのはいうまでもないが、四つの項目中①・④はともかく、②・③は一見、志願兵制ではなく徴兵制度の欠陥なのではないかとの印象を抱かせる。この点に関し、どのような説明を烏谷は行っているのであろうか。

まずは②兵員の能力の問題から。確かに「素人考ニテハ志願兵ハ其能力優秀ナルヘシト考フル傾」がある。しかしこれは逆なのであって、「其智識、体力カ他ノ業務ニ当リテ充分ノ成功ヲ期シ得ヘキ青年」は最初から軍隊に志願などしない。このことは、英国・米国において兵員を志願するのが「一人前ノ労働者タルノ能力ナキ者又ハ怠惰ナル者」であることからも明白である。

次に③のなぜ志願兵制では士気の低下・訓練の不徹底が生じるのかという問題について。志願兵は自ら志願して兵士となるのであるから士気が高い、と思うのは誤りである。なぜなら志願兵は「私欲ノ為ニ兵員ト為ル者多ク一般国民亦之ヲ普通労働者ト同視シ為ニ何等ノ奮発ヲ促カス」ことがなく、古来より戦にあたって逃亡するなどの事例に事欠かない。この点、徴兵兵士が「国家ノ一員トシテ国家ノ安危ヲ双肩ニ担フノ精神アリ一般国民ノ尊敬ヲ受ケ自省自奮以テ戦ヲ為スニ適」しているのと対照的である。むろん徴兵兵士中にもそのような観念を有さぬ者は多いであろう。それでも彼らは「絶対的義務ナルカ故ニ背水陣的勇気ヲ発揮〔「傭兵」と違って逃亡しない〕セシムルニ適」しているのである。また志願兵制では「其性質上絶対的服役ヲ要求シ徹底的訓練ヲ施スヲ得」ない。このあたりが彼の最も強調したかった点であると思われる。日本の陸軍にはこうした「傭兵」制に対する忌避意識が一貫して存在し、兵役税反対論の主要因ともなっていたことは、前章において考察した通りである。

注目すべきは、烏谷が以上四つの欠陥を指摘したうえで、志願兵制は「個人ノ自由意志ヲ妨ケス従テ所謂個人主義ニ適ス」るのに、徴兵制度は「自由主義」や「民主主義」と両立しないとの当時の説をとりあげ、わざわざ反駁を行っている点である。確かにそうした説は「如何ニモ近時人ノ耳ニ入リ易」いだろう。しかし徴兵制度と自由主義との問題で言えば、「国家カ人間本性ノ自然ニ出テ人類生活ノ唯一無上ノ方式ナル以上ハ之ニ権力ヲ認メサルヲ得」ない。したがって国家の存在を認める以上、必要があれば国家が個人の自由を拘束することも当然想定される。徴兵制度は「国家防衛ノ為メ軍隊ヲ編成スルニ最モ適切且必要」なのであるから、それを国民に強制するのは止むをえないことである。「国家カ精兵主義ヲ以テ其国権ヲ擁護スルハ即チ国家ノ大ナル自由ヲ得ル所以」であり、国民の幸福もまたこれによって保全される。もし国民が「事毎ニ自由ヲ要求シ国家機関ノ権力ヲ無視」すれば、やがて日本は無秩序に陥り、ついには「亡国ノ惨ヲ嘗メ」ることにもなりかねない。したがって徴兵制度と「自由主義」とはけっして矛盾しないのである。

烏谷が『偕行社記事』でこのような議論を提起したのは、第一次大戦後の海外における「自由主義」的思潮、その副産物としての徴兵制度廃止論の国内流入に対抗し、同制度を維持存続するための理論的根拠を陸軍内に提供しようとしたためにほかならなかった。

烏谷は国際連盟が徴兵制度廃止を日本に要求してきたり、「英米両国当事者カ其反対派ニ対シ徴兵制度廃止ヲ高調スル目的ヲ以テセル対内宣言カ敏感ナル世界ノ論客ニ依リテ意外ニ高唱セラルルニ至」る可能性も否定できないと警告を発している。第一次大戦後の陸軍は、そうした状況下、徴兵制度の存在意義、正当性をいかに国民にアピールしていくかをひとつの課題として抱え込むに至ったのである。(7)

烏谷の議論が、徴兵制度の存在の正当性を正面から理論的にアピールするための言説であるとすれば、次に述べる予備役陸軍中将佐藤鋼次郎と海軍主計総監宇都宮鼎が、一九二〇年一般向けに著した『国防上の社会問題』(8)において「軍隊の社会化」なる概念を提起、兵士の待遇改善などを説いたのは、烏谷と同様、徴兵制度に対する国民の批判を回避し、あわせて総力戦体制の構築を図るための裏面策とでもいうべき性格が強かった。(9)

『国防上の社会問題』は、宇都宮執筆の「序論」と、佐藤執筆の「本論」よりなる。宇都宮は、さきの烏谷と同様に、「我憲法に銘記しある国民皆兵主義により飽くまで国民的民衆的軍隊を養成し、国民と軍隊と相一致し、相抱合するにより、以て此の目的を達し得るのである即ち将来に於ても飽くまで徴兵主義国民皆兵主義を維持すべきである」（「序論」八頁）と主張している。

このようにその存在は所与の前提とされる徴兵制度であるが、同制度に対する国民の同意調達のために彼らが掲げたキーワードこそが、将校の常識養成、兵営生活の自由化、「軍隊にデモクラシー徹底」（「本論」一二六頁、具体的には、軍隊内における平等融和を指す）などの総称としての「軍隊の社会化」（「本論」第七編表題）であった。それを押し進めていくうえで一番の障害として宇都宮が指摘したのが、兵役義務負担の「不公平」性であった。

国民皆兵主義の下に行はるゝ我徴兵制度を非難し、之を以て民衆的ならずして、国民負担の不公平を来すと為す者ありて、是は徴兵適齢者中事実上兵役に服する者は之が一小部分に過ぎずして大部分は免役せらるゝを以て、国民皆兵の実は挙がらぬのであると言ふのであつて、如何にもその通りである（「序論」一三頁）。

徴兵制度は「民衆的」でないとの批判を退けて「軍隊の社会化」を達成するためには、兵役義務負担を「公平」化することが必須の条件として指摘されている。それでは義務負担の「公平」化とは、いかなる方策を採れば実現できるのだろうか。

宇都宮にとってこの問題は「精兵主義を採るべきや又は多兵主義に依るべきやの問題と大いに関連」（同）していた。すなわち総力戦たる第一次大戦の観察から生まれた、兵士の練度向上（＝「精兵主義」）と数の充足（＝「多兵主義」）とはどちらが重要かという問題であるが、彼はその両立を目指す。

その手段とは、「兵役適齢者にして採用試験に合格したる者の中所定の精兵として訓練すべき者の外は、総て一定の年限間毎年短時日間に於て之を召集訓練する」ことであり、「之によりて一面には精兵主義と多兵主義とを合せて採用するを得べく、一面には之によりて多少にても国民間に於ける兵役義務負担の均衡を維持するを得る」（一八・一九頁）とされていた。

このように、宇都宮が兵役義務負担の「公平」化を標榜したのは、実のところ可能な限り多数の兵士を徴集して教育するという、総力戦に対応可能な「精兵主義」と「多兵主義」の両立策的性格が強かった[10]。しかし注目すべきは、宇都宮がこうして義務負担「公平」化の手段を問題としたさい、同時期の社会で兵役の「公平」化を標榜し議論の対象となっていた兵役税の問題に言及せざるをえなくなった点である。もっとも、ここで彼が主張したのは反兵役税論であった。

〔兵役税への〕反対意見の要点を挙ぐれば、第一本税は国民皆兵主義と相容れずと為すのである。元来皆兵主義を採るの国にては、兵役は憲法上の一大義務なると同時に之に服するは国民として一の名誉である。然るに身体精神上に欠陥ある等の下に免役せらるる者に対し本税を課する時は物資の供給を以て、兵役の義務を買主するの実を呈する事〔と〕なり、名誉と云ひ不名誉と為すの観念は二つ乍ら喪失して、延て軍人精神の涵養に影響するに至るべしと為すのである。〔中略、この論は〕或は余りに誇張に失すると為すの学者論客なきにあらざれど、余は大体上其の然るべきを信ずるのである。（二四～二六頁）

彼にとって、「国民皆兵主義の下に精兵主義を取る以上は、国民間に於ける兵役負担の不均衡はどの道、或程度迄は之を忍ばざるべからずして、精兵主義に多兵主義を以てするも全然之を矯正することは出来な」かった。たとえ「多兵主義」の名のもとに各年の現役徴集員数を増加しても、義務負担の「不公平」性の完全な是正は国家財政の都合上しょせん不可能であり、その是正策として兵役税を導入することは、本書前章で指摘した、兵役義務と金銭の同列化不可の原則に照らして否定されねばならなかった。

しかし宇都宮は兵役税にひとたび言及した以上、代案として「精兵主義の下に長期の服役を為すの兵士及び之が家族に対しては、国家と社会は相当に之を慰藉し、之を表彰するの途を講ずべきであつて、是等の方法は華美浮誇に流れずして真実謝恩的同情的なるを要す」との提言を示さざるをえなかった。そのさい、佐藤が軍事救護法の申請手続きの煩雑さ、一人一日一五銭以内、一家族六〇銭以内という救護金額の少なさといった不完全性を批判する（「本論」一七九頁）など、軍人に対する物質的待遇改善を主張しているのは印象的である。こうした彼らの認識は、陸軍部内において、総力戦体制構築策のひとつに軍事救護の充実を掲げた議論の先駆となった。

以上見てきたように、第一次大戦後の陸軍においては、徴兵制度廃止論の昂揚、同制度に対する社会的反感の増大を警戒する論調が出現し、それは宇都宮・佐藤の議論のように、大戦後の軍がめざすべき総力戦軍隊建設の妨げになるとの認識も示された。彼らは軍隊への「デモクラシー」の徹底、「軍隊の社会化」を標榜することで、徴兵制度に対する社会的批判の回避、そして総力戦に対応可能な国民的軍隊の建設を図っていったのである。陸軍が兵士たちに対する物質的待遇のさらなる改善を志向するに至ったのは、そうした文脈においてであった。

二　陸軍内部における兵役税導入論

総力戦体制構築の必要性を一般社会に向けて説いたその他の軍人の論考として、予備役陸軍中将橋本勝太郎『経済的軍備の改造』（隆文館、一九二二年）がある。同書もまた宇都宮らと同様、「日本の兵制は、須く平戦一様の徴兵制に拠るべ」（二四八頁）しと徴兵制度の堅持を主張、第一次世界大戦中戦後における欧米兵制の研究から、従来よりも多数の兵士を現役入営させる替わりに、短期間（一年程度）の教育を施す「精兵多兵主義」を志向する論考であった。しかし橋本の議論が宇都宮らと異なるのは、「精兵多兵主義」軍隊建設の補完策として兵士「在営間に生ずる生産上の損失を補償し、〔中略〕国家に対する国民の血税義務を完全に竭さしめ、もって物質的顧慮を取去らしむる考案」（一七五頁）たる兵役税（文中では「非役壮丁税」）の導入により、兵士たちの物質的待遇改善を主張している点であった。

また郡司淳氏が指摘したように[11]、兵営内部で兵士たちと日常的に接する隊付将校によって、兵役税の導入が主張された事例も観察される。ややのちのことであるが、陸軍歩兵大尉倉本純一は「ショックを与へたき事」（『偕行社記事』六二七、一九二六年）において、軍事救護法の不完全性、救護を恥辱として申請しない兵士が多数存在するという自らの体験に基づき、その解決案として兵士退営後の復職保障とともに、入営しない成年男子から「入営相当の期間所得額に応じ」て兵役税を徴集することを提起している。

このように第一次大戦後においては、将校たちの間でも総力戦体制への志向、および国内における徴兵制度批判を回避するための方策として、兵士に対する物質的待遇改善論、そしてその方策として兵役税の導入すら公的に主張する動きが見られるに至ったのであるが、当時の陸軍中央部にとって、こうした主張を無視し続けることは果たして可能だったのだろうか。答えは否であり、すでに第一次大戦終結直後から陸軍中央部においても、兵役税導入論は展開され始めていたのである。

その具体例として、まずは大戦中・戦後における欧米の軍制を調査する目的で陸軍省内に設立された臨時軍事調査委員[12]が、一九二一年に発行した小冊子『兵役税ノ研究』（以下『研究』と略記）において、兵役税導入を「何等反対スヘキ理由アルヲ見ス」として主張した事例をみてみよう[13]。

同委員会は兵役税問題を「漸次我カ朝野ノ問題トナリツツア」（「序言」）ると認識し、その「法理的根本研究ハ実ニ刻下ノ一大要務」として、一九二〇年欧州各国の兵役税を調査（その結果は巻末に「欧州各国ノ兵役税調査一覧表」として収録）、分析を「蜷川博士」（日露戦争に国際法顧問として従軍するなど、陸軍との関係が深かった国際法学者蜷川新であろう）に依頼した。完成した『研究』中、納税義務者として想定されたのは、各年の成年男子中、徴兵猶予中の者（学業のための者、在外者など）、服役を免れた者（病気の者、籤にはずれた者など）、一度服役して在営したが、一か年以内に在営服役の義務を免れた者（一年志願兵を指す）であった。

兵役税による収入は、一九一八年の現役徴集を免れた者が二一万五八八〇人であることから、一人に年平均一〇円の兵役税を賦課するとして、年額二三一万八〇〇円（各人の納税期間は三年）と見積もられた。その使途は現役服役者の家族・戦時における出征者およびその遺家族中生計困難な者、服役・出征による廃兵およびその家族の扶助、各部隊における下士卒慰安に要する経費の補助が想定された。ただし兵士の「手当」（＝給料）充実は、二四万人の兵士に日給を一円増額しただけで一年に九〇万円の経費を要し、しかも効果が薄いとして退けられている。

そのさいに当然問題となったのは、兵役税導入論と、それまで軍が公式に表明していた同税反対論とを、いかに論理的に整合させるかという点であった。

『研究』は予想される兵役税反対論をいくつか列挙し、その理論的克服を図っている（六～一〇頁）。以下、そのうち主要なもの二点を見てみよう。

①「兵役税ハ神聖ナル兵役義務ノ道徳的基礎ヲ揺撼シ兵役義務ヲ軽視セシム」

この説は正しくない。なぜなら兵役税は「兵役ヲ神聖視シ之ヲ尊重シ服役者ニ同情シ感謝スルカ為ニ立テラルヘキモノ」であり、「納税ヲ為シテ以テ犠牲的義務ヲ償フノ意ニ出テタルニアラス兵役ヲ至誠至純ノ義務ナリト観念シ之ヲ尊重シテ始テ設定セラレ得ル」のであるから、兵役税を設定しても国民が「兵役ヲ軽視スルニ至ルヘキ何等ノ理由」も存在しない。

②「兵役ノ義務ハ服役者ニ大ナル不利益ヲ与ヘス却テ名誉ヲ与フルモノナリ従テ服役者ニ同情スル理由モナク又兵役ヲ免レタル者ヨリ租税ヲ徴スヘキ理由ナシ」

たしかに兵役が「名誉」であるならば、服役者は「名誉ヲ授ケラレ幸福ヲ享受スル人ニシテ他ノ人民ヨリ羨望コソセラルヘキモ決シテ同情セラルヘキ理由」も存在しないだろう。しかし今日における兵役の観念とは、「斯ノ如ク不合理ノモノニアラスシテ一層神聖ナルモノナリ今日ニ於テハ兵役ハ国民カ国家社会ニ対スル絶対的ノ義務ニシテ一身ノ利益ヲ抛チ生命ヲ犠牲ニシテ社会全体ノ為ニ尽スノ観念ニ出ツ」るのであって、「至誠至純ノ奉公観念ニ成ルモノニシテ決シテ個人ノ名誉ヲ得ムカ為ニアラ」ざるのである。

したがって「兵役ヲ以テ名誉ナリト説明シ名誉ナルカ故ニ服役スヘシト人民ニ説ケルハ過去ニアリ得ヘクシテ今日ニアラシムヘカラサルモノ」である。単に個人的名誉を求めて服役するという観念は、「名誉、利益ヲ超越シテ服役スルノ観念ニ比シ聖俗ノ差アリ意義ノ優劣深ク云フ迄モナキ」ところである。

以上の反兵役税論（ほか徴税業務の困難性などが挙げられた）とこれに対する『研究』の反駁中、とくに興味深いのは後者の②であろう。要するに兵役義務とは「国家社会」のためのものであって、単に個人が名誉を獲得するためのものではない、としているのである。これまで兵役に「名誉性」の観念を付与することによって国民の兵役義務履行を正当化してきた軍にすれば、〈兵役≠名誉〉と受け取られかねないこの論理の導入は、拠って立つ思想的立場の転換であったといっても過言ではない。かかる議論が臨時軍事調査委員の名前で公表され、のち『偕行社記事』五六三（一九二一年七月）にも転載されたことは、彼らがいかに兵役税の導入を強く希求していたかの証左となるであろう。

以上のように『研究』は、それまで陸軍が強調してきた〈兵役＝名誉〉との観念に拘泥することなく兵役税の導入を主張した点において、画期的なものであった。ただし、国民が兵役を逃れた代わりとして税を納付する「報償主義」「衡平主義」といった思考法は、「納税ト兵役トハ内容全ク異ルモノニ属シ純理上ヨリ考ヘ金銭ヲ以テ犠牲的義務ヲ償ヒ得ル理由ナシ」（三頁）、あるいは「納税ト云フコトト身命ヲ犠牲ニ供スト云フ義務トハ同一ニシテ論スヘキモノニアラス」（四頁）として退けられる。兵役〈義務〉と金銭、納税行為との同列化不可の原則は、ここでも貫徹されていたのである。

では『研究』は、どのような論理をもって、兵役税導入を積極的に正当化しようとしたのであろうか。それは、「兵役ハ社会ヲ組織スル人民全体ヲ擁護スル為ニ同シク社会ヲ組成スル他ノ一部人民カ犠牲的精神ヲ以テ義務ヲ履行スルモノナリ（中略）是故ニ兵役ヲ免レタル多数国民ハ服役者ニ対シテ衷心感謝シ之ニ同情シ兵役税ノ名ヲ以テ国家社会ニ租税ヲ納付シ其ノ納税額ヲ以テ服役者ヲ慰藉シ服役者ノ家族ニ酬ヒ兵役ニ服シタルカ為ニ不具廃疾ト為リタル不幸ノ人民ヲ救治スヘシ」（五頁）とする「社会正義説」に求められた。この「社会正義説」は、兵役税を「社会ニ対スル犠牲者及其ノ家族ヲ救助シ幸福ヲ与フルモノニシテ時代ノ進化ト共ニ最適当」（一頁）として積極的に評価する、「社会政策」（同）的見地からの主張であるとされる。つまり兵役は社会全体への「犠牲的」奉仕なのだから、それに起因する経済的損失も社会全体で負担すべきだというのである。そのさい働いていたのは、宇都宮鼎や佐藤鋼次郎、そして橋本勝太郎らと同様、「社会国家ノ結合ヲ精神的ニ強固ニシ少数服役者モ亦安ンシテ其ノ犠牲的服務ニ服スルニ至」（五頁）らしめるための配慮であった。

執筆者の蜷川自身、著書『軍国主義』（冨山房、一九一五年）にてアメリカ、ロシア、中国に対抗可能な「多数の人口と多大の軍隊」保持の重要性を力説し、「日本的軍国主義の涵養」と題する章では兵役義務終了者の優遇、留守家族の後援充実を主張している。そうした問題意識も、『研究』の内容に反映していると考えられる。

以上のように第一次大戦後の陸軍内部には、総力戦思想の流入など「時代ノ進化」に伴い、兵役税導入論をアレルギー反応的に拒絶するのではなく、その内容を論理的・理念的に詳しく検討したうえで、積極的に導入を主張する動きが生じていたのである。これは単に臨時軍事調査委員にのみ生じた現象だったのか。

そうではなかった。当時の陸軍の最有力者の一人であった宇垣一成は、一九二三年八月から九月にかけて、『極秘陸軍改革私案』(14)（以下『改革私案』と略記、当時彼は教育総監）を執筆している。それは「軍備整備の方針」として国家総力戦体制すなわち「短期戦にも長期戦にも堪へ得るの準備」、「一部の軍隊戦も国民皆兵の集団戦をも為し得るの施設」の建設、「武力決戦を主とすへきも経済戦争にも応し得るの用意」をなすことを標榜し、その具体策一八項目および「其他」より構成されていたが、そこに「軍本在営制」（文面より判断して一年兵役制か）や装備の機械化とともに、「第六項　兵役税（在営服役者慰安税）」として兵役税の導入が掲げられているのである。以下は同項の全文である。

一、在営服役を為ささる者より一回限り各人平均十五円を納付す（各人の負担額は三円乃至五十円位の約十等に分ち又特異の者には免除の制を設く）六、七百万円の財源を得る見込なり

二、右より得たる財源の使途概ね左の如し

（イ）在営服役者の留守中に於ける家族の扶助　四／一〇
（ロ）服役間に生したる不幸〔廃兵を含む〕の慰藉　〇・五／一〇
（ハ）在営者の修養、慰安、娯楽の施設　一・五／一〇
（ニ）退営者に被服の支給　二／一〇
（ホ）在郷軍人会復習召集間の家族の扶助　一・五／一〇
（ヘ）在営及召集下士卒の幸福増進に要する其他の事業　〇・五／一〇

宇垣はその日記中、[15]「兵役が厄介なる負担、偏頗なる苦役なりと云ふが如き観念を少したりとも起こさしむる様になりては、名は国民皆兵の徴兵法たりとも其実は最早失はれたるものと云はねばなら」ないので、「〔兵役〕期限の短縮、義務〔観念か〕の普及」とともに兵役税を徴収して「国民負担の軽減等にも著意し、消極的にも下〔兵役が厄介であり、苦役であるとの〕の観念の発芽を防止する」ことが必要と述べている。彼のこの記述は、決して国民はア・プリオリに徴兵制度を受容している訳ではなく、なんらかの形で不断に国民の支持を獲得していかねば運用できないとする、第一次大戦後の陸軍における社会認識のあり方に沿うものと言えよう。

このように宇垣は、一九二〇年の時点からすでに、国家総力戦への対応、国民の徴兵制度からの離反防止の観点から、兵士の物質的待遇改善に関心を抱き、その財源としての兵役税導入を志向していたのである。彼はそうした問題意識を抱きつつ、清浦、加藤〔高〕、第一次若槻の各内閣陸相に就任し、陸軍を主導していくことになる。その中で彼は、国民の徴兵制度からの離反防止のため、実際にいかなる政策を志向していったのだろうか。

三　宇垣一成の兵士待遇改善論

宇垣は抱懐する総力戦構想の実現策、国民の徴兵制度からの離反防止策の一環として、兵役税導入を掲げるに至った。ところが彼は大正最末期、一九二六年〔第一次若槻内閣陸相〕の段階になると日記に「今日世間で論議に上がりて居る所の非服役者のみが兵役税の如き形に於て之を負担すべきは謂はれなきことである」[16]と記すなど、それまでの兵役税導入論から一転、反兵役税論に転換している。これはいかなる理由に基づくのだろうか。

宇垣は前掲『改革私案』の欄外に、「〔大正〕十五年七月下旬往事を追憶し現状に鑑みて記入せしもの」として各改革案の成否を書き込んでいる。そのうち「第六、兵役税」の欄外には、兵役税反対の理由として、「一、優遇法は国家社会の当然講すへきものなり　二、課税公平〔を〕欠く　三、精神上面白からす　服役者優遇の法は講究中なり」とある。

おそらく彼は、兵役義務負担による経済的損失であるからにはその義務を課した国家社会が当然に補うべきであって、そうでなければ徴兵制度の「国家社会への崇高な奉仕」という理念性も保障されえない、しかるに兵役税で「補償」したのでは入営者が非入営者に金で傭われるような印象を与え、双方の兵役観に悪影響を及ぼすので「精神上面白からす」、との認識に立ち至ったと考えられる。そうした思考法は、たとえば一九二〇年山梨半造陸軍次官の「総テノ国民ニ代ッテ義務ヲ尽シ、崇高ノ任ニ当ラシムル〔中略〕是等服役者並ニ其ノ家族ニ対スル補助ト云フコトハ、当然是ハ国家社会ノ任デアッテ、之ニ任ズベキ責任ガアルダラウト思フ、デアリマスカラ単ニ之ヲ所謂非役壮丁ナルモノ、一部ノ負担トスルト云フコトハ、吾々当事者ニ取テハ頗ル面白クナイ事ト思フ」[17]との発言や、前章註(51)に掲げた陸軍省軍務局歩兵課「壮丁税法案ニ関スル意見」など、従来の陸軍にも観察されるものである。

彼は一九二六年二月一四日、第五一議会衆院予算委員会第四分科会にて兵役税導入が問題となったさいにも、「此尊厳ナル兵役義務ト云フモノガ金ニ換ハルト云フヤウナ、仮ニサウ云フ思想ガ兆スト云フコトニナレバ、是ハ大ニ注意ヲ要スベキ点デアル」と、この原則を強調しているのである。

かかる宇垣の転換の契機が何であったのか、残念ながら彼の記述から直接うかがい知ることはできない。ただこの点で示唆的なのが、同時期軍に批判的な立場を示していた軍事評論家松下芳男の議論である。[18]

彼が著した『軍政改革論』（青雲閣、一九二八年）は、兵役を平素の訓練、在営中の経済的苦境、退営後の予後備役中演習や在郷軍人会での仕事、戦時における死、就学就職上の困難（除隊後復学職が困難になる）、私的制裁などの面から「苦痛」であると断じ、その解決法として「兵役服務者にはその苦痛に充分酬ゆる政策を採らねばならぬ」、「徴兵令には社会政策的意味を徹底せしめねばならぬ」との原則に基づく兵役制度の改革を主張していた。注目すべきは、その具体案のひとつとして、「兵役の義務を国民全部が負ふの意味に於いて、非服役者の兵役税を制定」し、兵士の増給（年額二〇円程度）や「貧困家族の家族手当、兵卒娯楽費等」に充当すべしとの提案がなされたことである。

このように松下の軍制改革論においても、兵役税は「社会政策」上重要な意味を持っていた。しかし、兵役税を導入して「社会政策」を充実することだけが彼の目的だったのではない。彼はさらに「茲に於いてか、我陸軍の問題として、果して何時までも徴兵制度を保持すべきや、或は志願兵制度に改正すべきやに、当面するであらう」（一一二頁）と述べているからである。より詳しくいえば、「我国に於ける国民皆兵主義は、明治以来の国是であつて、納税と兵役とが国民の二大義務として支持されてきた」が、それは志願兵制度では兵士の待遇に多額の費用を有するという経済上の理由、「傭兵たるの性質上、徴兵の如く至誠奉公的の働きが出来ない」という士気上の理由に基づいていた、しかし前者の問題は兵役税導入によって消滅し、後者の問題も外国における志願兵の実例、日本でも若干の手当が支給される海軍志願兵や、俸給が支給される陸海軍将校の存在によって覆されるであろうとの主張である。

かくして導き出されるのが、「今日の徴兵制度を今日直に必ずしも非なりとし、英米の例があるからとて志願兵制にせよと主張するのではない」とはしながらも、「従来志願兵制度実施上の難関といはれてゐた経済問題が兵役税制定に依つて除去せられるに於いては、志願兵制度と徴兵制度との利害得失を、改めて検討すべきである」（一一三頁）、すなわち徴兵制度から志願兵制度への移行を事実上是とする結論であった。同じ時期、本書「序論」で紹介した反戦論評論家水野広徳も、兵役を「権利」ではなく「苦痛」とみる松下の議論に賛意を表するとともに、自ら「非役壮丁税を以て、軍隊の労働化とか、傭兵制度の復活とか憂ふる人もあるが、之は人々の心の持ち方一つである」と兵役税導入に賛意を表している(19)。しかし彼の論理に従えば、「人々の心の持ち方一つ」で兵役税は「軍隊の労働化、傭兵制度の復活」にもつながってしまう、ということにもなる。

想像をたくましくすれば、かかる議論が当時の社会で公然と行われたこともまた、宇垣・陸軍をして兵役税導入→志願兵制への転換との可能性に想到させ、同税を忌避せしめる一因となったのではないだろうか。ちなみに松下の『軍政改革論』は加藤前掲書（二三九頁）が述べているように、国立国会図書館憲政資料室「杉山元関係文書」にも収められており、その杉山は同書刊行と同じ二八年陸軍次官に就任し、後述する兵役義務者及廃兵待遇審議会の幹事長となっている。そしてこの時期、ある歩兵連隊における兵士教育の現場では、兵役税は傭兵制につながるから不可、とする次のような講話が行われていたのである。

兵役には報酬なしと雖も優遇の途は成るべく講ず。我々は報酬を得て国に殉ずるのではなくして、報国殉国の崇高なる精神より出で、居るのである。〔中略〕世間の云ふ所の「くぢのがれ」なる者に兵役免除税を出さしめ、その金を以つて服役者の家族を救助しては如何。」と云ふ説もあるがこれは一応尤もの様にも思はれるが、今日我が国にて実行されて居らぬと云ふのは、我が国の兵役の根本精神に不都合を出すからである。入営した者は入営せぬ者に依つて救助されたならば、入営した本人は如何なる感じがするであらう。例へばその税金五十円なら、五十円を以つて自分は現役に買われて来たと感ずるのであらう。つまりその五十円の償をするために軍隊に入つて来たと云ふ様な訳になるのである。此の如くになつては我が兵役の根本精神、即ち報国殉国の崇高なる精神がまったく無くなつてしまう[20]

このような兵役義務の「賃労働」化、「傭兵」化を不可とする見解がけっして陸軍高級将校だけの独善的なものでなかったことは、たとえば本書第一部第二章七一頁に掲げた一年志願兵遠藤昇二の発言などからもうかがえる。

しかしこの講話でも「優遇の途は成るべく講ず」とうたわれているように、陸軍は手段としての兵役税を放棄しても、その目的であるところの「優遇法」拡充は「国家社会の当然講すへきものなり」（宇垣）と、さらに重視するに至った。その要因として、昭和初期における左翼反軍運動の昂揚も挙げられよう。宇垣はのちの一九二九年、「有事の日に在つては、敵国の乗ずるところとなつて、国民と軍隊とを離間せしむる様な宣伝詐略が繰り返へされ、為に測るべからざる国家的の危機を招くに至ることなしとも断じ得ないのみならず、殊に近時の思想に鑑み、更に油断ならずとの感を深うする」と述べているからである[21]。

かくして宇垣―陸軍にとって、国家財源による（ただし兵役税には依拠しない）徴兵兵士の待遇改善、不満の抑制が政策的課題の一つとして位置づけられるに至った。注目すべきは、それとほぼ同様の議論が当時の議会でも展開されたことである。たとえば一九二七年、衆院兵役法案委員会（第二回、三月五日）における松山兼三郎委員（退役陸軍中尉、新正倶楽部）の「〔国民の〕中ニハ往々苦シイノデアリマスケレドモ、男トナッタ以上ハ国家ニ対スル崇高ノ義務デアルカラ、果タサネバナラヌト云フ立場ニ立ッテ、之ヲ果シテ居ル者モアル、若シサウ云フヤウナ所カラ多少デモ忌ハシイ精神ヲ起スヤウナコトニナレバ、ソレガ溜リ溜ッテ遂ニソレガ勃発シテ来ルト云フヤウナコトハ、甚ダ不祥事デアリマスケレドモ、サウ云フヤウナコトガ溜リ溜レバ何所カニ決裂スルト云フヤウナコトヲ非常ニ憂慮スル者（ママ）デアリマス」との発言がある。

松山は問題解決の手段を、「徴兵ヲ免ゼラレタ者カラ税金デモ取ッテ、〔中略〕一方ニ免レタ者カラハ多少物質上ノ負担ヲセシメテ、入ル者ト入ラヌ者トノ間ニ均衡ヲ得セシメ入ッタ者デ困難ナ者ニ対シテ緩和ヲシテヤルト云フ途ヲ執」ること、すなわち兵役税の導入に求め、「怨嗟ノ声ガ多少デモ外部へ出ルト云フコトニナッテカラ之ヲヤルト云フコトデハ遅イ」とまで反軍運動への危機感を表明している。彼にとって兵役税とは、国民が「少シデモ怨嗟ノ声ナク喜ンデ其義務ヲ果シ得ルヤウニ仕向ケテ行」き、「是マデ滑ニ行ハレテ来タ所ノ徴兵制度全国皆兵主義ニ亀裂ヲ生ジナイヤウニ」するための手段にほかならなかった。これに対し陸相宇垣は、松山の指摘を「此点ハ当局ト致シマシテモ大体気付イテ居」ると是認したが、兵役税については「動モスレバ国軍ノ本旨ニ悖ルコトニナ」るとし、「所謂下士卒ノ優遇トカ云フヤウナ別途ノ問題トシテ考慮シタイ」と述べている。

宇垣はこうした議会での議論など、当時の社会における徴兵制度批判、兵役税導入論の展開に後押しされるかたちで、徴兵制度の円滑な運用という観点から、

個人の所有する一片の土地さへも国家が公益の為収用するときは之を補償するの道は開かれて居る。況んや個人が兵役の服務より生ずる損害は国家が当然之を補償すべきが至当である。故に将来財政上の都合をして此道を立てねばならぬ〔中略〕今日世間で議論に上りて居る所の非服役の壮丁のみが兵役税の如き形に於て之を負担すべきは謂れなきことである(22)

と日記に記すなど、兵役税導入こそ否定しつつも、国家財源による兵士たちの待遇改善策を模索し始める。一九二九年二月、兵役義務者及廃兵待遇審議会の設立はまさにその帰結であった。

四　兵役義務者及廃兵待遇審議会

一九二八年一月二八日、田中義一内閣（陸相白川義則）は議会を解散、総選挙の結果政友会はかろうじて第一位となったものの、民政党との議席数差はきわめて僅少となった。このため政友会は同年四月八日、彼の武藤山治率いる実業同志会と政策協定（いわゆる政実協定）を締結した。前掲山本・加瀬両論文は指摘していないことだが、その第二項には「陸海軍下士卒の待遇改善並に戦死者遺族廃兵および傷病者の手当恩給の増額」(23)など兵役義務者およびその家族遺族、廃兵優遇策が掲げられており、武藤の政策理念を如実にあらわした協定であった。

政友会は第五六議会（一九二八年一二月〜二九年三月）において「比較的真面目に政実協定の実現に努力し」(24)、結果二九年度予算に軍人下士卒優遇（給料の増額など）の経費二一六三万円、そして兵役義務者や廃兵の待遇改善を審議する審議会(25)設置の予算が計上された。しかし田中内閣が二九年七月二日総辞職したため、実際に兵役義務者及廃兵待遇審議会官制が公布されたのは、宇垣一成が陸相に復帰した浜口内閣時の、一九二九年一一月一四日のことであった。二九年度予算審議以前の二八年六月一九日、陸軍省軍務局徴募課より大蔵省など関係官庁に出された「兵卒並ニ其ノ家族優遇扶助ニ関スル審議会設置ノ件」(26)は審議会設立の理由を、

> 兵役義務者（其ノ家族ヲ含ム）ヲ優遇扶助スルコトハ忠誠ナル国民ニ酬ユル国家ノ当然ノ義務タルト共ニ徴兵制度ノ根基ヲ鞏固ナラシムル所以ニシテ其ノ必要ニ就テハ従来屢々朝野ノ間ニ論議セラレ或ハ議会ニ建議セラルル等

相当社会上ノ重大問題トシテ取扱ハレツツアリ我陸軍ニ於テハ夙ニ其ノ必要ヲ認メ之カ調査研究ニ従事シ機会アル毎ニ之カ実現ニ努力シツツアリ陸軍部外ニ於テモ或ハ軍事救護法ノ制定軍人後援会ノ創立等公私ヲ問ハス之ニ関スル制度ノ創設ヲ見着々実効ヲ収メツツアリト雖経費其ノ他ノ関係ハ動モスレハ微温的ニシテ隔靴掻痒ノ感ナキニシモアラス

と述べている。審議会の設立が、兵士とその家族優遇という社会的要求の昂揚に対する、陸軍からの対案的性格を有していたことが理解できよう。[27] そのことは宇垣会長の第一回総会席上における、「数年前兵役法審議の当時から、該法に依りかく国民の義務を規定し、其の遵法を要求する以上は、是非共之に対する待遇に就いても、十分に研究して、之に酬ゆるの途を講ずるの必要があるではないかとの論議が各方面に起り」、「殊に私個人と致しましては、兵役法制定の際、恰も主務者として此の調査審議に鞅掌致しましたる関係上、兵役法に付随した意義を有する此等の待遇問題を講究し、夫れを解決致します事は、私の大なる義務であり、又重き責務であるとまでに痛感致しておった次第であります[28]」との発言からも明らかである。

審議会設置の約一年前、一九二八年一一月五日付『東京朝日新聞』は、審議会にて審議すべき「兵役優遇法とも称すべき陸軍草案の骨子」として、兵士の入営および退営のさい五〇〇円ないし一〇〇〇円を二期に分けて給付すること、その財源として兵役税（代替案に官営強制徴兵保険または町村自治体の徴兵保険組合もある）が想定されている旨を報じている。このような兵役税・官営徴兵保険導入論は、審議会設立準備と併行して陸軍部内で議論されていたようである。

二九年四月七日付同紙は、陸軍部内に審議会設置に先立って設立された「小委員会」（陸軍省、参謀本部、教育総監部の各関係官一二名を選抜、ただし人名官職は史料がなく不明[29]）で決定された事項を基礎に慎重審議する予定であり、そのさい「現徴兵制度の根本にまでさかのぼつて〔中略〕一、徴兵保険制度の新設　一、軍隊内に於ける兵卒の待遇改善　一、在郷軍人の物質的優遇案　一、廃兵優遇に関する年金恩給制の改善などの諸項目」が論議される見込みであると報じているからである。

このほか管見の範囲では、『福岡日日新聞』においても、「軍部内全般の意見」として兵役税の導入が議論の対象となっていること（二八年九月二八日）、「陸軍提案の骨子」として兵役税、官営徴兵保険の導入とそれによる兵士への五〇〇～一〇〇〇円程度の一時金支給が挙げられていること（同年一一月六日）、審議会の設立にあたり陸海軍両省内においては兵役税導入の意見が有力となっていること（二九年九月三日）、審議会に付議すべき原案作成にあたり「陸海軍、大蔵等の関係者」中には「非役壮丁税」の導入もやむなしとする意見が有力であること（同年一〇月二九日）が報じられている。これらの動向はあくまで新聞報道であって審議会・陸軍などの部内史料から確認できるものではないが、審議会設立直後の陸軍部内においては、兵士の失業対策もさることながら、兵役税（または官営強制徴兵保険制度）の導入を財源とした、兵士とその家族に対する物質的待遇改善もまた相当に重視されていたことの傍証となろう。

さて実際の審議にあたっては、内閣官房、内務・大蔵・陸軍・海軍・文部・逓信・鉄道・拓務各省官僚中より数名ずつの委員・幹事が任命されている。表9に示したとおり、各省課長クラスの官僚で構成された幹事が幹事会を編成、委員・幹事を三つの特別委員会、すなわち第一特別委員会（現役兵およびその家族の待遇を審議）、第二特別委員会（在郷軍人およびその家族の待遇を審議）、第三特別委員会（廃兵およびその家族並びに戦死公傷病死者の遺族に対する待遇を審議）にそれぞれ分割配置して優遇案を提示・検討し、そこでの作成案を最終的に総会で審議、答申化することになった。

一九三〇年一月一八日付『東京朝日新聞』は、同月一六・一七日全審議委員出席の特別委員会で「幹部会〔事〕において研究立案したる当局の希望する優遇案」が提示され、「これ等の優遇方法を最小限度に実施するとしても一千万円前後の巨費を要する」ため、「一、非役壮丁税　一、官営徴兵保険の二案のうち一を実施するの外なかるべく現に幹事会において両者につき慎重審議中」と報じている。この段階では幹事会の側でも、財源に兵役税を想定していたのである。その幹事会が審議開始に際して提議した「優遇案」の詳細な一覧とみられる表が、前掲『兵役審議会書類』中に収録されている（表10、ただし作成日時不明）。山本・加瀬両論文は軍事救護法改正・入営者職業保障法のみを考察対象とし、答申に盛り込まれた物質的待遇改善案の全体像にほとんど言及していない。以下、幹事会の問題関心が全体的にみた場合どのようなものであり、それはどこまで答申に反映されたのかを観察していこう。

表10の中から兵士家族・遺族、廃兵を対象とした物質的待遇改善関係案件を摘記すると、第一特別委員会の「九、在営兵卒ノ家族救護（手当、診療等）」、第二特別委員会の「四、応召中ノ下士兵卒給料増額」、「五、現役兵及召集兵ノ家族救護（手当、診療等）」、第三委員会の「一三、廃兵及其ノ遺族生産組織ノ助成（原文ママ、正しくは廃兵および戦傷病死者遺族か）」などが挙げられる。この「優遇案」審議の参考として幹事会が作成、委員に提示したとみられるのが、同じく『兵役審議会書類』収録の「兵役義務者及廃兵待遇審議会研究資料」（これも作成日時不明）である。この「研究資料」には「現況」「施設ノ要領」の項目があり、とくに後者は幹事会側が提示した事実上の具体案であるといってよい。そのうち兵士家族、遺族、廃兵を対象とした待遇改善に関連する「研究資料」を整理要約したうえで以下に掲げ

月17日調）

杉山元 小磯国昭	1930.8.1被免 1930.8.1任命
事	
島田昌秀 上原秋三 杉田昌三郎 伊手衡	1930.1.30任命
大達茂雄 山崎厳	
川越丈雄 関原忠三	1930.1.30任命
高田友助 横巻茂雄 今村均 矢部潤二	1930.5.6被免 1930.8.14任命
松崎伊織 沢本頼雄 佐々木重蔵	
小笠原豊光	
上ノ畑悌二	
大槻信治	
松田正之 北島謙次郎	1930.9.27被免 1930.9.27任命

和四年十一月十五日以来引続キ

者の肩書きのみ一ノ瀬が補足し

表９　「兵役義務者及廃兵待遇審議会会長，委員及幹事一覧表」（1930年12

会　長	陸軍大臣	宇垣一成		幹事長	陸軍省軍務局長
	委	員		幹	
内　閣	書記官長 恩給局長 法制局長官 法制局参事官	鈴木富士弥 鷲尾弘準 川崎卓吉 黒崎定三	 1939．1．29任命	書記官 恩給局書記官（庶務課長兼審査課長） 法制局参事官 賞勲局書記官	
内務省	政務次官 次官 地方局長 社会局長官 社会局部長	斎藤隆夫 潮恵之輔 次田大二郎 吉田茂 大野緑一郎	 1930．1．30臨時委員任命	書記官（行政課長） 社会局書記官（保護課長）	
大蔵省	政務次官 次官 主計局長	小川郷太郎 河田烈 藤井真信		書記官（予算決算課長） 書記官（会計課長）	
陸軍省	政務次官 　同 次官 　同 陸軍参与官 陸軍少将（人事局長） 陸軍少将（軍務局長）	溝口直亮 伊藤二郎丸 阿部信行 杉山元 吉川吉郎兵衛 古荘幹郎 小磯国昭	1930．8．19被免 1930．8．29任命 1930．6．16被免 1930．8．14任命	陸軍歩兵大佐（恩賞課長） 陸軍歩兵大佐（徴募課長） 陸軍歩兵大佐（徴募課長） 陸軍一等主計正（主計課長）	
海軍省	政務次官 　同 　同 参与官 海軍少将（軍務局長） 海軍少将（人事局長） 海軍少将（人事局長）	矢吹省三 山梨勝之進 小林躋造 粟山博 堀悌吉 松下元 阿武清	 1930．6．10被免 1930．6．30任命 1930.12.15被免 1930.12.15任命	海軍大佐（人事局第二課長） 海軍大佐（軍務局第一課長） 海軍主計大佐（経理局第一課長）	
文部省	次官 東京帝国大学教授	中川健蔵 矢作栄蔵		書記官（普通学務局学務課長）	
通信省	次官	今井田清徳		書記官（文書課長）	
鉄道省	次官	青木周三		書記官（文書課長）	
拓務省	次官	小村欣一		書記官（管理局第一課長）	
貴族院	貴族院議員	阪谷芳郎 石渡敏一 酒井忠正 立花種忠 田村新吉	 1930．4．14被免 1930．4．14任命	「備考　命免ノ記入ナキモノハ昭在任シアルモノトス」	
衆議院	衆議院議員	竹内友次郎 降旗元太郎 堀切善兵衛 武内作平 武藤山治			
その他	東京日日新聞副社長 大阪朝日新聞副社長 予備役陸軍中将	岡実 下村宏 和田亀治			

註：出典は国立公文書館蔵『兵役義務者及廃兵待遇審議会答申』（国立公文書館蔵）。「その他」の
た。

表10 「兵役義務者及廃兵待遇審議会特別委員会議案整理案」

	既定議案	整理要領
第一特別委員会	一，官公吏及民間会社等ニ於ケル使用人ノ入営(入団)ニ基因スル失業防止，在営間ニ於ケル給料停止(減少)ノ防止並に退営(退団)者ニ対スル職業紹介	第二委員ト合同審議ス
	二，現役兵卒ノ公私旅行ニ対シ鉄道，船舶等ノ運賃割引又ハ無賃輸送ノ特典付与並ニ入営(入団)帰郷ノ際ニ於ケル旅費改正	鉄道船舶運賃問題ハ第二，第三委員ト合同審議ス 旅費ノ問題ハ第二委員ノ議案ニ移ス
	三，平傷病ニ因ル除役兵卒ニ一時金支給	
	四，在営中結核ノ為除役セラルル者ノ為結核療養所ノ建設	
	五，支那騒乱地方，朝鮮国境守備，台湾匪徒討伐等ノ勤務ニ因リ死傷シタル者ノ待遇改善	
	六，一家ヨリ数人ノ現役服役者ヲ出シタル家庭ニ対スル表彰	
	七，在営下士兵卒重態ニ陥リ又ハ死亡シタル際見舞若ハ遺骸引取ノ為出向スル家族等ニ対シ旅費支給	第二委員会ノ議案ニ移ス
	八，父母妻子等病気危篤又ハ死亡ノ為在営中ノ下士兵卒帰省ニ要スル旅費支給	
	九，在営兵卒ノ家族救護(手当，診療等)	
第二特別委員会	一，応召中ノ下士兵卒重態ニ陥リ又ハ死亡シタル際見舞若ハ遺骸引取ノ為出向スル家族等ニ対シ旅費支給	第一委員会ノ第七，八ノ議案ヲ併セ審議ス
	二，父母妻子等病気危篤又ハ死亡ノ為応召中ノ下士兵卒帰省ニ要スル旅費支給	
	三，在郷下士兵卒勤務演習等ニ応召又ハ簡閲点呼参会ノ際ニ於ケル旅費ノ改正又ハ支給並ニ此等ニ対スル鉄道船舶等ノ運賃割引又ハ無賃輸送ノ特典付与	第一委員会ノ第二ノ議案ヲ併セ審議ス 鉄道船舶運賃問題ハ第二，第三委員ト合同審議ス
	四，応召中ノ下士兵卒給料増額	
	五，応召中ノ下士兵卒家族ノ救護(手当，診療等)	第一委員会ノ議案第九(在営兵卒ノ家族救護)ヲ併セ審議ス
	六，官公吏及民間会社等ニ於ケル使用人ノ勤務演習等応召ニ基因スル失業防止並ニ右応召間又ハ簡閲点呼参会時ニ於ケル給料停止(減少)ノ防止	第一委員ト合同審議ス
	七，戦役殊勲者ノ優遇	
		(新)「屯田兵ノ予備役期間ヲ恩給年ニ加算セラレタキ等ノ請願ノ研究」ヲ第三委員会ヨリ本委員会ノ議案ニ移ス

第三特別委員会	一，戦死及戦公傷病死者ノ遺族ニ遺族記章ノ制定	第一，第二委員ト合同審議ス
	二，戦公傷病死者遺族ニシテ靖国神社参拝及墓参ノ為旅行スル者ニ回数ヲ限リ又同上遺族中扶助料ヲ受クル者ニ対シ右以外ノ旅行時適宜鉄道，船舶等ノ運賃割引又ハ無賃輸送ノ特典付与	
	三，戦公傷病死者ノ遺族ニハ普通恩給ノ最高年額ニ等シキ扶助料ヲ給セラレタキ等請願ノ研究	第三，四，八ノ議案ハ之ヲ一括シ「廃兵又ハ戦傷公傷病死者ノ遺族ニ対スル恩給増額ニ関スル請願ノ研究」ナル議案トシテ研究ス
	四，廃兵死亡シタルトキハ其ノ遺族ニ少ク〔ト〕モ増加恩給五年分ノ一時賜金ヲ給セラレタキ等請願ノ研究	
	五，戦公傷病死者及廃兵ノ子弟ニ対スル官公私立学校授業料ノ免除	
	六，廃兵及戦傷〔病脱か〕死者遺族ニ対スル精神的優遇	
	七，軍人傷痍記章令ヲ改正シ同記章ヲ一時賜金廃兵ニモ拡張授与	
	八，増加恩給ノ受給者ニハ普通恩給ノ最高年額ヲ支給セラレタキ等請願ノ研究	
	九，一時賜金廃兵ノ恩給ニ関スル請願ノ研究	
	十，廃兵院ヲ陸海軍省ニ移管	撤回
	十一，廃兵ニ職業教育ヲ行フ施設ノ創始	
	十二，廃兵強制雇傭制定	撤回
	十三，廃兵及其ノ遺家族ノ生産組織ノ助成	
	十四，廃兵ニ支給スル機能，補助機械，器具等ノ拡張	撤回
	十五，戦傷病ニ因リ疾病ト為リタル者ニシテ除役処分ヲ受ケス為ニ何等ノ恩典ニ浴セサリシ者等ニ対スル恩典付与ニ関スル請願ノ研究	
	十六，屯田兵ノ予備役期間ヲ恩給年ニ加算セラレタキ等ノ請願ノ研究	第二委員会ノ議案ニ移ス

註：出典は『兵役審議会書類』(国立公文書館蔵)，右の「整理要領」とは各委員会で一定度審議が進んだのち議題の整理が行われたものと思われるが詳細不明。

る。これにより、幹事会側が有していた問題意識をある程度概観することができよう。なお、丸数字は本章が便宜的に付した番号で、各「研究資料」固有の番号ではない。〔　〕内は一ノ瀬による補足である。

①「現役兵及召集兵ノ家族救護ニ関スル件」

「甲」「乙」の両案がある。「甲」は軍事救護法の改正であり、具体的には被救護資格の拡大〔被救護資格を、傷病により兵役をすべて免除された者から一種以上免除された者に拡大〕(30)、救護種類の増加〔助産・埋葬など〕、現金金額の増加〔具体的金額は示されず〕・一家最高救護額の撤廃(31)、医療救護の簡易化、一方的給付方式〔困窮にもかかわらず「手続ノ煩瑣及個人的体面ニ関スル顧慮」により救護を申請しない者がいる状況に対応したもの〕(32)の採用が想定されている。

「乙」は演習召集者(33)の家族に対する手当支給〔日額一人一円、一般労働者の日給が一円二〇銭ないし一円五〇銭であることを参考に設定〕である〔一九二七年度演習のため陸軍で召集された人員は後備役兵八万七四八九名、予備役兵六万二六八四名であったから、彼ら全員が二一日間召集を受けたとして、約三二一〇万円を必要とすることになる〕。

②「平傷病ニ因ル除役兵卒ニ一時賜金支給ノ件」

陸軍現役兵卒中傷病のため一種以上の兵役を免除される者は毎年約五〇〇〇名にのぼるが、このうち明確に公務に基づくと認定され恩給・賜金を受けられる者は約二〇〇名に過ぎず、残りは何の恩典救護も受けられないので、「不具廃疾」の程度に応じ一一五二一・三六〇・三〇〇円の一時金を支給する。この場合、年総額二七九万八三二一円を必要とする。

④「戦公傷病死者ノ遺族ニハ普通恩給ノ最高年額ニ等シキ扶助料ヲ給セラレタキ等請願ノ研究」

現行恩給法では戦傷死者遺族に普通恩給額の一〇割、公務傷病者遺族に同八割、普通恩給受給者遺族には同五割を扶助料として支給しているが、「額僅少ナルカ為到底生活ヲ維持シ難」いため、戦公傷病死者遺族に五〇年服務者に対する普通恩給額を基礎として算出した額を支給してほしいとの請願が議会に提出されている。このため扶助料を受けている者で扶養家族多数の場合は一定条件の下に家族手当を創設するのが適当であるが、その範囲支給額は慎重詮議のうえ決定することにする。

⑤「応召中ノ下士兵卒給料増額」

戦時などに応召した兵士の給料は、現役兵と同一（陸軍上等兵月額六円四〇銭、一・二等卒同五円五〇銭）である。彼らは「既ニ家計ノ中軸ヲ為セルモノ多」いので増給の必要があるとも思われるが、「軍隊教育ノ性質上」給料増額は不適切であるから、「家族救護トシテ別途」考慮するとされている〔この件に関しては、幹事会側は否定的であったことがわかる〕。

⑥「長期現役兵及応召者ノ家族扶助ニ関スル件」

海軍の長期現役兵（徴兵は三年、志願兵は五年現役服役する）は陸軍の一般兵卒（現役二年）より長く服役している。彼らには年額三〇〇円程度の俸給、被服、糧食が支給されているが、一方現役に服していない者は年額四二〇円程度の労働収入を得ているので、差額の一二〇円を手当として家族に支給する〔一九二七年末の海軍現役兵総数は五万二一六八名[34]であるから、単純に計算しても六二六万円余の財源を必要とすることになる〕。現役を終了して生業に従事中、勤務召集などのため応召した下士官兵には一日一円の家族手当を支給する。

以上の「研究資料」を見ると、単に生活不能者、失業者といった困窮者に限っての応急的対策のみならず、たとえば演習召集者手当支給など、国民一般の兵役義務負担に対する不満を物質的手段をもって可能な限り回避していこうとする幹事会側の姿勢を見て取ることができよう。しかしそのためには「研究資料」①の「乙」、②、⑥のみで一〇〇〇万円を超える経費が予想され、このことが『東京朝日新聞』などで報じられたように、幹事会をして当初兵役税

表11　「兵役義務者及廃兵待遇審議会答申」（1930年12月17日）

	待遇施設事項	議決事項の細目	経　費
其一　主トシテ在営兵並ニ其ノ家族ノ待遇ニ関スル事項	一　兵役義務履行ニ基因スル失業防止	法律を定めて入退営者の地位職業などを保障する	言及なし
	二　兵役義務者家族ノ扶助	軍事救護法の改正を行う	
	イ　軍事救護ノ拡充	在郷軍人分会などに国庫補助金を交付，報效会，愛国婦人会などの行う兵役扶助事業は連携して行うよう指導する	言及なし
	ロ　兵役扶助団体ノ奨励		言及なし
	三　在営下士官兵ニ対スル鉄道乗車上等ノ特典付与	現役兵入営のとき運賃を五割低減，在営中の下士官兵は現行規定通り片道5回限り運賃5割低減，陸軍下士官兵は日曜祝祭日休日に限り衛戍線内における運賃を5割低減，海軍もこれに準じる	言及なし
	四　結核ニ因ル除役者療養施設	公私立結核療養所中，設備良好なものに補助金を交付	初度費（土地買収建築費）261万円，経常費154万円
	五　多数ノ兵役服役者ヲ出シタル家庭ノ表彰	一家より3人以上の兵役服役者を出した家庭を表彰する	初度経費12万8000円
	六　在営下士官兵危篤又ハ死亡ノ際出向スル家族等ニ旅費支給	往復旅費および3日以内の滞在旅費を支給する	年12万円
	七　父母養子等ノ危篤又ハ死亡ノ際帰省スル在営下士官兵ニ旅費支給	往復旅費を支給する	年36万円
	八　傷病ニ因ル除役兵ニ一時賜金ノ支給	症項程度に応じ階梯を付して一時賜金を支給する	230万円（一時金）
其二　在郷軍人ノ待遇ニ関スル事項	九　簡閲点呼参会者ニ日当支給並ニ鉄道乗車上等ノ特典付与	陸軍の参会者には日当1円を，海軍の参加者中3里以内よりの参会者には日当1円を，それより遠方の者には旅費を支給。鉄道運賃は，召集中の下士官兵は現行通り在営中片道1回限り5割低減，召集・簡閲点呼に応じるときは5割低減など	年120万円，鉄道運賃に言及なし
	十　帝国在郷軍人会発展ノ助成並ニ同会会員ノ待遇	制度の根拠の明確化，国庫補助金の増額，模範者の叙位叙勲	言及なし

	十一　戦役殊勲者ノ待遇	行幸啓のさいの奉送迎参列，大演習ほかの拝観など精神的待遇向上	言及なし
	十二　屯田兵恩給問題ノ解決	相当の一時金(「特別慰謝金」)の支給	130万円(一時金)
其三　廃兵及戦公傷病死者遺族ノ待遇ニ関スル事項	十三　一時賜金廃兵ニ軍人傷痍徽章ノ授与並ニ鉄道乗車上等ノ特典付与	軍人傷痍記章授与の範囲を一時賜金廃兵全部に拡張，鉄道運賃に関する特典は増加恩給受給者は現行通り，一時賜金受給者は症状重き者は回数を限り無賃，その他は割引	記章の初度経費5000円，鉄道運賃に言及なし
	十四　一時賜金廃兵ニ関スル恩給問題ノ解決	再審のうえ増加恩給，特殊の恩給，一時金を支給	200万円(年額)，90万円（一時金）
	十五　戦公傷病死者及廃兵ノ子弟ニ対シ官公私立学校授業料等ノ減免	小学校の授業料は全免，中等学校の授業料などは減免するよう考慮，私立学校もこれに準ずるよう指導	言及なし
	十六　廃兵及戦公傷病死者遺族ノ精神的待遇	廃兵の呼称を傷痍軍人に改める，国定教科書に傷痍軍人に関する事項を加える，行幸啓時の奉送迎参列など	言及なし
	十七　廃兵及戦公傷病死者遺族ノ生業助成	恩給年金前渡し制度の創設，物件を担保とした低利資金の貸付，専売物件販売権優先の徹底，生業助成機関に補助金交付	言及なし
	十八　廃兵ニ対スル職業教育	廃兵に職業教育を行う施設を創始	言及なし
	十九　戦傷病死者遺族ノ為記章ノ制定並ニ鉄道乗車上等ノ特典付与	勅定記章の制定，鉄道乗車賃は靖国神社大祭・道府県市町村招魂祭参拝遺族には現行通り２，３等運賃を５割低減，新たに靖国神社に合祀される祭神の遺族が臨時大祭(各地の特別招魂祭)に参拝するときに限り無賃	記章の初度経費６万円，鉄道運賃に言及なし
	二十　増加恩給受給者及其ノ遺族並ニ戦公傷病死者遺族恩給問題ノ解決	一定条件の下に家族手当を併給するなどの制度を創設	90万円
	二十一　無償廃兵問題ノ解決	相当の一時金を支給	言及なし

註：出典は『兵役義務者及廃兵待遇審議会答申』(国立公文書館蔵)。表中の「議決事項の細目」は，「参考　兵役義務者及廃兵待遇審議会議決事項ノ細部」を要約し，「所要経費」はその中で言及されている金額を記した。

導入を検討せしめた要因となったのではなかろうか。

これ以降の各特別委員会における物質的待遇改善策の審議過程は、前述の通り議事録などの史料を欠き、新聞報道も見うけられないため、残念ながら明確でない。わずかに『兵役義務者及廃兵待遇審議会総会議案』に収録された「合同特別委員会議事要旨」中、兵士の物質的待遇改善については「市区町村毎ニ兵役扶助組合ヲ組織セントスル案、軍事救護法拡張セントスル案等アリシモ兵役扶助組合ノ設立ハ之カ実施困難ナルト共ニ新ニ此種団体ヲ設クルヨリモ既存ノモノヲ利用シ其施設ヲ拡充スルヲ凡テノ点ニ於テ得策ト認メ本案（軍事救護法拡張）ヲ採択スルコトトシ」た旨が記述されている程度である。

かくして三〇年一二月一七日付の審議会答申（表11）中、兵役義務者家族待遇改善策として盛り込まれたのは、答申二「イ　軍事救護ノ拡充」として軍事救護法の改正（①被救護者の範囲拡張、②現金給与額を増額し、一家に対する最高額制限を撤廃、③救護の種類増加、④医療救護の手続を簡易ならしめる、⑤一方的給付方式の併用、⑥法の運用にあたって「生活不能者」のみならず、「困窮ニ陥ル家族」をも救護しうるよう対象を拡大する）、および「ロ　兵役扶助団体ノ奨励」として「兵役義務者家族ノ生活扶助事業ヲ行フ団体ニシテ市町村ヲ区域トスルモノ即チ在郷軍人分会等ニ対シ国庫補助金ヲ交付」し、民間の軍事救護団体「報効会、愛国婦人会、日本赤十字社及帝国軍人後援会等ノ行フ兵役扶助事業ハ互ニ相連携シテ前項団体ノ此ノ種事業ニ協力セシムル如ク指導スルコト」が挙げられた程度であった。

また、答申九「簡閲点呼参会者ニ対スル日当支給」は、毎年陸軍約一二〇万人、海軍約二万人の在郷軍人に半日間（陸軍の例）かけて「用意如何を点検査閲し、所要の教育を与ふる」[35]簡閲点呼参加者への一日一円の日当支給であるが、これはおそらく「研究資料」中の演習召集者手当支給の代案であろう。ただしその実現は、管見の限り一九四二年に至ってのことである。[36]

このように、審議の過程で応召者増給や長期現役兵家族手当支給、演習召集者への手当支給などが削除されるなど、「答申」の内容が予算的措置を伴わない方向に著しく傾斜していった原因として考えられるのは、言うまでもなく財源の問題であろう。当初新聞が陸軍部内で検討中と報じた兵役税導入は、二九年一二月一〇日の第二回審議会総会で下村宏委員が「当然財源問題にもおよぶものと熟慮されるついては兵役税その他に関しすでに陸軍当局において研究してをられる事項の一端を漏されるが今後の議事の進行を進める上において便宜であると思ふが如何」[37]と問うたさい、会長宇垣は「陸軍のみに限らず他省にも関係があるから今直に申上げ兼ねる」と答え、必ずしも積極的姿勢を示していない。同税導入はおそらく審議会幹事―課長レベル程度での構想にすぎず、これが宇垣ら陸軍省幹部によって最終的に否定されたものではないだろうか。[38]もともと兵役税導入に頼らず軍事救護を拡充することは、宇垣陸相が一九二七年の兵役法案議会審議、議員に対する答弁中でも強調したことであった。

審議会は兵役税に替わる財源設定にも失敗し、その結果現行軍事救護法の拡充、兵役扶助団体の事業奨励といった程度の消極案に後退せざるをえなかった。ただ、その理由を財源不足のみに求めるのは正確でないように思われる。なぜなら審議会委員の側にも在営兵士の物質的待遇改善、とくに給与増額は「最普通に唱へられ最多数の声であ」るけれども、「剛健なる精神は困苦欠乏に堪へしめ如何なる困難に際会しても捨て身の勇気を鼓して真剣に徹底的に其の職を尽くすと言ふ意気を練る」という軍隊精神教育の趣旨を損なうゆえ、「現金給与は今日以上に増さざる」べしとの主張がみられるからである。[39]かかる〝教育的〟配慮の存在もまた、兵士とその家族に対する物質的待遇改善がごく小規模に終わった要因と考えられる。

そのためこの時期の陸軍は、金のかからない〝精神的〟待遇改善に積極的であった。答申中には「廃兵」の「傷痍軍人」への改称などの施策（第一六項、実現）が盛り込まれたが、それ以外の改善策として、たとえば一九三一年一一月一〇日の「陸軍武官官等表」、「陸軍兵ノ兵科部、兵種及等級表」改正[40]により、従来の「下士・兵卒」の呼称が「下士官・兵」に、有名な「輜重輸卒」も「輜重特務兵」にそれぞれ改称されたことが挙げられる。一見些末なことのようであるが、この改正は単なる言葉いじりなどではなく、当時の議会で出された「国家国民ノ為ニ身ヲ軍国ニ献ゲテ居ル者ハ呼捨ノ兵卒、中ニハ従卒、或ハ輜重輸卒、何ダカ感ジガ悪イノデアリマスカラ、是ハ一ツ成ルベク好イ名前ニ変ヘルコトガ、時代ノ思想ニモ合ハウ[41]」という「精神上ノ待遇向上」の要望を踏まえ実施されたものである。

この発言は、当時の社会一般が「兵卒」、そして「下士」という言葉の響きに持っていた偏見の表れとみるべきであり、時あたかも兵役に対する社会的支持獲得に躍起となっていた陸軍は、かかる「精神的ノ待遇向上」要求に配慮して兵士たちの呼称を改めたのであった。ちなみにマルクス主義者中野重治は一九三五年、陸軍がいくら「二等卒」や「帝国主義」を「二等兵」「王道」と呼び換えても「事柄自身少しでも変るものではない[42]」と批判したが、逆に言えばこの施策は、彼の「帝国主義」批判の論拠となりうるだけのインパクトはあった、ということにもなろう。

かくして軍事救護法中改正法律案は、入営者職業保障法案とともに、第五九議会（一九三〇年一二月〜三一年三月）に提出の運びとなった。主な改正項目は答申にほぼ準拠し、受給資格を「兵役ヲ免セラレタル者」から「一種以上ノ兵役ヲ免セラレタル者」（第二条）に、救護種類を「生業扶助、医療、現品給与及現金給与」から「生活扶助、医療、助産及生業扶助」（第六条）にそれぞれ変更、被救護者が死亡したさいの埋葬費給付規定の追加（第七条）などであった。

軍事救護法中改正法律案は貴衆両院を原案通過ののち、一九三一年三月三〇日公布、三二年一月一日施行された。答申中改正に伴う必要経費見積は約二〇万円であったのが、財政状況との関連で約一〇万円に減額されたという[43]。かくして兵士とその家族たちに対する物質的救護拡充を目指した陸軍の試みは、当初審議会で想定されていた内容から見ればきわめて不十分なものに終わったといってよいだろう。しかしそれは、小磯国昭政府委員（もと審議会幹事長）

が三月一二日の衆院委員会で宮脇長吉（政友会）委員から、同法を所管する「内務省側ノ説明並ニ答弁ニ揆ヲ合セ」るばかりでなく、陸軍としての見解を示せと追及されたさい、

〔救護拡充〕問題ノ実行ヲ可能ナラシムルヤウニ、最後ノ結論ニ到達セシメマス為ニハ、各々ノ立場ノミヲ固執シテ居リマシテハ、実現ハ到底不可能デアル〔中略〕随ッテ各々立場々々ニ居ルモノガ、忍ビ得ル所ヲ忍ンデ、サウシテ実行ノ可能性ノアリ、而モ其目的ヲ達成スルコトニ於テ、忍ビ得ル限リニ於テハ、協調的精神ヲ以テ之ヲ進メテ行カナケレバナラヌ

と述べたように、けっして陸軍の本意ではなかっただろう。そして内務省も同じ議会の場で、斎藤隆夫政府委員（内務政務次官）が「兵役義務者及其遺族、家族ハ、一身一家ノ利害ヲ顧ミズ、君国ノ為ニ忠誠ヲ尽スモノデアリマシテ、之ニ対シ待遇ノ途ヲ講ズルコトハ当然ノコトデアリマス」(44)と、軍事救護はいわば国の責務であると明言している。この時点における政府としての軍事救護観を端的に示すものとして注目に値しよう。

のちの一九三七年、軍事救護法は再度改正された。①「軍事扶助法」への名称変更、②「傷病兵」の定義拡張――従来傷病の原因が戦闘または公務によるものと明確に立証されねば扶助を受けられなかったのに対し、入営・応召中であれば立証なしで扶助を受けられるようにする、③扶助資格の「生活スルコト能ハサル者」を「生活スルコト困難ナル者」に変更（「困難ナル者」の定義は一日の収入三五銭以下）、④従来兵役義務者と「同一戸籍にある者」のみ救護受給資格があったものを、「同一世帯にある者」に拡張、などの改正が加えられた政府原案が貴衆両院通過後の三七年三月三一日公布、同七月一日施行され、直後に勃発した日中戦争以降の兵力動員増大を側面から支える役割を果たしていく。

この三七年改正に関しては、鈴木麻雄氏の専論(45)がある。氏が指摘する通り、同改正の契機となったのは、一九三六

年五月四日、第六九議会衆議院に堀内良平（民政党）ほか四名が「兵役待遇ニ関スル建議案」を提出したことである。その主旨は「最近ノ逼迫セル社会情勢ハ一般ヲ通シテ生活ノ安定ヲ欠ク者簇出」しているにもかかわらず、「現在軍事救護法アリテ生活扶助ヲ与フル建前ナルモ実際ニ於テ同法ノ活用ヲ見ルハ僅少ノ場合ニ限ラレツ、アル」ので「更ニ透徹セル方策」の樹立を求めることにあった。鈴木氏は言及していないが、このとき麻生久（社会大衆党）ほか一名が「兵士家族生活国家補償ニ関スル建議」を別途衆議院に提出しており、それはより具体的に、「入営又ハ出征兵士一家族当年額百八十円ヲ入営又ハ出征兵士一家族当年額百八十円ヲ兵士家族生活補償金トシテ国庫ヨリ支出」するよう求めていた。

これに対し政府は建議委員会で「我ガ日本ノ兵役義務ハ即チ傭兵ノ制度トハ異ツテ居ルノデアルカラ軍人ニ対シテ報償ヲ与フルガ如キ観念ヲ持タスコトニ於テハ大イニ考慮セネバナラヌ(46)」と主張したが、両建議案は合同修正のうえ、五月二四日の本会議にて「政府ハ現下ノ社会情勢ニ鑑ミ速ニ入営又ハ出征兵士一家族当年額百八十円ヲ兵士家族生活補償金トシテ（中略）現金ヲ以テ交付スルノ兵士家族生活補償ニ関スル法律案ヲ本期議会ニ提出セラレンコトヲ望ム」旨の決議として正式に議決された(47)。

内務・陸軍・海軍・大蔵大臣が連名で同決議案は「徴兵制度トノ関係モアリ」、つまり傭兵化につながるとの懸念があるので法制化は不適当と閣議に請議する(48)一方、それを契機として軍事救護法再改正が進められたことは、兵士家族の生活困窮という「現下ノ社会情勢」、およびそれに対する批判が政府にも無視できなくなっていたことの明確な証左である。三七年の軍事救護法改正に際して内務省社会局は、「若シ国ノ財政ニシテ許サルルナラバ斯カル（困窮）家庭ニ対シテハ其ノ働キ手ノ家ニ在リタルト変ラザル生活ヲ為シ得ル程度ノ扶助ヲ為スコソ望マシキ所タルベシ(49)」と、あたかも所得補償までも国家の「義務」とみなしているかのような文言をのこしている。鈴木氏はこの三七年改正の前史にはほとんど留意していないが、かかる政府見解の変化は満州事変以降の軍拡により加速化された面も強いとはいえ、その起点は本章にて観察してきた通り、第一次大戦後の陸軍・社会における兵士待遇改善論（そしてその一環としての兵役税導入論）昂揚にまで遡るべきものである。けっしてこの時期にわかに立ち現れたものではない。

ただしこの時期に至っても、軍事救護受給は国民の「権利」とまでは位置づけられなかった、という限界を有していたことは事実である。三七年、軍事救護法中改正法律案の衆議院審議時、斎藤直橋議員（民政党）の「国家ノ義務デアルト仰ニナル以上ハ、是ハ義務ニ対シテ権利者ガナケレバナラヌノデアリマス、而モソレヲ権利者トハッキリ認メルコトガ私ハ此救護法ノ精神ガ活キテ来ルヤウニ思フ」という質問に対し、広瀬久忠政府委員（内務省社会局長官）は、「此〔軍事〕扶助法ニ依ル方ハ、国家ノ扶助ノ一ツノ義務ニハ見テ居リマスガ、此扶助ヲ受クルノ権利ト云フヤウナ具合ニ見テ居ラヌノデアリマス」(50)と述べ、議論はそれ以上発展することなく終わっている。表向きの理由は「法律ノ何レノ条文ヲ見マシテモ、又制定当時ノ沿革ヲ考ヘテミマシテモ」(51)権利を認めてはなっていない、というものだったが、同法による扶助を権利と認めてしまえば多大の国費支出を余儀なくされるというのが本音だったろうし、「軍人ニ対シテ報償ヲ与フルガ如キ観念ヲ持タスコト」は避けねばならぬとの配慮も働いていたのかもしれない。

おわりに

宇垣一成は、兵役義務者及廃兵待遇審議会において審議が行われていた最中の一九三〇年一〇月二九日、日記に次のように記している。

陸軍と社会との接触面は頗る広い、国民との接触は可なり緊密である。之は国家を健全に保持して行くに必要且有力なる手段の一である。従って益々接触面を広げ接触を愈々切実ならしむることに努めねばならぬ。〔中略〕此意義よりして国民に苦痛や迷惑を与ふるの恐多き接触面は物質等にて代用し補填し得らるる限りは之を減少し狭縮することが賢明なる遣り方である。

この記述は、審議会設立に対する彼の意図を端的に表していよう。まさしく兵役義務者及廃兵待遇審議会の設立は、本章にて考察してきた通り、兵士とその家族の負担軽減実施を中心とした社会的要求、たとえば兵役税導入論に対する陸軍側の回答であった。第一次大戦後の諸外国における徴兵制度批判、廃止論の昂揚は、その国内への流入を恐れ（事実、そうした動きもみられた）、一方で総力戦体制の構築を目指しつつあった陸軍をして、徴兵制度の存在を正当化するための理論的枠組みの強化を余儀なくさせるとともに、「軍隊の社会化」なる名目で兵士とその家族の待遇を改善し、制度からの離反防止を志向させるに至った。

臨時軍事調査委員が兵役税導入論を展開したり、宇垣一成までもが同税の導入を志向するなどといった事態は、陸軍部内におけるそうした思潮を体現するものだった。その背景には、第一次大戦後社会においては、国民の徴兵制度に対する反感の醸成を種々の手段を講じて不断に防止していかない限り同制度の円滑な運用は不可能である、国民はけっしてア・プリオリに徴兵を受容しているわけではない、とする危機意識が存在していた。

ただし、宇垣は最終的には兵役義務の「名誉性」というイデオロギー堅持の立場から、松下芳男などが述べてみせたように、理論的には志願兵制につながりかねない兵役税の導入を否定した。それは同時期の軍隊教育の現場でも強調されていたことで、兵役義務と金銭の同列化、「傭兵」化不可の原則は従来通り堅持されたのである。

だがそれは、陸軍が兵士たちの物質的待遇改善を等閑視していたということではけっしてない。まさに兵役税導入論への直接の対案として、国家財政による兵士の物質的「優遇」（けっして「補償」ではない）が浮上、重視されるに至ったからである。その背景のひとつに社会の声、つまり一九二七年の兵役法案議会審議時、議員たちから兵役税導入による兵士の物質的「優遇」策実現が要求されたことなども挙げられる。それは宇垣、ひいては陸軍をして徴兵兵士の生活困窮への配慮を強化せしめた点で、重要な出来事であった。

かかる問題意識は一九二九年、会長宇垣、陸海軍、大蔵、内務各省などの官僚・民間人七十数名を委員・幹事とした兵役義務者及廃兵待遇審議会の設立や、三〇年の軍事救護法一部改正などのかたちで具現化されていった。確かに従来の研究でも指摘されている通り、財源の都合上、この時点での救護拡充は微温的なものに止まった。しかしそのさい、陸相という立場の人間が「優遇法は国家社会の当然講すへきものなり」（前掲『陸軍改革私案』）との認識を有し、それを受けるかたちで審議の過程においては演習召集者手当支給など、生活困難者のみならず、広く国民一般の兵役に対する怨嗟を可能な限り回避していこうとする政府側の姿勢がみられたことは留意されてよい。また議会の場でも「兵役義務者及其遺族、家族ハ、一身一家ノ利害ヲ顧ミズ、君国ノ為ニ忠誠ヲ尽スモノデアリマシテ、之ニ対シ待遇ノ途ヲ講ズルコトハ当然」（前掲・三一年軍事救護法改正時の斎藤隆夫内務政務次官発言）との認識が示されたのである。

これらの発言を日露戦時の「親族隣保の扶助若しくは救護を目的とする諸団体の救助尚ほ及はさることあるときは国家は茲に初めて救助を共にすへき義に付其旨を誤らさる様周到注意を要す」との訓辞（本書一二二頁参照）や、軍事救護法制定時の「戦争ノ為ニ死没シ若クハ負傷シテ一家ヲ支ヘルコトガ出来ナイ者ニ対シテハ、相当ノ救助ヲ与ヘルト云フコトハ、国家トシテモ必要」(52)、「国家ノ同情」(53)という発言と比較すれば、軍事救護に対する政府のさらなる積極性向上を見て取ることは可能であろう。

以上の経緯が三七年軍事救護法の再改正、日中戦争期以降「援護における国家の役割はなしくずし的に拡大」(54)していくという事態の前提となったのであり、その過程で兵役税導入論の発揮した影響力はけっして小さくない。

ただし、軍事扶助が国家の義務であるならその受給は権利ではないのか、という議会の声を政府は明確に否定して、三七年の軍事救護法改正に関する議論は終結した。国家の扶助を権利として要求できない中で、兵士の所得補償を図るにはどうしたらいいのか。この問題について同じ時期、議会の外で別の構想が唱えられていた。次章では、その構想について論述する。

註

(1) 山本前掲「満州事変期の労働者統合―軍事救護問題について―」、加瀬前掲「兵役と失業―昭和恐慌期における対応策の性格―(一)(二)」。
(2) 加藤前掲『徴兵制と近代日本』二〇四・二〇五頁。
(3) 近年の代表的な研究書として、浅野前掲『大正デモクラシーと陸軍』、黒沢前掲『大戦間期の日本陸軍』など。
(4) 臨時軍事調査委員『交戦諸国戦後ノ兵制問題ノ概観』(陸軍省、一九二一年)一・二頁。同書は、米英が戦後徴兵制度を廃止した過程などを綿密に調査したものである。
(5) 大江前掲「天皇制軍隊と民衆」八六頁。
(6) ここでとりあげた『東京朝日新聞』の社説は、加藤前掲書が一九二七年兵役法の改正(服役年限の短縮)と、烏谷・佐藤らの議論は、黒沢前掲書が国家総動員構想の展開過程と、それぞれ関連づけて言及しているところである。本章は両研究とは異なり、これらの議論を陸軍の軍事救護政策の形成・展開過程と関連づけ、論じようとするものである。
(7) 烏谷と同様の徴兵制擁護論を展開している陸軍軍人の論考としては、参謀総長金谷範三「日本の徴兵制度」(『偕行社記事』六二四、一九二六年)や一在郷社員「我兵制に関する思想的錯誤」(同六三一、一九二七年)がある。前者は主として志願兵制と徴兵制にそれぞれ要する経費の差から徴兵制の優越を訴え、後者は前出の『東京朝日新聞』社説に対する直接の反論として執筆されたものである。
(8) 日本社会学院調査部『現代社会問題研究』第一八巻(冬夏社、一九二〇年)。佐藤は国家総動員の問題に関心が深く、その他の著書として、欧米における総力戦体制の実相を紹介した『国民的戦争と国家総動員』(二酉社、一九一八年)などがある。

（9）軍部における総力戦体制構築論を扱った研究は、吉田裕「第一次世界大戦と軍部—総力戦段階への軍部の対応—」（『日本史研究』四六〇、一九七八年）など枚挙に遑がないが、これと兵士の待遇改善や軍事救護の問題を結びつけて考察したものはみられない。

（10）こうした「精兵主義」と「多兵主義」をめぐる議論については、加藤前掲書一七八～一八〇頁が一九一八年の議会において議員側から「多兵主義」の導入が要求され、陸軍の側はこれに無関心であったと指摘しているが、当時軍の側にもさまざまな構想・発言が存在し（宇都宮、佐藤は予備役軍人ではあるが）、必ずしも「無関心」というわけではなかった。

（11）郡司「軍事救護法の受容をめぐる軍と兵士」（『歴史人類』二五、一九九七年）七三～八〇頁。シベリア出兵～昭和初期の軍事救護法による救護の実態は、同論文を参照。

（12）臨時軍事調査委員については、纐纈厚「臨時軍事調査委員会の業務内容—『月報』を中心にして—」（『政治経済史学』一七四、一九八〇年）や、黒沢前掲『大戦間期の日本陸軍』とくに第一章「日本陸軍の第一次大戦研究」を参照。これらの研究は同委員が大尉・少佐クラスの将校を多数（専任七五名、兼任延べ四八名。初代委員長は菅野尚一少将）を擁し、その後の陸軍の国家総力戦研究にデータ的基礎を与えたことを強調している。

（13）『兵役税ノ研究』は、郡司前掲「軍事救護法の成立と陸軍」でも、兵役税が陸軍において「一定の理解をえていた」（一三頁）事例として紹介されている。しかしなぜこの時期の陸軍がそうした主張を行うに至ったのか、兵役税のいかなる点を「理解」したのかという点の分析はとくになされていない。

（14）国立国会図書館憲政資料室所蔵『宇垣一成関係文書』所収。

（15）「大正九年四月上旬以降之随筆」（『宇垣一成日記Ⅰ』〈みすず書房、一九六八年〉二八九頁）。

（16）「大正十五年度の随筆」（『宇垣一成日記Ⅰ』五〇一頁）。

（17）七月一九日、衆院非役壮丁税法案委員会（第二回）における発言。

（18）松下は一八九二年生れ、もと陸軍中尉。一九一一年予備役編入ののち日本フェビアン協会に属するなど、社会主義的な立場から軍制に関する論考を数多く発表していた。

（19）水野の「某新聞」への投書（松下前掲『水野広徳』一九三・一九四頁に収録）。ただし、松下や水野とて、「今日直に（日本だけによる軍備）単独の撤廃は、事実上不可能のこと、信ずるのである。即ち国防は茲に正当防衛的の軍備の必要を是認するのである」（松下『軍政改革論』九頁）と、軍備の存在それ自体を否定しているわけではないことは、念のため確認しておかねばならない。

(20) 前掲京城師範学校演習科一九二四年度卒業生『凝視の一年』。引用箇所は、二五年一月一二日の「中村中佐」による「兵役に関する講話」中の一節（同書三一・三二頁）。同書については、本書第一部第二章第一節にて詳述した。

(21) 「兵役義務者及廃兵待遇審議会第一回総会席上に於ける会長挨拶」（一九二九年一二月九日、於陸軍省、国立公文書館所蔵『兵役義務者及廃兵待遇審議会答申』所収）。昭和初期の軍内外における反軍運動の昂揚については、吉田裕「昭和恐慌前後の社会情勢と軍部」（『日本史研究』二一九、一九八〇年）に詳しいし、藤原彰編『史料　日本現代史1　軍隊内の反戦運動』（大月書店、一九八〇年）は当時の共産党などが一般兵士向けに作成した、生活上の不安・不満をアジテートする宣伝文書を多数収録している。

(22) 『宇垣一成日記』一九二六年一月一三日。これに関連して、非役壮丁税法案の審議時、提案者荒川五郎も「『ペトログラード』ノ上ヲ吹ク風モ、東京ノ上ヲ吹ク風モ同ジ風デアリマス、〔中略〕今ヤ世界ノ人心滔々トシテ変ル際ニ、維新当時ノ国民精神ト、今日トハ同様デナイ」（一九二二年三月九日、第四五議会衆院身元保証ニ関スル法律案外三件委員会における発言）、つまり社会の国家観が変化している以上、兵役税導入による兵士の物質的待遇改善は不可避と主張しているのは印象的である。

(23) 『毎日年鑑　昭和四年』八二頁より引用。

(24) 金太前掲『軍事救護法ト武藤山治』四六〇頁。

(25) 武藤は前掲『軍人優遇論』中、「陸軍は一般軍人、其の遺族及び廃兵を、如何にして優遇すべき」かについての方法、経費を審議する「諮問委員会」を設置すべしと主張しており（一一五〜一一七頁）、この審議会の設立は、彼の構想がそのまま実現したものだったといえよう。なお武藤は、この諮問委員会の審議を経たうえで常備兵の定員を半分、三分の一といった程度に減少させ、浮いた予算をもって兵士の給料を増額することも提案している（一一八頁）。

(26) 国立国会図書館所蔵『昭和財政史資料』の「軍事門　雑」、冊子番号3—608「兵役義務者及廃兵待遇」に所収。「兵役義務者及廃兵待遇」は、兵役義務者及廃兵待遇審議会に関連する大蔵省の部内資料を集成したもの。

(27) 同書類は、参考のためとして大正年間の八回にわたる兵役税（非役壮丁税）法案の議会審議状況、そして一九二七年兵役法案議会審議時の兵役税に関する「主要ナル質問応答ノ要旨」を収録している。このほか一九二三年、陸軍省内に設置された兵役法調査委員会にて「現役者及現役終了者ニ特権ヲ与フル」ことが決定された旨も記載している（ただしその具体的内容は記されていない）。これらの点は、陸軍が審議会の設立にあたり、兵役税法案など在営兵士たちの物質的待遇改善に関する社会的要求を無視できなかったことの証と言えよう。したがって加瀬前掲論文が審議会設立の要因を「除隊兵の失業問題が軍部に対する反感や兵役の義務に対する憎悪の大きな理由になっているという、軍官僚の危機感」に限定してとらえている点（一一二二・一一三頁）には違和感を禁じえない。

(28) 前掲「兵役義務者及廃兵待遇審議会第一回総会席上に於ける会長挨拶」。

(29) 兵役義務者及廃兵待遇審議会に関しては、管見の限り議事録は作成されていない。前掲『昭和財政史資料』「兵役義務者及廃兵待遇」以外の政府資料としては、管見の限り、①幹事会作成の議案と、各議案に関し幹事会が説明のために作成したとみられる「研究資料」を収録した簿冊『兵役審議会書類』、②答申を最終決定する総会での各議案と、これに関する資料を収録した簿冊『兵役義務者及廃兵待遇審議会総会議案』、③審議会答申と宇垣会長の前掲挨拶、杉山元幹事長（陸軍次官）の審議にあたっての関連事項説明（「兵役義務者及廃兵待遇審議会第一回総会席上に於ける幹事長説明事項（昭和四年一二月九日　於陸軍省）」）などを収録した簿冊『兵役義務者及廃兵待遇審議会答申』の三史料（すべて国立公文書館所蔵）が存在するのみである。いずれも表紙に「島田幹事」との署名があり、これは内閣書記官島田昌勢とみられる。しかし残念ながら三史料とも審議の具体的経緯を示す資料を収録しておらず、兵役税に関する具体的議論とその担い手も不明である。なお、防衛庁防衛研究所図書館所蔵『陸軍省大日記』をはじめとする陸軍史料にも、審議時の具体的な経過を示す史料は収録されていない。

(30) 兵役法による服役期間は現役（陸軍二年・海軍三年）、予備役（現役終了後、陸軍五年四か月・海軍四か月）、後備兵役（予備役終了後、陸軍一〇年・海軍五年）、国民兵役に区分され、戦時にはおおむね予備役、後備兵役の順に動員を行っていく。一種以上の兵役を免ぜられた者とは傷病などにより、たとえば現役から予備役、後備兵役などへと編入された者をいう。

(31) 前述の通り、一日の支給額上限は一人一五銭・一家族六〇銭と規定されていたが、地方長官は内務大臣の許可を得たうえで増額が可能で、実際の全国平均額は一日一人三四銭、一家一日一円二〇銭に上っていた。このため「研究資料」は現在の給付額を引き上げ、一家の最高額も撤廃して人員数に応じて支給することが妥当であるとしている。

(32) 当時軍事救護を貧民救済と受けとめ、体面上その受給を忌避する事例が多発していたことに対応したもの。かかる事例については、郡司前掲「軍事救護法の受容をめぐる軍と兵士」を参照。

(33) 兵士は現役を終了し、予備役、後備兵役編入後も演習のためたびたび召集されることになっていた。兵役法第五六条では演習召集は予備役、後備兵役を通じて五回（ただし一年に一回を超えない）以内、その期間は陸軍三五日以内、海軍七〇日以内と定められているが、前掲杉山幹事長説明によると、陸軍では二一日間実施されていたという。
(34)『第四十六回日本帝国統計年鑑』（内閣統計局、一九二七年）四九一頁。
(35) 前掲杉山幹事長説明。簡閲点呼は陸軍の場合予備役後備兵、軍隊教育を受けた第一補充兵は服役期間中通常一年おきに五回、軍隊教育を受けない第一補充兵は服役期間中通常二年おきに四回、海軍の場合は予備役後備役を通じて三年おきに三回実施された。陸軍は参会者が三里以内の行程で参会できるように点呼場を設けていたが、それでも彼らは丸一日仕事を休まされることになった。
(36) 一九四二年三月九日付、陸軍省副官川原直一発「簡閲点呼参会者等ニ旅費支給方ノ件陸軍一般へ通牒」（防衛庁防衛研究所図書館所蔵『昭和十七年　陸普綴　記室』）。この通牒は、簡閲点呼に参会および参列する者に一日五〇銭の日当を支給するよう指示している。
(37) 一九二九年一二月一一日『東京朝日新聞』。
(38) 前掲「濱田徳海資料」二―六―一「兵役税及び壮丁税」五「我国ニ於ケル壮丁税問題ノ経過」（一九三六年八月）には、「昭和五年井上蔵相ニヨル税制改革ニ際シ壮丁税ノ議アリタルモ陸軍省ノ反対ニヨリ資料蒐集ノミニテ具体案作成ニ至ラズシテ止ム」とある。ここで挙げられている税制改革の一環としての「壮丁税」と審議会との関係は不明だが、やはり陸軍にとって兵役税は忌避の対象以外のなにものでもなかったといえよう。
(39) 予備役陸軍中将和田亀治「兵役義務者の待遇問題と軍隊教育に就て」（『偕行社記事』六六六、一九三〇年）。
(40) 陸軍省軍務局軍事課起案「陸軍下士、兵卒名称ノ改正ニ関スル件」（防衛庁防衛研究所図書館所蔵『昭和六年　永存書類甲第一類』所収）。
(41) 一九三一年二月一四日、第五九議会衆院予算委員会第四分科会（第二回）における石原善三郎委員（民政党）の発言。
(42) 中野「文学的作品に出てくる歴史的呼び名について」（『論議と小品』、『中野重治全集　第一〇巻』筑摩書房、一九七九年、所収）一一七頁。筆者はこの記述を、大西巨人『神聖喜劇　第五巻』（光文社文庫版、二〇〇二年、初刊一九八〇年）一六五・一六六頁における引用から知った。
(43) 三一年三月一二日、衆院入営者職業保障法外一件委員会における、小磯国昭政府委員と宮脇長吉委員との質疑応答による。
(44) 三一年三月七日、衆院本会議における、軍事救護法中改正法律案の提案理由説明。
(45) 鈴木「軍事扶助法に関する一考察」（『法学研究』六八―一、一九九五年）。

(46)『第七十帝国議会軍事救護法中改正法律案資料』（国立国会図書館憲政資料室「新居善太郎文書」所収）二一一頁。

(47) 細かいことだが、鈴木氏が堀内らの建議案を五月二四日提出、即日可決としているのは事実誤認である（正しくは四日提出）。氏が五月二四日堀内らの提出建議案として引用しているのは、麻生らの建議案と二四日に合併して修正可決された建議中の文章である。堀内らが四日付で提出した当初の建議案では、一八〇円などの具体的金額には言及されていない。

(48) 前掲『第七十帝国議会軍事救護法中改正法律案資料』二一二・二一三頁。

(49) 前掲『第七十帝国議会軍事救護法中改正法律案資料』所収「軍事救護法中改正法律案逐条説明」五五頁。

(50) 一九三七年二月二七日、第七〇議会衆院軍事救護法中改正法律案外一件委員会（第二回）における発言。

(51) 前註と同じ衆院委員会における、山崎厳社会局部長の発言。

(52) 一九一七年六月二九日、第三九議会衆院軍事救護法案委員会における水野錬太郎政府委員（内務次官）の発言。

(53) 同年六月二九日、第三九議会衆院軍事救護法案委員会における、後藤新平内相の発言。

(54) 佐賀前掲「日中戦争期における軍事援護事業の展開」五五頁。

第三章　「護国共済組合」構想の形成と展開

はじめに

「護国共済組合」構想とは、軍の定員上、実際には一部の成年男子しか兵役に就かないという義務負担の「不公平」性是正を謳い、全国を単位とする一大組合を組織して組合員（各戸主）の支出する掛け金をプールし、徴兵兵士の家族に給付しようという一見特異な構想である。この構想は、のちに各市町村を単位として組合を結成するなどの手直しを経て、一九三四年以降四回にわたり議員立法の法案として議会へ提出されてもいる（表12）。法案が成立しなかったこともあってか、同構想に関する先行研究はほとんどなく、わずかに佐賀朝氏が、

同〔護国共済（共同）組合〕法案は、「国民皆兵」の建前から、出征軍人とその家族への援護を市町村単位で組織した共済組合によって実施しようとするものであったが、本質的には兵役負担の不公平を資金や労働の供出によって埋めようとするものであった。そのため政府側は、趣旨には理解を示しつつも、その法制化には一貫して反対していた。(1)

と述べている程度である。佐賀氏がこのような整理を行ったのは、護国共同組合構想の「趣旨」が一九三九年四月以降、全国各市区町村内における軍事援護団体「銃後奉公会」の設立という形で一部政策化されたからである。氏は同

表12　護国共済（共同）組合法案の議会提出状況

法案名	提出者	議会回次	提出年月日	衆議院	貴族院
護国共済組合法案（衆院委員会議決時，護国共同組合法案に改称）	大口喜六，木下成太郎，廣瀬為久，宮古啓三郎，助川啓四郎（以上政友会），添田敬一郎，高田耘平，山枡儀重，池田秀雄，山道襄一（以上民政党）	65	1934．3．10	3．23修正のうえ可決	審議未了
護国共同組合法案	助川啓四郎，小林錡，廣瀬為久，篠原義政，上原平太郎，田村実（以上政友会），比佐昌平，池田秀雄，中田正輔（以上民政党），由谷義治	67	1935．3．16	審議未了	—
同	①池田秀雄，添田敬一郎，青木亮貫（以上民政党），②小林錡，助川啓四郎，篠原義政（以上政友会）	70	①1937．3．24 ②1937．3．3	3．29併合修正のうえ可決	審議未了
同	①池田秀雄，添田敬一郎（以上民政党），②篠原義政，紅露昭，立川平，宮崎一，坪山徳爾（以上政友会）	73	1938．2．5（①，②とも同日提出，内容も同一）	3．23併合修正のうえ可決	審議未了

註：出典は『議会制度七十年史　帝国議会議案件名録』より作成。提出者のみ議事録の記述中より摘記。

会設立の理由を、日中戦争以降各市町村が独自に設立した軍事援護団体による援護が一定規模の拡大をみせたため、「そのような事態を言わば追認する形で〔中略〕、兵役負担に対する応分の物質的補償の実現やその免役者への転嫁を形式上・建前上は回避しつつ、地域的な援護の統制という現実的要請に対応」（四六頁）していく必要が生じたためと説明している。

しかし佐賀氏の言う「出征軍人」とは通常、戦争に赴く現役・応召将校、下士官兵を指すはずである。だが実際に護国共済組合構想が目指していたのは、「兵役義務服行の準備」すなわち「平戦両時」を通じ、すべての義務兵（入営後、下士官に任官した者も含む）の経済的損失を組合員の負担によって補塡することであった（のち詳述する）。事実、政府が銃後奉公会の事業として各地方長官に指示した内容を、一九三九年一月一四日付内務・陸軍・海軍・厚生四省次官通牒よりみてみると、そこには護国共済組合構想の「趣旨」―「兵役義務服行ノ準備」が「現役又ハ応召軍人若ハ傷痍軍人並ニ其ノ遺族、家族ノ援護」とは別に挙げられている。この点に関して、厚生省軍事扶助課長福本柳一は以下のように説明している。

兵役義務服行の準備と云ひ、軍事援護と云ひ、兵役義務服行を遺憾なからしむることに於ては究極する所同じことであるが、銃後奉公会がとくに兵役義務服行の準備を整へんとするを目的に取入れたのは、国民が自らの力を以て之に備へんとする精神を尊重し、而も斯の如きは各家庭単独に行ふは国民生活の現状より見て相当困難であるのみならず、国防は国民協同の任務たるの点より考へ、寧ろ銃後奉公会の協同の力に依り之を強化するを適切と考へたからである。(2)

福本は「銃後の施設は〔中略〕戦時に於て其の最大機能を発揮する為には平時に於てよく之に備ふるの準備を整へておくことが必要である」とも述べている。すなわち、銃後奉公会設立の目的は、単なる戦時応召者・戦死者数増大への対応策（＝軍事援護）にとどまらない。「各家庭単独に行ふは国民生活の現状より見て相当困難である」ところの、入営者に対する経済的損失補塡（＝「兵役義務服行ノ準備」）を、区域内全戸が平戦両時を通じ「協同」で行うべき団体としても位置づけられているのである。この意味で、護国共済組合構想の掲げた理念が国家の施策に及ぼした影響力は無視できないと考えるが、では政府はそのいかなる点に正当性を認め、わざわざ政策化したのだろうか。

そもそも護国共済組合構想とは、一九二〇年代に全国最大規模の民間軍事救護団体・帝国軍人後援会評議員の松島剛によって提唱されたものである。彼は一般にはスペンサー『社会平権論』の訳者として知られているが、(3)友人のある陸軍中佐のすすめで日露戦争の前後六年間、同会理事として会務のため全国を奔走し、それ以降軍人の待遇問題に関心を抱くようになったという。(4)彼は同構想を提唱する前には、「報酬税」という名の兵役税導入論を主張していた。

彼の「報酬税」論は、従来の兵役税論が義務負担の〈公平化〉を標榜して、現役入営を免れた成年男子より徴税する案だったのに対して、全国の全戸主から所得に応じて徴税し兵士たちに「報酬」として与える、すなわち全国民による兵役義務負担の〈共同化〉を志向しているという点で異なる。

彼はこの「報酬税」論を一九二〇年に『兵役報酬の急務』(非売品)、二七年に『兵役革新論』(大和商店)と題して公刊した。郡司淳氏はこれらの著作について、

後者(『兵役革新論』)の巻末には大島健一(当時、貴族院議員)ほか現役在郷多数の肯定的意見がよせられ、『偕行社記事』にも好意的な書評が掲載された。したがって、「報酬税」を兵役税の範疇に収めることの是非はさておき、大正デモクラシー下の陸軍において、兵役税ないしこれに類する主張が一定の理解をえていたことは疑いを得ないのである。(5)

と述べている。「大正デモクラシー下の陸軍」で兵役税導入論が「一定の理解」を得ていた理由として、当該期における反軍・反徴兵制論への対抗・兵役義務への兵士の支持獲得という意図があったこと、ただし同税導入は義務履行に対する「代償」設定不可の原則から実現しなかったことは、前章にて明らかにした。問題はなぜこの時期以降、報酬税、そしてその共済組合化による兵役負担の〈共同化〉という特異な主張が民間において提起されていったのかということであるが、この点について郡司氏はじめ従来の研究はとくに明確な説明をしていない。

兵役税にしろ報酬税にしろ、徴兵兵士の被る経済的損失の補塡を目標に主張されていることに変わりはないはずである。ところが引用文中の大島健一は、陸相としてあれほど兵役税法案に反対したにもかかわらず(本書第二部第一章参照)、なぜか松島の主張には賛同し、陸海軍将官・貴衆両院議員などが護国共済組合構想実現のため一九三二年結成した「護国共済会」の副会長まで務めているのである。松島の構想は、いかなる点で大島のような軍人たち、そして

のちには銃後奉公会を設立させた政府にも受容されるだけの説得力をもっていたのだろうか。この点を検証することは、当該期の社会に存在した多様な兵役義務観の一端と、軍・政府の政策決定過程に与えた影響を解明することにつながるだろう。そのうえで、個々の市区町村銃後奉公会においては「兵役義務服行ノ準備」なる事業がどこまで護国共済組合構想の趣旨に即して実施されていたのか、実態面にも言及したい。

一　護国共済組合構想の形成――義務負担の〈公平化〉から〈共同化〉へ

護国共済組合構想の根本目標は、「軍役に服し、奉公の忠誠を致しつゝある兵士の家族が、往々生活を脅かされ、甚だしきは一家飢渇に迫り、或は悲劇を演ずるものがある。又君国の為めに屍を戦場に露したる勇士の遺族にして、まゝ悲惨の境遇に呻吟するものがある」[6]という状態の是正にあった。この構想の提案者松島剛は、前述の通り大正後期から『兵役革新論』などの著作を著して全国の全家族が納税者となる「報酬税」導入を提唱した。続く『兵役の合理化』ではその保険化、つまり全国の各家族が保険料としてある額の金銭を支出し、それを現役入営者に給付することを主張していたが、一九二八年一一月その組合化、すなわち「護国共済組合」構想を着想したという。以下、彼の著書『兵士と其の家族の待遇を如何にすべきや　町村振興の社会政策　護国共済組合案』（以下『兵士と其の家族の待遇を如何にすべきや』と略称）に基づき、同構想の内容を概観しよう。

全国で毎年成年に達する男子は六〇万人、うち実際に入営するのは一〇万人にすぎない。その入営者一人を出した一家族が被る負担は、彼が入営しなければ得ていたであろう一日の賃銭を一円五〇銭とすれば一年間で五四七円五〇銭となるが、そのうち三分の一を衣食費として控除するのでおおむね三〇〇円と算定できる。この三〇〇円もの負担

表13　護国共済組合の資金積立法

年次	掛金より支給金を引いた残額の積立額(円)	積立金の利子(年4分，廃兵遺族の待遇費に充当，円)	徴収を要する掛金の額(円)	兵士の家族に対する支給金(円)
初年	—	—	6,000万	4,000万
2年	2,000万	80万	5,920万	4,000万
6年	1億	400万	5,600万	4,000万
11年	2億	800万	5,200万	4,000万
16年	3億	1,200万	4,800万	4,000万
21年	4億	1,600万	4,400万	4,000万
26年	5億	2,000万	4,000万	4,000万
31年	6億	2,400万	3,600万	4,000万
36年	7億	2,800万	3,200万	4,000万
41年	8億	3,200万	2,800万	4,000万
46年	9億	3,600万	2,400万	4,000万
51年	10億	4,000万	2,000万	4,000万
56年	11億	4,400万	1,600万	4,000万
61年	12億	4,800万	1,200万	4,000万
66年	13億	5,200万	800万	4,000万
71年	14億	5,600万	400万	4,000万
76年	15億	6,000万	0	4,000万

註：松島『護国共済組合要綱解説』（大和商店，1928年）14頁の表を参照し，一部の項目を改めた。

が全国の総家族一五〇〇万戸中、現役兵士とその家族二〇万戸（服役は二年間であるから）のみに偏在し、残りの一四八〇万戸はまったく無負担であるのは「提灯と釣鐘の如き負担の相違」であり、やがて兵士とその家族をして兵役を呪わしむるに至るであろう。だがすべての国民が実際に入営して、公平に兵役義務を履行することは、従来陸軍が主張してきたように、財政規模の観点から不可能である。

そこで全国の総家族、一五〇〇万戸を一団として「護国共済組合」を設立（入会は強制）する。掛金は毎年一戸四円とする。所得によって格差を設けてもよいが、とりあえずそれは考えない。これによって得られた金を、組合設立の翌年から現役兵士を出した家族に対し、その負担の全額三〇〇円中二〇〇円分を現金で、一〇〇円分を株券で給付する。その株券分の金は「護国貯金局」とでも称すべき役所を設立して政府の方で積み立て、その利子（年四分で計算）は廃兵、遺族、傷病兵の待遇費に充当しつつ、七五年間かけて一五億円にまで増額させる（この過程は表13を参照）。

七六年目以降は、その一五億円の利子だけで現役兵士二〇万人の家族に支払う金（一戸二〇〇円、計四〇〇〇万円）の全額と廃兵・遺族の待遇費（二〇〇〇万円）がまかなえるので、それ以降の掛金徴収は不要である。ここに年四円というわずかな負担で、日本のすべての家族が兵士を出したさい、何時でも何度でも、その負担の補償を受けることが可能となる。

それではなぜ、この構想は日本の全家族が加入しての「組合」形式をとらなくてはならなかったのだろうか。現役入営を免れた男子が税を負担する兵役税、男子を持つ全家庭が保険料を負担する徴兵保険、護国共済組合とも、非入営者による兵士とその家族への金銭の提供であるはずなのに、その中でなぜ護国共済組合がとくに導入に値するのか。松島『兵士と其の家族の待遇を如何にすべきや』からその主張を見ていこう。

兵役を免れた成年男子のみが負担する兵役税（非役壮丁税）は、たとえ一か年一〇円という高額を現役入営を免れた家族五〇万戸に賦課したとしても、納税期間三年間として一五〇万戸一五〇〇万円程度の税収しか見込めず、これを現役兵士家族二〇万戸に割り振れば一戸につき年額七五円にすぎず、もしこれを廃兵・遺族保護にも振り向ければ結局現役兵の負担は現在と大差はないし、残り一三二〇万戸には相変わらずなんの負担もかからないから「兵役に対する思想悪化の禍根である」（『兵士と其の家族の待遇を如何にすべきや』本論六一頁）ことに変わりはない。男児を有する家族を六〇〇万戸と見積って強制徴兵保険を導入しても、負担の不均衡はやはり残る。

しかし彼の提唱する護国共済組合は、たとえば「無尽講」のように「その相互の義務と便益に関する約束を定め、全国民が相互に協力扶助」（同七二頁）するものである。ある年限以降は全国の総家族が一銭の出金も要することなく、兵役義務の負担を「公明に、共同均等に負担し、併せて同等の自由権利を保ち、その体面を傷つけぬ」（同一〇三頁）という、最も理想的な状態を報酬税や徴兵保険よりも一層容易に実現できるのである。

松島は、自論に対する兵役義務「代償」設定との批判を予期し、「義務の神聖と家族補償金との有無とは、まったく別個の問題である。〔中略〕抑も私の主張は、幾多の兵士が抱く不純の意志を根絶せしめんためである。しかるに〔反対〕論者は、此抜本的主張を非難して、却て徴兵忌避の如き悪徳に培わんとするのであるか噫。或は、俸給、報酬の有無を以て、神聖と不神聖とを区別するのか。然らば兵士は少額ながら現在給料を受けて居るから、その職務は不神聖と言わねばならぬか」と現実論的見地から反論する。だいいち護国共済組合ならば、自分と自分の家族が七五年間かけて払い込む三〇〇円を、自分または家族が兵士となったさいに使うのだから、それは一種の自助であり、したがって軍が忌避するところの兵役に対する代償の設定、すなわち軍の「傭兵」化とはなりえない。この意味で、彼が掲げた護国共済組合構想――護国共済組合の設立と全国民の会員化による理念上の「国民皆兵」実現、すなわち兵役負担の〈共同化〉は、従来の兵役税論を理念的に克服するうえでのレトリックともみることができる。

このように松島が兵士の被る経済的負担に対して深い関心を抱き、護国共済組合構想を提起するに至った背景に、生活苦を強いられている兵士の家族遺族や廃兵に対する同情心があったことは疑いない。松島は日露戦中、帝国軍人後援会理事として全国遊説行脚の途上「往々親しく遺家族の惨状を見聞」し、のちの済南出兵のさいには救護受給を恥辱として自殺した応召兵三名の例を挙げ、軍事救護法など国家の施設は資金不足かつ「国民の自尊心を無視して、名誉ある兵士を救護賑恤の対象とする」（同九三頁）ので不適当と述べている。一方日露戦争時の廃兵に対しても、直接「誠に同情に堪えないと同時に、当年弾丸雨下の戦場に身命を賭して、奮闘した、勇士猛卒の中に、不幸にして相当の恩典にもれて悲惨の境涯にある者が、今猶一万七千を下らぬのかと、且つ嘆き且つ怪しんでいるのであります」(7)と語りかけているのである。

だがそうした実体験に基づく同情心は、第一次世界大戦以降における反徴兵制――志願兵制導入論や反軍運動、左翼運動の昂揚に危機意識を持ち、徴兵制の堅持を目指すという、一種の国家意識と結びついていたことも見落とされてはならない。松島は「某新聞紙の志願兵制論」(8)（前章に掲げた一六年五月の『東京朝日新聞』社説であろうか）など反徴兵制度論の台頭に対して、「志願兵制度や傭兵制に比較すると、概してその素質の優良なる、補充の容易なる、将また経費の軽少なる点に於て、最も卓越するのみならず、我国軍の伝統的精神に顧りみ、最も国情に適する」(9)徴兵制の維持存続が必要であり、そのためにも組合設立による兵士の待遇改善が急務と主張する。また左翼運動に関しても、

〔義務負担の過重という〕此等の感情は、将来必ず思想運動に悪用せられて、軍隊の内部に由々しき問題を惹起するであらう。その片影は已にシベリア事件や、近年頻々と出版せらるゝ左翼文芸に於て表白されて居るが、斯る事態は主として兵役に関する負担の甚しき不平均から起るのでなくして、何であらうか(10)

と述べ、その攻勢から徴兵制度を防御する必要性を強調している。後述するように、彼の議論が多数の軍人などの賛同を得たのは、かかる体制擁護的な性格によるものにほかならない。松島と同様の問題意識が第一次大戦後の陸軍、政府の側にも形成されていったことは、前章にて検証した、一九二九年の兵役義務者及廃兵待遇審議会設立に至る経緯からみても明らかである。

当然松島はこの審議会に多大な期待を寄せていた。彼は宇垣一成陸相の審議会第一回総会挨拶（本書一八六頁参照）に接して「その言辞極めて婉曲穏健なるも、その論鋒犀利能く時弊の肯綮に中り、また待遇改善の神髄に触れたる卓見として、私の衷心敬服讃歎する所」と高く評価しており、「審議会幹事の需めにより、該会に於て所見の一端を陳べて、参考に供した」(11)という。おそらくこのため、前章で述べた通り審議会の合同特別委員会で「市区町村毎ニ兵役扶助組合ヲ組織セントスル案」が議題に上ったが、具体性に乏しいとされてか答申に反映されることなく終わった。

二　護国共済会の設立

松島がその後も屈することなく「文書により、或は口頭を以て、其の意見を発表せられ、又老軀を提げて朝野の名士を歴訪して所説を開陳し、以て与論の喚起に努め[12]」た結果、一九三二年「護国共済会」なる団体が設立された。第一回創立委員会は同年一月一七日開催され、創立委員長に嘉納治五郎が就任した。創立委員は評議員の委嘱に努め、同年七月五日には第一回評議員会を開き、徳川家達を満場一致で会長に推戴した。副会長には陸軍中将大島健一、貴族院議員嘉納治五郎、公爵近衛文麿、海軍中将・男爵坂本俊篤の四名が就任した。評議員一〇八名（前記副会長四名を含み、会長徳川のみ含まない）の主な内訳[13]は、

①在郷陸軍将官二三名（含将官相当官、うち三名が帝国在郷軍人会幹部の[14]、一名が衆議院議員の、三名が貴族院議員の肩書きもあわせ持つ）

②在郷海軍将官一三名（うち二名が貴族院議員の、一名〈中野直枝〉が帝国在郷軍人会副会長の肩書きもあわせ持つ）

③衆議院議員二〇名（前記在郷陸海軍将官を含まない）

④貴族院議員二九名（同）

⑤実業家八名

⑥教育家二名

その他の評議員に、陸軍次官中将柳川平助、東京市長牛塚虎太郎、東京府知事香坂昌康、内務次官丹羽七郎、枢密院副議長平沼騏一郎、工学博士国沢新兵衛、文学博士建部遯吾、弁護士今村力三郎、陸軍歩兵大佐（兼在郷軍人会審議

員）吉田友吉、同中佐岡村銘太郎、早稲田大学総長田中穂積、協調会常務理事吉田茂、そして松島が帝国軍人後援会評議員の肩書で名を連ねている。なお、この中から理事として三井清一郎（理事長、陸軍主計総監・貴族院議員）ほか二〇名が選出された。

会の目的は、兵役に伴う家庭の経済的負担を公平ならしめる施設を建設し、「一致協力益兵制の基礎を強固ならしめ其円満悠久なる施行を保護[15]」すること、すなわち護国共済組合を設立して兵士の金銭的負担補償を実現し、国民の兵役義務履行を円滑化させることとされた。なお、ここでも「近年或は在営年限の極端なる短縮を唱へ或は必任義務兵制を廃し志願兵制を以て之に代ふべしと論ずるものがある（中略）世情人心の趨嚮斯の如くなるに際し若し之が根本的対策を確立することなく自然の推移に放任せんか、遂に或は我が兵制の精神的基礎を侵触することなきを保せざるべし[16]」と、志願兵制の排斥、徴兵制の堅持が強調されている。

護国共済会の設立は、「今や東亜の天地は砲煙に蔽はれ往年鮮血を以て獲得せる帝国の権益は将に蹂躙せられんとし更に軍人の崇高なる犠牲によらざれば之を恢復擁護し得ざるの秋に直面し全国民は在支出動軍人並に其の家族に対し絶大の尊敬と同情を捧ぐるを見る」、「此の国民的熱誠は啻に有事の際に限らるべきものにあらずして予め平時に於て整備し置かざるべからず[17]」と満州事変の勃発、国家権益の危機という事態に対処していくためには、松島の言う兵役義務負担の〈共同化〉、すなわち長期的視野に立った徴兵兵士の負担軽減――士気の向上が必須であるという支配層の問題意識の顕れであった。

三二年一〇月二七日の発会式には、首相、内相、陸相、海相、拓相などが祝辞を寄せた。いずれも「全国共済主義ヲ基調トシテ兵役義務者に後顧ノ憂ナク専心軍務ニ精励シ得ル様方途ヲ講ゼラレマスルコトハ洵ニ時宜ニ適セル好挙」（山本達男内相）と、その趣旨に賛意を示した。もっとも荒木貞夫陸相のみは会の趣旨に理解を示しつつも、「其ノ具現ノ方法ニ至リテハ之ヲ慎重ニ攻究シ苟モ遺策ナキヲ期セラルルハ勿論爾他ノ軍事扶助団体ト愈々協調ヲ密ニシ協力一致以テ有終ノ美ヲ収メラレンコトヲ望ム」と、護国共済組合そのものの制度化には慎重な態度を示している。

とはいえ、護国共済会に評議員でこそないものの、会理事として名を連ねている現役軍人・官僚が七名いることは注目される。その内訳は海軍省軍務局第一課長阿部勝雄大佐、海軍省経理局第二課長池田平作主計大佐、海軍省人事局第二課長奥伸一大佐、前陸軍省経理局主計課長大内球三郎一等主計正、陸軍省軍務局徴募課長黒田重徳歩兵大佐、陸軍省人事局恩賞課長中井良太郎歩兵大佐、内務省社会局保護課長・同局書記官藤野恵である。いずれも徴兵あるいは軍事救護に直接携わる部局からの参加者である。

海軍省人事局が会設立に際し、同会の趣旨を「兵役服務者ノ家庭ニ対シ兵役ニヨリテ蒙ル経済的打撃ヲ寛和(ママ)シ兵役服務者ヲシテ国民最高義務タル兵役ヲ完全ニ遂行セシメントスル崇高ナル趣旨ニ発スル」と評価し、「兵役ノ義務ト並進的ニ重要ナル事業ト云フ可ク海陸軍共之ヲ支援シ其ノ目的ノ達成ヲ期待シ居ル次第ニ候」と、大臣官房に対し入会者を募った文書(18)が現存している。松島の構想は、前掲の荒木陸相発言が示すように軍全体としての方針だったとは言えないにせよ、その内部に一定数の支持者を獲得していたといえる。

こののち護国共済会は、各市町村が護国共済組合設立時に準拠すべき規約凡例の作成に着手し、その調査委員を評議員中より選定、一九三三年一一月一一日に「互助共済施設調査答申」を作成している。理事会はこれをうけて「護国共済組合施設実施要領」を三四年二月二〇日評議員会に提出、議決された。この調査委員に前記の陸海軍省・内務省現役軍人・官僚七名も加わっていることは注目される。以後、会は小冊子『護国共済組合設立及指導要領』（三四年一〇月五日）、『護国共済組合規約範例』（一二月一五日）を作成、全国市町村に配布するなどの活動を展開している。

ここで個々の会評議員たちが、護国共済組合構想のいかなる点に賛意を表し会に参加したのかを、会副会長に就任した元陸相・陸軍中将大島健一と、調査委員として前掲『設立及指導要領』『規約範例』の立案に努力し、のちに護国共済組合法案議会提出の主役ともなった衆議院議員・助川啓四郎の二人を例に、より詳しく分析していこう。

大島が大隈・寺内内閣陸相として、武藤山治・矢島八郎らの軍事救護法・兵役税法制定運動の趣旨（＝徴兵兵士の「士気」向上）には一定度の理解を示しつつも、兵役税の導入には「兵役ノ名誉ト云フモノヲ深ク思ハヌト云フヤウデ、之ガ金ヲ出スト云フコトデアレバ、其ノ感ジハ益々減ッテ来ルデアラウト思フ[19]」などと反対し続けたことは、第一章にて詳述した。ところが大島は、松島の『兵役革新論』における「報酬税」構想に対し、「彼の兵役税創定抔と其建前を異にし、我制度の精神に悖らず、克く時勢の推移に応ずる適当の考案と存じ、賛意を表し」ている。なぜ兵役税は不可なのに「報酬税」や護国共済組合構想は賛成に値するのか。この点大島は三〇年六月、次のように述べている。

兵役税法ノ制定ハ、義務兵役ノ趣旨ニ副ハズ。若シ夫レ兵役ヲ免レタル者ニ課税シ、之ヲ服役ノ報償ニ充ツルトキハ、納税ハ事実ニ於テ服役ノ代償ト為リ、義務兵役ノ意義ヲ没却シ、其服役ハ、国費ヲ以テスル傭兵ト其帰趨ヲ一ニスルニ至リ、兵士自尊ノ心ヲ傷ケ、延テ国軍ノ利鈍ニ影響セン。現有ノ制度ハ最良ナリ。身ヲ以テ君国ヲ護ルハ、累祖伝統ノ美風ニシテ、国民崇高ノ道徳ナリ、共ニ移ス可ラズ[20]。

つまり兵役税は兵士の自発的奉仕という「義務兵役ノ意義ヲ没却」して傭兵制につながるので不可だが、護国共済組合は「叙上建軍ノ要綱ヲ経トシ、国民国防ノ本義ヲ緯トシ、我最良ナル制度ノ反翳タル留守家庭ノ困苦ヲ済ハントセルモノニシテ、実ニ国民協同ノ力ヲ以テ、義務兵制ノ完璧ヲ期セントスルモノ」、つまりあくまで全国民（兵士自身も含む）の相互扶助・自助であるから賛意を表するというのである。かつて兵役税法案に一貫して反対しつづけた大島が、松島の運動に積極的に参与した背景には、一九一九年六月予備役編入となり、比較的自由な立場からの発言が可能になったという事情もあるだろうが、やはり護国共済組合は「兵役義務共同分担主義[21]」に基づく国民間の相互扶助であり、だから兵役税や傭兵制とは理念的に異なる、という松島の主張に正当性を認めていたためと考えられる。

その他の陸軍出身評議員、歩兵中佐岡田銘太郎は松島の『兵士と其の家族の待遇を如何にすべきや』を補修した人物であるが、『偕行社記事』七四六（一九三六年一一月）所収の「兵役の本義に就て」と題する論考中、兵役税は「西洋における歴史に鑑み兵役代償の観念を導く虞があるので」その排斥は「我が国の兵役の本義に鑑みて当る然るべき事」としつつも、前年議会提出された護国共同組合法案（後述）は「国民の兵役に対する道徳的信念を物質的圧迫から動揺させない」「一種の無尽的相互扶助の方法」であるから研究に値すると述べている。彼もまた、護国共済組合は全国民間の「相互扶助」策であり、けっして「兵役代償」ではないという松島の論理に賛意を示しているのである。[22]

一方、衆議院議員助川啓四郎[23]は、護国共済会調査委員として全国市町村に頒布された「組合設立指導要領及護国共済組合規約範例」作成などの作業[24]を行うとともに、議会における組合法制化活動の中心となった人物である。

助川は福島県片曽根村の村長を務めた経歴を持ち、『農村問題対策』（一九三四年、立命館出版部）をはじめ農村問題に関する数冊の著書を著すなど、同問題に造詣の深い人物であった。彼は『農村問題対策』中、護国共済組合についてとくに一章「兵役義務負担の均衡と国民皆兵主義の徹底」をさいている。以下、その内容を見ていこう。

助川の護国共済組合構想が松島のそれと大きく異なるのは、現実性を考えてのことであろう、護国共済組合を一国規模ではなく各市町村ごとに設立する点にあった。そして加入者から「護国共同金」を徴収し、これを兵士の家族に支給する。彼がそのような構想を主張するに至ったのは、次のような理由による。

現時の世相を通観するに、不逞の徒横行し、彼等の魔手は、至る処に延べられつゝある。この場合吾が皇軍に彼等の魔手の潜入し来るべき寸隙と雖も残し置く事は、容認し能はざる処である。又奉国尽忠（マヽ）の至誠を軍人に冀ふならば、国民は相率ゐいて軍人の家族を擁護せねばならぬ。斯くして忠勇なる吾が軍人は何等顧念するところな

く欣然として国家の為めに死地に赴くのである。（四二五頁）

彼も松島と同様、兵役義務履行に伴う経済的負担に対する兵士の不満・不安が「不逞の徒」、すなわち左翼思想運動に乗ぜられるという危機感を持っていたことがわかる。ならば軍事救護法でしかるべく救護すればよいのかもしれないが、福島県片曽根村長在職中の経験に照らして「救護法ニ依ル恵沢ニ浴スルヤウナコトガアッテハ、兵隊ニ行ッテ居ル者ノ肩身ガ狭クナルト云フヤウナ考カラ、救護ヲ辞退スル向キモ少クナ(25)」かった。そもそも名誉ある義務兵に対して「救護救済」という考え方は不適切であり、彼らの経済的損失はあくまでも「国民共同の責任と負担に於て」補塡されるべきである。ところが現状では必ずしもそうなっていない。

実際に於ては、兵役義務に服し、国防の任に従ふ者は、国民中の一小部分であつて、多数の人間は全く与つては居らないのである。畢竟するに、吾が帝国の軍人二十六万人は吾が一千五百万戸の総代となつて、国家の重任に服して居るのである。国民皆兵の主義から見て左様に考へねばならぬ。吾々の身代りとなり、総代となつて、一身一家を顧みず、あらゆる困苦を忍んで精励努力し、国家有事の際は身を以つて国難に殉ぜねばならぬのである。（四二九頁）

助川は、兵役義務とは国民皆兵主義に基づく「偉大なる犠牲」であり、「其犠牲を頒ち合ひ度いと考ふるは国民的至情である」との建前を示してみせる。しかし国民全員の平等な服役は、軍の定員上からも不可能である。それでは護国共済組合を設立して、せめて兵士たちの「経済的負担の一部なりとも、共同にて分担する事と」し、「兵役に服せざる者も、間接に護国の責に服するを得、国民皆兵の実を明かにする」しか方法はないであろう。それは「国民皆兵主義の国是に鑑み、何人も異論のあらう筈はない」（四二八頁）というのが彼の考え方であった。

このように助川は、崇高なる兵役義務（それは国家の論理とも一致する）の全国民による〈共同化〉というレトリックを駆使して、兵士に対する金銭的補償の実現という自らの主張の正当化を図った。しかし護国共済組合とは、しょせんは兵士とならない者による、兵士とその家族への金銭の提供である。したがって軍の「傭兵」化とみなされ、兵役税と同様に道義的非難を招くのではないかという懸念は残った。そこで彼は、護国共済組合と兵役税が理念的にどう違うのかについての説明を行っている。

> 現役に徴募せられざる者に兵役税を賦課し、夫れに依つて得たる収入を徴募せられたる兵に給与すべしとの主張である。〔中略〕然しこれは、吾が国の徴兵制度を無視し、或は其根本精神を破壊するものであつて、我々の断じて賛成し能はざる処である。吾が国の軍人は傭兵になつてはならぬ。給料稼ぎの兵隊になつてはならぬ。国民の義務として、報公（ママ）の誠を致す処に吾が皇軍の精神はあるのだ。これを没却せしむるは皇軍の魂を奪ふものと謂はねばならぬ。（四三二頁）

助川は、兵役税を傭兵制につながるとして退けてみせる。それは逆に言えば兵役義務の「崇高性」を称揚することであり、崇高だからこそその「共同負担」化—護国共済組合が必要と主張する論拠ともなるであろう。そして彼は軍事救護法による救護すらも、崇高なる兵役義務負担者に貧民同様の「救護」「救済救助」を行うのは帝国軍人の名誉を傷つけ、適当でないと否定する。この消去法の後に残るのは、「即ち国民が自発的に、兵役義務負担者の負担を分担し、『兵に徴募されたる者にのみ苦労は掛けない。自分達も其義務を分担しようと考へ』、兵役義務を共同にて負担するの方途」（四三四頁）であるところの護国共済組合以外にない。

かかるレトリックの延長上で、兵役税的な義務負担〈公平化〉論は明快に否定される。すなわち護国共済組合設立の目的はあくまで崇高なる義務負担の〈共同化〉であって、兵役税的〈公平化〉ではないというのである。

> この組合が設立さるゝならば、自ら兵役義務の負担の不公平は除去せらるゝのである。若し〔物質的手段によって崇

高な〕兵役義務に関する負担の公平を期することが護国共済組合の精神なりと考ふるならば、これ全く本末を転倒したるものと言はねばならぬ。（四三五頁）

助川にとって、兵役税導入による義務負担〈公平化〉の概念を退け、護国共済組合による義務負担の〈共同化〉を主張することは、そのまま「兵役義務に対する金銭の授与」という、護国共済組合と兵役税との類似性を隠蔽することであった。なお、彼のこうした主張の背景には、前掲「兵役義務負担の均衡と国民皆兵主義の徹底」中には明記されないものの、徴兵兵士の「六割ガ農民ノ子弟、是ハ中産以下ノ農民ノ子弟ガ殆ド全部」であり「農村ノ負担ガ都市ニ比ベテ遥ニ重(26)い」という問題意識も存在していたことは疑いない。彼にとって護国共済組合設立は「農民問題」解決の一方策でもあった。

このように、松島剛の護国共済組合構想は助川によって、護国共済組合は兵役代償の設定ではなく、あくまで「国民皆兵主義」に基づいた崇高な兵役義務の〈共同〉負担実現が目的である、だから兵役税のような金銭の支出による義務負担の〈公平化〉とは理念的にまったく別であり、ぜひとも導入すべきである、という論理はそのままに、より精緻化され受け継がれることになった。この「国民皆兵主義」とは本来軍自身の掲げた理念なのだから、それを強調することで軍の反対も抑制できると考えたのだろう。

助川は、かつて自らが村長を務めた福島県片曽根村に護国共済組合を設立し、成功したと述べている。(27)彼は護国共済組合構想を法制化して、全国の市町村に組合を設立しようと考えた。次節では、その護国共済組合法案の議会審議の過程を検証する。

三　議会における護国共済組合法案

護国共済組合構想は護国共済会により法案化され、合計四回、助川らの名で議会提出された[28]。第一回目の護国共済組合法案は、第六五議会中の一九三四年三月一〇日、衆議院に提出された。全三章五六条および付則よりなる法案に記された、護国共済組合の組織・事業内容を概観しておこう。

組合の設立目的は、「国民皆兵ノ本義ニ鑑ミ互助共済ニ依リ兵役義務服行ニ必要ナル家庭ノ経済的準備ヲ整ヘ義務ノ遂行ニ遺憾ナキヲ期ス」（第一条）ことにあり、その区域は原則として全国の各市町村とする（第三条）。組合員となるのはその地区内に住所を有する法人またはその地区内に「一戸ヲ構フル者」とする（第四条）。その地区内の組合員有資格者の三分の二以上の賛成がなければ、組合は設立できない（第七条）。組合の監督は第一次に北海道町長官・府県知事が、第二次に内務大臣が行う（第五四条）。

組合の事業は、組合員より徴収した「護国共同金」を組合員または組合員の家族が陸海軍の兵（在営中下士官となった者も含む）となったさい、その家族に給付することである（第二八条）。東京に護国共済組合中央会を設立し、各組合の護国共同金額の決定などの指導を行う（第二八・四四・四五条）。このほか政府は護国共同金の一部を、道府県・市町村は組合経費の一部を補助するという規定も設けられている（第五・五二条）。

護国共済組合法案はただちに委員会に付託され、三月二〇・二二日の二日間にわたって審議されている。二〇日の委員会で法案の説明にあたったのは、提案者であり委員会の委員となった助川啓四郎である。彼は法案の趣旨説明に際してまず、我ガ国ノ兵制ヲ考ヘマス時ニハ、唯物主義的ナ考察ヲ挟ムコトハ固ヨリ許サレナイコトデアリマシテ、最高道徳ノ表現デアリ、国民的大義デアルコトヲ深ク認識シ、信念付ケネバナラナイ

と、兵役義務の「崇高性」を称揚してみせる。だからこそその負担は、護国共済組合により〈共同化〉されるべきだという主張への同意獲得のためにである。「併シ此信念ヲ強化スレバソレデ宜シイカト云フニ、左様デハ」ない。その兵役義務が、義務負担の過重に起因する兵士の不満、「懐疑ノ念」によって脅かされる危険性があるからである。けれども国民全員が兵役に就くのは「軍編成上已ムヲ得ナイ事情ニ基」づき不可能である。ならば残る方法は「護国共済組合ヲ設ケシメマシテ、組合員ノ互助共済ノ精神ニ基キマシテ、兵役義務服行ニ伴フ負担ヲ、共同ニテ負担セシメ」るほかないであろう。この意味で組合はかねて護国共済会が主張している通り「兵制ノ補備工作ノ一ツ」である。

このような助川の説明に対し、二つの点が問題となった。第一点は「此組合法案ガ通ル暁ニハ、ドノ程度ノ国防ノ後援ヲスルコトガ適当デアルカ」[29]、つまり組合は兵士家族に対し、どの程度の金銭を与えるのかという点である。助川は兵士の六割が農村出身であるところから、その兵士の代わりに人を雇うことを想定して、「此農家一人当リノ一箇年ノ雇人夫料ハ、是亦地方ニ依ッテ非常ニ違フノデアリマシテ、七十五円カラ百七十円程度ト云フヤウニ、非常ニ幅ガアルノデアリマスガ、平均ガ百三十円見当ニナッテ居ルノデアリマス、其位ノ負担ヲスルヤウニ致シタイ」と述べた。このあたりに、助川が軍事救護問題を農村問題としてもとらえていた様子がうかがえる。しかしこの説明は、組合の事業が金銭の提供にほかならないことを明白にすることでもあり、その点ををカバーするためか、助川は組合員の負担軽減の見地からと称して、半分程度を組合員の労力または現物で代替することも提案している。

第二点は、助川がおそらく最も懸念していたであろう法案の理念性の部分であった。

佐藤洋之助委員（政友会）は、同日「今日ノヤウニ地方経済ガ非常ニ圧迫サレテ、負担ノ過重ニ苦シンデ居ル際ニ於

テ新シク斯ウ云フヤウナ負担ヲ為サシムルト云フコトハドンナモノカ」と発言するなど、護国共済組合法案に否定的な立場をとっていたが、質疑に入ると護国共済組合の事業とは納金による「義務負担ノ均衡ガ主眼」ではないのか、実質的な義務負担の金銭による〈公平化〉、兵役と金銭（組合費）の同列化につながるのではないかと指摘した。これに対して助川は、次のように答えざるをえない。

私共ハコノ兵制ヲ考ヘル場合ニ、其ヤウナ負担ノ公平、均衡ト云フヤウナコトハ、余リ立入ッテ考ヘタクナイノデアリマス、即チ此（護国共済組合）制度ガ設ケラレマスレバ、国民全体ガ此兵役義務ヲ悉ク分担スルコトニナリマシテ、其当然ノ結果トシテ、此兵役義務ノ負担ガ均衡ニナルト云フコトニナルノデアリマス

助川は組合による兵役義務負担の〈共同化〉（〈公平化〉はあくまでその結果にすぎない）を唱えたが、では兵役負担を〈共同化〉するとはどういうことなのか、それを明言することは避けたかった。なぜならそれは兵士が兵役に就かない者より金銭の提供を受けて義務を履行するという、組合の実質的な兵役税的性格を暴露することであり、軍や政府の反対を誘発することにほかならないからである。

佐藤委員の理念面からの追及は続く。兵士たちが「給付ヲ受ケタルヤウナ感ジヲ与ヘラレ」、崇高な国家への自発的な奉仕という「軍人精神ガ動モスルト損傷シハシナイカ」という、明治以来何度も繰り返されてきた批判である。この疑問に対し助川は、次のように答えている。

第三者カラ救済或ハ手当ト云フヤウナモノヲ貰フノデハナイノデアリマス、全ク自力デヤッテ行クノデアリマス、我国ノ此伝統的ナ隣保相助ノ美風ヲ基調トスル、此オ互同士ガ組合費ヲ負担シテサウシテ仲間ノ者ノ負担ヲ、共同デヤッテ行クト云フノデアリマシテ、全ク他力デハナイ、自力ニ依ル制度デアリマスカラ、代償ヲ受ケルト云フヤウナコトニハ、全然ナラナイノデアリマス、（中略）代償ヲ得ルト云フヤウナ感ジハ、此制度ヲ以テスルナラ

バ、決シテ起リ得ナイコトデアル

助川は、護国共済組合が兵役に対する代償の設定、軍の「傭兵」化とはなりえない理由を、伝統的隣保相扶の精神に基づく兵役義務の「共同負担」という性格に求める。しかしその根拠は、個々の組合員のいわば心の持ち方に求められたにすぎず、実際にはその事業が兵士とその家族に対する金銭の提供であること、すなわち兵士が「代償ヲ得ルト云フ」印象を持ってしまう可能性を指摘されれば、十分な論理的反駁は不可能であった。彼は「余リ立入ッテ考ヘることを避けたいと述べるよりほかなかったのである。

このような理念的難点を指摘された護国共済組合法案に対し、政府・軍部は「只今直チニ、之ヲ立法化スルト云フ程度ニハ達シテ居ナイ」（土岐章〈陸軍政務次官〉政府委員）、「海軍部内トシテモ研究ノ余地ヲ存シテ居リマス」（久重一郎〈海軍中佐〉政府委員）と明言こそしないまでも反対の意志を表明した。それでも同法案は、組合が兵役義務の国民「共同」負担であることをより明確にするためか「護国共同組合法案」と改称されるなど、若干の修正を受けたのち委員会、衆議院本会議の審議を通過したが、貴族院では委員会審議が行われないまま、審議未了に終わっている。(30)

その後も護国共同組合法案は、監督官庁に陸海軍両大臣を含める、政府の補助規定を削除するなどの修正を受けつつ、「兵役義務服行ノ準備」を謳い議会提出され続けた。しかし衆議院にて審議未了となった二回目の提案時を除き、衆議院ではほとんど論議もなく可決、貴族院では委員会も開催されないまま審議未了という状況を繰り返すことになる。

護国共済（同）組合法案に軍部・政府が反対し続けた明確な理由を探るのは、管見の限り議会議事録程度しか史料の現存していない現状では困難である。ただ同法案に直接関係したものではないが、参考になると思われるのが一九三九年二月一四日、衆院兵役法改正法律案第一読会での議論である。このとき最上政三議員（民政党）より、陸軍はこれまでの経緯からみて反対かもしれないが、兵役税を導入する意志はないかとの質問が出された。一億円にも達する軍事扶助料、援護費用確保のため「特別会計ヲ以テ兵役税ヲ課シタラ良イト思フ、其ノ兵役税ヲ以テオ互ニ困ツテ居ル所ノ家族ヲ救フトシタナラバ、是ハ相互扶助デモアリ、又国民皆兵ノ趣意ニモ適シテ居ル」というのがその主張であった。相互扶助、国民皆兵を謳っている点で、護国共同組合法案の趣旨と通底するものがある。しかし板垣征西郎陸相は「本問題ハ兵役義務ノ本質ニ鑑ミマシテ、非服役者ノ課税ニ付テハ御同意ガ出来ナイ」、兵役義務者の待遇改善は兵役義務者及廃兵待遇審議会の設置、軍事救護法改正などの具体策を実行中であるとして明確に拒否している。まさにこのとき、最上が従来の陸軍の態度として指摘した「兵役ノ義務ヲ税金ヲ以テ代ヘルト云フコトハ、軍人精神ニ反スルモノデアル、或ハ又傭兵制度ニ堕スル虞ガアル」というのがその理由であったろう。

確かに当時の軍も、護国共同組合法案に同意すれば、助川らの言う通り、国民の円滑な兵役義務履行の促進が可能になると考えたかもしれない。しかし組合の実質的な目的とは、兵役税と同様、兵士とならない者による全兵士家族への金銭提供であった。

この一点において、実際に徴兵制度を運用していかねばならない軍の側にすれば、それは国民の兵役に対する〈自発性〉理念の明確な否定、「傭兵」制度化を意味し、したがって受容不可能な性格を有していた。法案の審議時にも、「今直チニ法制化スルコトハ或ハ新ニ兵役税ヲ設ケルヤウナ傾ハアリハセヌカ」(31)という発言が軍の側からなされたことは、この間の事情を物語る。こうなると軍にとって護国共同組合法案に反対し続けることは、兵役義務を国民が履行するということの必然性・正当性を、国民に対して再度強調することでもあったのではないだろうか。この時期、町村レベルで独自に事実上の兵役税を導入しようとする動きがあったが、陸軍はそうした小さな動きですらけっして見逃しはしなかった。一九三五年、福島県石城郡町村長会が「入営兵中貧困者遺族救済資金として〔未〕入営兵から一定の寄付金を一律に納入させる事を決議した」のに対し、福島連隊区司令部は一二月五日「我国建軍の主義を没却し且つ崇高なる兵役観念を銷磨するものであつてその害計り知れざるものがある」との談話を発表している[32]。この構想のその後は不明だが、ここまで強い反対を受けてはおそらく断念されただろう。

同時期、これ以外の陸軍における兵役税観を示す史料として、一九三六・三七年の二回、大蔵省内で行われた兵役税導入を巡る議論がある。前掲「濱田徳海資料」（濱田は当時主税局事務官）中に、まず三六年のものとして、兵役税法の素案が二点存在する。一つは「兵役税綱要（昭和一一、八、五）[33]」と題する文書で、「徴兵適齢ニ達シ現役ニ服セザル男子」（不具廃疾者などをのぞく）より年額一〇円を、所得税納税者には年一〇円を加重して徴収、年七三五万円の税収を見込んでいる。兵役負担者が「私経済上不公平ナル立場ニ在ルハ事実」であるから、非服役者に納税させてこれを緩和したいというのが案の趣旨であった。

もう一つは「企国第二十二号　壮丁税創設綱要（昭和一一、八、一五日）」と題する案（文書番号に「企」とあるので、あるいは企画院の作成案か）で、義務負担の「不公平ヲ可及的緩和セムトスルハ国家当然ノ義務ナル可シ」と現役に服さない男子には二年間年額五円を、所得税納税者には一〇円を別に付加して課税する。各年の税収見込額は記されていない。本史料中の趣旨説明に「一面又財政上寄与スルトコロ尠シトセス」との一文があり、別の史料には「昭和十一年八月馬場蔵相ニヨル税制改革ニ際シ壮丁税ノ議アリタルモ陸軍、海軍両省ノ反対ニヨリ具体案作成ニ至ラズシテ止ム[34]」とある。二つの兵役税案は「軍財抱合」の馬場財政下における増税策の一環として作成されたにもかかわらず、陸海軍両省の反対で実現しなかったことがわかる。

翌三七年、新たに「壮丁税（仮称）要項試案（昭和一二、一一、一九）[35]」が作成されている。「帝国臣民ニシテ常備兵役ニ服セザル男子」より一般税率年額六円を、所得税納税者には別途年収に応じて五～三〇〇円を付加し徴収、収入見込額は年一〇〇〇万円、「目的税トシ軍事救護施設費ニ充当スルコト」としている。この「要項試案」は「反対論（否トスルモノ）ニ対スル駁論」を掲載、。兵役税は兵役義務の神聖を冒瀆するというが、非服役者にも経済上の負担をもって栄誉ある国防義務の一端を負担させるものである、。徴税により兵役義務負担の公平をはかるのは不当との説があるが、非服役者が税負担をもって「国防義務の一端を担う栄誉」を獲得したいとする切望に答えるのが目的である、。現下のような事変中に兵役税を創設するのはふさわしくないとの議があるが、かかる時期においてこそ「全国民ガ斉シク国防義務ヲ負担スベキ」である、といった対陸海軍〝理論武装〟を試みている。

しかし同案にはさっそく、陸軍より反対意見が寄せられた。陸軍省は翌三八年一月「兵役税ニ就テ（陸軍省第七三議会用想定問答抜粋　昭和一三、一、一九）」と題する文書を大蔵省に送付、[36]「一、納税ハ兵役ノ代償トナリ神聖ナル兵役ノ意義ヲ没却スルニ至ル」、「二、服役ニ依リ幾何ノ経済的損失アリヤ其ノ判定ハ極メテ困難ナルノミナラス若シ之ニ課税スルトセハ担税力ノ有無ニ拘ラス納税ノ義務ヲ負担スルコトトナルヲ以テ一種ノ人頭税的悪税ナリ若シ之カ弊害ヲ除カム為担税力アル有産階級ノミニ課税スルトセムカ担税力乏シキ国民大衆中ノ非服役者ハ兵役ノ義務ニ参与セサルノ奇現象ヲ生シ愈々必任義務ノ本義ヲ没却セムニ至ルへシ」、「兵役義務者ノ待遇ニ付テハ当局ニ於テモ特ニ意ヲ用ヒアル処」で軍事扶助法などによる「扶助ノ拡充」に努力中である、と従来通りの「国民皆兵主義」堅持論を展開している。

こうした陸軍省の強い反対に、結局大蔵省は「本税ハ恒久税トシテ制定スベキ性質ノモノト認メラルルノミナラズ、遡及的ニ課税スル等ノ方法ヲ採ラザル限リ施行当初ニ於テハ税収入ノ多キヲ期待シ難キヲ以テ将来税制ノ全般的整理ヲ実行スル場合ハ兎角、事変費支弁ノ為ノ臨時的租税トシテ本税ヲ創設スルコトハ適当ナラザルモノト認メ今回ノ増税案中ニ採用セザリシ次第ナリ[37]」との理由で兵役税導入を断念している。ちなみに、同時期議会で議論の対象となっていた護国共同組合法案への言及はない。

以上の経緯から明らかになるのは、軍事費調達のため新規財源を獲得したい大蔵省と、明治以来の「国民皆兵主義」堅持の方針を崩さない陸軍省との対立の図式、そして陸軍における「国民皆兵主義」堅持という理念的要請は、戦時下における軍事費確保という現実的要請に優越していたという事実である。

しかし陸軍も前掲史料中「兵役義務者ノ待遇」には「特ニ意ヲ用ヒ」ている、とわざわざ述べているように、経済的負担過重に起因する兵士たちの不満にはなんらかの配慮の姿勢を示す必要があった。そのため「国民皆兵主義」の名のもとに経済的待遇改善を主張する護国共同組合法案に反対することは、やはりひとつの自己矛盾であった。土岐章陸軍政務次官の「本施設〔護国共同組合〕ノ根本精神ニ付キマシテハ同意スル所デアリマス」[38]という言葉が示すように、法案の趣旨すなわちなんらかの方法による兵役義務負担〈共同化〉と、それを通じた兵士の不満抑制の必要性だけは、陸軍としても是認せざるをえなくなっていたのである。

なお、護国共済組合法案の提出時、前出の民間徴兵保険会社四社は「此の法案が通過するとなれば、民間の徴兵保険事業は、一頓挫を来すこと、なる」として、連名をもって陳情を行った[39]。おそらくはこのため、二〇日の衆院委員会で石井銀弥保険事務官は組合の設立よりも徴兵保険会社の活動を促進した方が得策ではないかとの質問を行った。しかしこれに対しては、篠原義政委員が徴兵保険には今後も金銭的に余裕のある者が加入していくと思われるから問題はない旨の答弁を行い、議論はそこで打ち切りとなっている。陸海軍省政府委員とも、この点についてはとくに発言していない。

四　銃後奉公会の設立と「兵役義務服行ノ準備」

合計四回議会提出された護国共同（済）組合法案は結局実現されることはなかったが、日中戦争勃発後、全国各市区町村が独自に設立していた軍事援護団体が一九三九年四月以降、「銃後奉公会」に一律改組されることで、法案の趣旨は一部ではあれ政策として実行されることになった。各省間の交渉過程は史料的限界により残念ながら明らかにしえないが、前掲厚生ほか四省次官通牒中、最終的に会の事業とされたのは「1．兵役義務心ノ昂揚、2．隣保相扶ノ道義心ノ振作、3．兵役義務服行ノ準備、4．現役又ハ応召軍人若クハ傷痍軍人並ニ其ノ遺族、家族ノ援護、5．労力奉仕其ノ他家業ノ援助、6．弔慰、7．慰問慰藉、8．犒軍（演習・行軍中の部隊の接待）、9．身上及家事相談、10．軍事援護思想ノ普及徹底、11．其ノ他必要ナル事項」であった。

このように多岐にわたる銃後奉公会の事業実態とその意義は次の第三部において詳述するが、本章では「兵役義務服行ノ準備」すなわち護国共済組合構想の掲げた理念がどこまで「政策として実行」されていったのかという問題に限定し、先行して検証していきたい。

政府の銃後奉公会に対する姿勢をうかがう史料として第一に挙げられるのが、前出の厚生省軍事扶助課長福本柳一「銃後奉公会に就て」である。本章冒頭でも若干述べたように、銃後奉公会は単なる戦時応召者・戦死者数拡大への対応策（＝軍事援護）に止まらず、「各家庭単独に行ふは国民生活の現状より見て相当困難である」兵役義務服行のための経済的準備を「平戦両時」を通じて行うべき団体としても位置づけられていた。福本は、政府は「〔護国共同組合〕法案の趣旨は極めて結構であるので、法律案提出者其の他関係方面とも協議を遂げ、其の精神とする所を銃後奉公会

の指導精神の中に採り入れ[40]」たと自ら言明している。ではその「指導精神」とはなにか、という点に関して彼は、

国民は一旦緩急あらば一身一家を顧みず兵役の大任に服さねばならぬ崇高且絶対の義務を有しているのである。従つて国民は平素より常に之に備ふるの精神的経済的準備を整へ、自ら兵役義務服行に備へると共に、更に進んで隣保相扶け兵役義務服行者に対して後顧の憂なからしむるは極めて当然のことである[41]

との説明を行っている。このことからもわかるように、護国共済組合構想が標榜した経済的負担〈共同化〉の理念は、そのまま受け入れることはできないにせよ、先の見えない戦争の中で兵力動員を継続せねばならない政府・軍にとっても無視できるものではなかったのである。

福本は銃後奉公会と民間軍事援護の「中枢団体」恩賜財団軍人援護会[42]との関係に関しても、

銃後奉公会は自力を以て兵役義務服行の準備を整へんとするを目的とするのであつて、所謂軍人援護事業よりも広汎なる事業を行ふものであり、而も軍人援護事業に付ても国の助成に依るものもある等の理由に依つて、形式上〔軍人援護会各道府県〕支部の〔市区町村〕分会とすることは適当でないからである[43]。

と説明している。このことも、政府が銃後奉公会を単なる「軍事援護」団体ではなく、平戦両時を通じ発生する兵士の経済的負担を国民が〈共同化〉するための団体として位置づけていたことを示していよう。なお、銃後奉公会が法制化されなかったのは、国民皆兵の本義に基づく「兵役義務服行ノ準備」が「何等の強制に依らず国民の信条に基く自発的発露[44]」により行われている、との建前を強調したかったためとされている。

佐賀前掲論文は、同会の会費が兵役逃れのための一種の「代償」となりかねない点に関して、会費が「ごく低額の一律」とされたことから、それは形式上は回避されたと述べている。しかし福本は「均等割による会費の徴収は貧困世帯にとつては負担過重となり、富裕世帯にとつては軽きに失して、実質的負担の不均衡を来す虞があるから、会員

の富の程度により所謂応分の会費を徴収することが当を得たものであ」（八・九頁）ると述べており、「一律」との指示が政府側から出された事実は存在しない。福本は「国防は国民協同の任務たるの点」[45]を重視しなくてはならぬと発言しており、このことからも兵役義務負担の「不公平」に対する社会的批判への配慮を見てとることが可能である。

護国共同組合法案・銃後奉公会と直接の関係はないが、この時期の軍の兵役負担「均衡」に対する考え方を示す史料に、同会設立と同じ一九三九年発行の陸軍士官学校刊『軍制学教程』がある。同書は「必任義務兵制度」運用上「顧慮スベキ事」のひとつに「兵役義務ハ勉メテ之ヲ均等ニシテ国民皆兵ノ実ヲ挙グルコト」があるとし、

軍隊ニ於テ服役スル者ト郷閭ニ在リテ準免役的ニ服役スル者トノ間ニハ労力経済上ニ於テ大ナル負担ノ軽重アリ而シテ此ノ負担ノ不均衡等ニ拘ラズ報償ナクシテ甘ンジテ兵役ニ服セシムルヲ得ルハ一ニ献身殉国ノ大節ノ発露ニ俟タザルベカラズ〔ト〕雖モ亦一面ニ於テ兵役義務ノ負担ヲ努メテ均等ニシテ徴否ノ採決ヲ至公至平ナラシムルニ於テ始メテ其ノ目的ヲ達シ得ベシ　負担均等ノ目的ヲ以テ壮丁税ヲ課シアル国アルモ兵役ノ精神上面白カラザル結果ヲ生ズル虞アリ（二一・二二頁）

と解説している。兵役義務の「献身殉国ノ大節」を尊重して兵役税、義務への「報償」設定は否定しつつも、「労力経済上」からみた負担の不公平性の存在自体は事実と認め、対策が必要と述べている。本書第二部第一章一四二頁に掲げた大正初期の『軍制学教程』や、「彼の国際的に徴兵制を撤廃せんとするが如きは、徒に富国と貧国との兵備の格差を大ならしめ」る、「徴兵制度は軍制の骨幹たるのみならず、又国家の命脈たり」などと徴兵制度の存在意義を大上段から説くことに努めていた第一次大戦後の『軍制学教程』[46]にはなかった記述である。とくに「壮丁税」（兵役税）に否定的ではあれ言及している点も併せて考えれば、大量の兵力動員を伴う長期戦を強いられていたこの時期の軍が、顕在化してきた兵役負担の不公平に対する兵士の不満（その解消策としての兵役税導入論）を無視できなくなった証左と

考えてよいだろう。「第一線に於ける苦労を思ふならば、遺家族は別として応召者の居ない家、殊に中産以上の者並に軍需工場の従業員等には増税のみでなく、特別の銃後義務を課して積極的に国民的奉公を為さしむべきであらう」(47)といった帰還兵の声もようやく聞こえていたのである。

この銃後奉公会の設立をもって、日露戦後以降延々と議論されてきた兵役義務負担〈公平化〉論は、護国共済組合という負担〈共同化〉論へと発展、日中戦争の長期化という事態を契機に「平戦両時」すなわち戦争終結後をも見すえた国家の施策としてひとまず実現されたようにみえる。これをうけて護国共済会は三九年一月、「〔政府が〕本会ト緊密ナル連携ヲ保チ、互ヒニ腹蔵ナキ意見ノ交換ヲ行ヒ」、「本会多年ノ主張ハ、悉ク政府ノ採用スル所トナリ、本会ノ目的ハ十分ニ達成セラレタ」(48)として解散した。

かくして、銃後奉公会は「平戦両時」にわたる「精神的経済的」な「兵役義務服行ノ準備」を行う公的団体と規定されたのであるが、問題はそれが末端でいかに実行されたかである。

一九四〇年、軍事保護院（厚生省外局）事務官青木大吾が著書で試みた例示によれば、「兵役義務服行ノ準備」とは「軍服類の給与または経費補助・〔入営時の〕餞別の贈呈・戸籍の整理・陸海軍志願者の旅費の給与または補助・貯金の奨励助成等」(49)であり、入営者家族への直接的な金銭給付は挙げられていない。なお青木の記述は、軍事保護院の公的な指示として各府県に伝達されたらしく、広島県学務総務両部長発、各市町村長宛通牒「銃後奉公会ノ運営ニ関スル件」（一九四〇年二月一三日）(50)は、会が行う事業の「細目例」として、彼の例示と同一の事業例を示している。

個々の会における事業の全体像は次の第三部で詳しく取り上げるが、ここでは恩賜財団軍人援護会・軍事保護院が四二年一〇月五、六日、全国各道府県より優良銃後奉公会・隣組八九団体を選抜して東京で表彰すると同時に、各団体代表者から事業状況を報告させた事例(51)から、「兵役義務服行ノ準備」事業の内実を先行して観察してみよう。各会が報告した功績内容は、さきの四省訓令が挙げた事業項目ごとに整理して報告されているものと、単に過去の事業内容を要約しただけでどの事業項目に当てはまるのか不明のものがあり、そのうち明確に何らかの「兵役義務服行ノ準備」を行ったと報告しているのは、次表中の七町村銃後奉公会である。上段はその具体的な事業内訳である。

歓送迎・餞別贈呈	北海道神楽村・群馬県粕川村
軍服・奉公袋贈呈	北海道神楽村・群馬県粕川村・富山県井波町
壮丁予備教育（未入営兵・未召集兵など対象）	岩手県岩谷堂町・佐賀県南有明町・長崎県佐世保市
壮丁健康診断・検査	東京府武蔵野町・富山県井波町・佐賀県南有明村・長崎県佐世保市
入営兵応召兵付添人の旅費助成	群馬県粕川村
軍友会・在郷軍人分会助成	佐賀県南有明村

これを見る限り、おおむね青木の「例示」に即した事業が実施されており、かつて助川啓四郎たちが主張したような意味での兵士の所得補償は、「優良」とされる会においてすら実現していない。その背景には、たとえば広島県が一九三九一月二六日付学務・総務・経済各部長発各市町村長宛通達の中で「銃後奉公会ノ会費、寄付金等ニ於テ負担過重ニ陥リ又ハ兵役代償ノ観念ヲ生ゼシメザル様留意スルコト」(52)とわざわざ指示していることからわかるように、会費があまり高額に上っては、兵役に就かない者が金を払って兵役を免れているとの印象を与えかねないとの懸念があった。そして同時に、兵士家族にあまりに多額の金銭を受給させ、義務履行に対する「代償」との印象を与えてはならないとの配慮もあったと想像される。結局、「兵役義務服行ノ準備」とは兵役義務の過重性、「不公平」性批判に対し政府として〝配慮〟を示した、という程度に終わった観がある。

その兵役義務と「代償」の関係について、軍事保護院援護局長曽我梶松は一九四一年ごろ、

支那の如き傭兵制度の国にあつては、月給を貰ひ手当を貰つて居るのでありますから、怪我をしようが、それに対して何等報酬を貰つて居りません。また別段に要求が出来ない訳であります。欧州辺りのやうに志願兵制度を基にして居るやうな場合に於きましては、相当手当をやらないといけない、だからして、アメリカにしても其の他の国々にしても、軍人の手当といふものは沢山やつて居るのであります。又帰つて来て将来自分達の生活が保証されるといふやうなことがないと中々志望して行かない。〔中略〕所が日本では日本の国を護るといふことは国民の当然の義務である。或は本然の要求であるといふやうなことになりますので、国家は国民の一人一人が当然護つて行かなければならないのであります。謂はば国民として当然の仕事でありますから、之に対して第一線に行く人も報酬を貰ふとか手当を貰はうとか、後の面倒を見て貰はうとかいふ心を持たないのであります。(53)

と語っている。むろん、この発言の要点は「〔兵士たちの労苦・犠牲は〕国家に対する当然の仕事としてやつたことであるからして、その為に国家を恨むとか国家に対して賠償を要求するといふやうなことは、日本人の頭には全然ないのであります。又あつてはいけない」、「日本に於ては第一線に行く将兵に対しては色々援護の仕事をやつて居るのでありますが、これは要求に基いてやるのでありませんし、又国家の義務としてやつて居る訳でもないのでありまして、謂はば広い意味に於ける国防の一つの手段、第一線の武力を強化し、国防の充実を期するためにやつて居るに過ぎない」という建前を強調して、国家の財政負担を少しでも軽減することにあったのだろう。だが、その建前を正当化するために、日本は外国と違って兵役は国民の自発的義務である、金のためにやる「傭兵」制ではないという、明治以来一貫して軍が強調してきた原則がこの時期に至ってなお持ち出されているのは重要である。

軍人ではない政府の官僚が、その原則をどこまで尊重していたかはわからない。ただ、彼が自らの職務遂行に際し

てそうした原則を持ち出してきたのは、当時においてそれが疑うべくもない統治上の〝正義〟であったからにほかならない。そうした政府にとって、銃後奉公会の金銭的援護は兵役義務履行者一般に対する所得保障でなく、あくまで困窮者のみを対象とした「生活援護」にとどめられるべきだったのではなかろうか。

おわりに

護国共済（共同）組合構想は、兵役義務履行に伴う金銭的損失補塡実現のために、既存の兵役税構想――義務負担の成年男子間における〈公平化〉策が持つ理念的難点、すなわち兵役義務と納税行為の同列化という批判を克服する、全国民による義務負担の〈共同化〉というレトリックとして一九二〇年代に一民間人によって案出された。かかる主張の背景には、同年代以降における反徴兵制・反軍思想の昂揚と、それが徴兵兵士までに波及することへの危機感があった。

この義務負担〈共同化〉という主張は、たとえば陸軍次官・陸相として兵役税法案に反対し続けた大島健一が、兵役税による義務負担〈公平化〉は不可だが、報酬税やその「組合化」である護国共済組合構想は義務負担の〈共同化〉策であるから賛成、と述べたように、反兵役論者、陸軍軍人に対する一定度の説得力を有してもいた。同構想は、助川啓四郎の発言にみられるように、一種の農村問題対策としても意識され実現が目指されていった。ただし助川にしても、当該期の思想運動昂揚への懸念は共有されていた。

その意味で、兵役税―護国共済組合構想をめぐる論争は、当時の国家・社会に存在したふたつの兵役義務観を浮き彫りにしたと言える。ひとつは義務に対する「代償」の設定はあくまで不可だが、組合設立による「自助」との名目さえ立てば、義務兵一般に対する金銭の提供を認めてその不満を緩和したい、そうでなければ徴兵制度の維持存続は図れないという現実論的考え方、もうひとつは、兵役が金銭で免れうるという印象を国民に与えるのは妥当でない、兵士全体に対する金銭の提供は兵役の賃労働化、「傭兵」化であるから認めない、あくまで兵役は本来国民が自発的に務める義務との建前を堅持すべきという理念論的考え方である。

結局国家的方針として敗戦まで生き続けたのは、明治以来脈々と生き続けてきた後者の考え方であった。確かに一九三九年の銃後奉公会設立に際して、長期戦下の兵役負担「不公平」に対する兵士の不満を無視できず、「兵役義務服行ノ準備」という護国共済組合構想の趣旨が取り入れられた。しかしそれは政府としてのいわば〝配慮〟のレベルにとどまり、実際には「兵役ニ服セザルノ故ヲ以テ特別ノ負担ヲ為サシメ」ないようにとの指示が出されたり、個々の会における「兵役義務服行ノ準備」の実態が所得補償には程遠いなど、会の「兵役税化」は慎重に排除されたのである。軍は最期まで、自己の存立基盤たる徴兵制の〝正当性〟保持に神経を尖らせ続けたのであった。

註

(1) 佐賀前掲「日中戦争期における軍事援護事業の展開」四五・四六頁。

(2) 福本「銃後奉公会に就て」(『斯民』三四―一二、一九三九年)五・六頁。

(3) 松島は一八五三年生れ、もと紀州藩士。十一、三歳ごろより洋学・兵学を学び、『社会平権論』を訳した。一九四〇年八十七歳で没。以上は『明治文化全集第二巻　自由民権編』所収の『社会平権論』解題(下出隼吉執筆)による。

(4) 松島『兵士と其の家族の待遇を如何にすべきや　町村振興の社会政策　護国共済組合案』(自衛社、一九三〇年)一一五頁。帝国軍人後援会については本書第二部第一章註(19)参照。

(5) 郡司前掲「軍事救護法の成立と陸軍」一三頁。

(6) 松島剛『兵役の合理化』(大和商店、一九二八年)一二一・一二三頁。

(7) 松島が一九三一年九月三日、待遇改善を求め断食を行おうとした各府県代表廃兵約七〇名に対し、約一時間行ったという演説の一節。この断食は演説の効果か結局中止となった。以上は、志村栄太郎編『廃兵の断食祈願再挙に対し松島剛氏の演説要旨 付兵役共済組合の二三要点』(一九三一年)による。

(8) 松島『兵役の合理化』四五頁。

(9) 松島『兵士と其の家族の待遇を如何にすべきや』本論二頁。

(10) 同三〇頁。なお、彼の構想に対して公刊された反響としては、吉野作造「松島剛翁の「兵役革新論」を読む」(『中央公論』一九二七年九月号)が挙げられる。吉野は松島の「報酬税」論を紹介したうえで、「斯くして兵役は事実上初めて国民一般の義務になる」と賛意を表している。

(11) 松島『兵士と其の家族の待遇を如何にすべきや』緒論三頁。

(12) 嘉納治五郎「護国共済会設立経過報告要旨」(一九三二年七月五日、於第一回評議員会、『護国共済会会報』一〈同会、一九三四年八月一日〉所収)七頁。

(13) 前掲『護国共済会会報』一三〜一八頁。

(14) 鈴木荘六(帝国在郷軍人会会長)、和田亀治(同副会長)、赤井春海(同総務理事)。

(15) 「護国共済会の目的に就て会長公爵徳川家達氏の口演要旨」(一九三二年七月五日、於第一回評議員会。出典は防衛庁防衛研究所図書館所蔵『昭和七年 官房雑綴二止』〈海軍史料〉)。

(16) 「護国共済会趣意書」(日付無し、出典は前掲『護国共済会報 第一号』)。

(17) 前註に同じ。

(18) 表題なし、一九三二年一二月一五日付。前掲『昭和七年 官房雑綴二止』に所収。

(19) 第三六議会衆院兵役税法案委員会第二回(一九一五年六月四日)における発言。

(20) 前掲『兵士と其の家族の待遇を如何にすべきや』巻頭六頁の大島による序文。

(21) 前掲『兵士と其の家族の待遇を如何にすべきや』「著者の後序」一一六頁。

(22) 岡田は『偕行社記事』六四三(一九二八年四月)「兵役保護に関する新主張に就て」でも、松島の『兵役革新論』について国民の兵役観悪化防止の見地から賛意を表している。

(23) 助川は福島県選出、政友会に所属。著書に『戦時体制下の農村対策』(日本青年教育会出版部、一九三八年)、『決戦時の農業構造』（昭和刊行会、一九四四年）などがある。
(24)　護国共済会『護国共済会事業経過報告』（一九三九年一月一五日。国立国会図書館憲政資料室所蔵「坂本俊篤関係文書」所収）「第四　指導ニ就テ」を参照。
(25)　一九三四年三月二〇日、第六五議会衆院農村救済負担均衡法案外一件委員会での発言。
(26)　前註と同じ衆院委員会における、助川の同調者篠原義政委員の発言。都市と農村の負担不均衡是正は、助川前掲『農村問題対策』における主題の一つである。
(27)　助川は前註と同じ衆院委員会にて「昨〔一九三三〕年七月二三日本員〔助川〕ノ居村ニ組合ガ設立セラレマシテ、極メテ良好ノ成績ヲ収サメツ、アル」と述べている。なお前掲『護国共済会報』二一・二二頁によると、片曽根村以外にも岡山県岡山市など一七の市町村に護国共済組合が一九三四年三月から七月にかけて設立され、それとは別の三六町村に設立が内定されていたという。
(28)　助川は一九三七年三月二八日、第七〇議会衆院防空法委員会（ほか四件同時付託）における護国共同組合法案（護国共済組合法案より改称）提案理由説明の中で、「此提案ハ私達ノ思イ付キデ提案シタ案デハナイノデアリマシテ、率直ニ申シ上ゲマスト護国共済会ノ成案デアルノデアリマス、〔中略〕共済会デハ先年護国共同組合法ノ草案ヲ、特別委員ヲ挙ゲテ研究ヲ致シタノデアリマス」と述べている。
(29)　篠原義政委員（政友会）の発言。
(30)　斎藤実首相は三月二五日の貴族院本会議で法案について「慎重考究致シマスル考」を述べ、護国共済会副会長坂本俊篤も「何卒此法案ノ前途ニ関シマシテハ深甚ナル御配慮ヲ御願ヒ致シマス」と述べたが、結局のところそれは徒労に終わった観がある。
(31)　一九三五年三月二三日、第六七議会衆院地方財政調整法外一件委員会における窪井義道政府委員（海軍参与官）の発言。
(32)　『常磐毎日新聞』一九三五年一二月七日「軍人後援の寄付募集不可　建軍の精神に反すと連隊区で横槍」。
(33)　濱田徳海資料二―六―一「兵役税及び壮丁税」三。
(34)　濱田徳海資料二―六―一「兵役税及び壮丁税」五「我国ニ於ケル壮丁税問題ノ経過」。同史料によれば、一九三〇年井上蔵相による税制改革のさいも「壮丁税」導入の議が起こったが、陸軍省の反対にあい、資料収集のみで具体案作成に至らなかったという。
(35)　濱田徳海資料二―六―一「兵役税及び壮丁税」一七。
(36)　濱田徳海資料二―六―一「兵役税及び壮丁税」一二。本史料には陸軍省軍務局員兼企画院事務官・陸軍航空兵中佐佐藤賢了の名刺が添付してある。

（37）濱田徳海資料二―六―三「帝国傷兵保護院法案関係」三「想定問答」。大蔵省罫紙にタイプ印刷、議会答弁用に作成された資料の一節か。本史料の作成時期であるが、史料の一節に「昨年七月独逸ニ於テ兵役税ヲ創設」とあり、濱田徳海資料「兵役税及び壮丁税」六「昭和二（二か）年十月　各国兵役税ニ関スル調査　主税局国税課」によればドイツは一九三七年七月「国防税法」を制定しているので、翌三八年中の作成と推定される。

（38）一九三五年三月二三日、第六七議会衆院地方財政調整法外一件委員会における土岐章政府委員（陸軍政務次官）の発言。

（39）『東邦生命相互保険会社五十年史』（一九五三年）三八五頁。

（40）福本前掲「銃後奉公会に就て」五頁。

（41）同三頁。

（42）軍人援護会は三八年一〇月三日の「軍人援護に関する勅語」をうけ、同年一一月五日、帝国軍人後援会など既存の大規模民間援護団体を統合して設立された。陸軍大将奈良武次を会長に、各道府県・植民地に支部を置き（支部長地方長官）、軍事扶助法適用外者への援護や育英などの事業を行った。

（43）福本前掲「銃後奉公会に就て」一〇頁。

（44）同五頁。

（45）同六頁。

（46）中井良太郎『軍制学教程』（織田書店、初刊一九二五年、改訂版二八年）一九頁。当時中井は陸軍歩兵少佐、陸軍省軍務局歩兵課員。

（47）「出征帰還者の言動及犯罪に関する調査」に収録された名古屋地方の帰還兵の発言（『思想月報』五八、一九三九年四月、一五頁）。

（48）一九三九年一月一五日付の護国共済会解散通知（前掲「坂本俊篤関係文書」所収）。ちなみに厚相木戸幸一は三八年一二月二三日「水交社に護国共同組合関係の人を招待し、会食」している（『木戸幸一日記　下巻』六九〇頁）。この会合の趣旨・内容は不明だが、銃後奉公会設立に際しそれまでの会活動に対する慰労の意味があったのではないか。いずれにしても、政府にとって護国共済会とその発言が持った影響力を示す一挿話とはなろう。

（49）青木『軍事援護の理論と実際』（南郊社、一九四〇年）。軍事保護院は一九三九年七月、軍事援護行政を一元的に担う官庁として、既存の厚生省臨時軍事援護部と傷兵保護院を統合創設された（厚生省外局）。

（50）　広島県公文書館蔵『自昭和十四年至同十五年　銃後奉公会綴　A村役場』所収。A村およびその呼称に匿名を用いる理由については、本書第三部第二章を参照。

（51）　軍人援護会編『軍事援護功労銃後奉公会及隣組表彰記録』（同会、一九四三年、以下『表彰記録』と略記）。

（52）　註(50)に同じ。

（53）　曽我「軍人援護の根本精神」（福島県社会課・軍人援護会福島県支部編『軍人援護教育講話集』一九四二年、所収）二六・二七頁。この講話は独ソ戦にふれ、かつ日本の戦争を「事変」と称しているので四一年六～一二月の間に行われたと思われる。

第三部　地域社会と軍事援護

――日中戦争期以降における――

緒言

軍事援護とは、一九四〇年発行の解説書によると「軍人並に其の家族に対し、精神的物質的支援を為」[1]すことをいう。それまで経済的扶助のみを「軍事救護（扶助）」と称していたのに対し、日中戦争期に至って「経済的支援」と「精神的支援」の総称としての「軍事援護」なる言葉が誕生したのである。同書はさらに「経済的援護」を生活援護、生業援護、医療援護、その他埋葬費給与などに、「精神的援護」を消極的援護（慰藉・恩典優遇）と積極的援護（激励・精神指導）に再分類し、それぞれ詳細な定義・解説を付している。日中戦争期に至ってこのように援護の詳細な定義づけ・分類化が行われていったことは、そのまま当該期以降における援護の活発化、内容の多様化を示すといえよう。

第三部では、日中戦争期以降の市町村が実施した軍事援護の諸相と、その兵士や家族たちに与えた影響を論じる。当時の市町村では、それ以前の満州事変勃発時から独自に援護団体を組織する事例が多数観察されており、その活動は多様であるが、前記の分類のように「物質」的なものと「精神」的なものに大別できる。しかし既存の研究においては、物心両面にわたる市町村レベルの援護の実態と意味は今なお未解明の部分が多い。とくに「精神」的援護については、たとえば木村源左衛門『日中戦争出征日記』（無明舎出版、一九八二年）の高井有一による解説が当時の児童慰問文は「真心の籠めやうはなく、紋切型にならざるを得ないもの」（二九一頁）ばかりだったと戦時中の自らの体験に即して述べているように[2]、形式的・建前的なもの、だから無意味と切り捨てられるばかりで、なぜ地域社会がそれを綿密かつ積極的に実施していったのか、という点にはほとんど関心が払われてこなかった[3]。わずかに吉見義明氏が岩手県の元小学校教師、愛知県の銀行員が個人で故郷の状況などを記した慰問状を作成、前線の同郷兵士たちに送付した事例を取り上げ、その「「尽忠御奉公の御奮闘に対し衷心より深甚なる謝意を表し」、彼ら〔兵士〕を慰めたいという思い」が、「普通の町民の域をこえる役割を果たし、天皇制ファシズムを地域で支える」役割を果たしたと評価している程度である。(4) だが本書は、同様の「思い」に基づく慰問文が多数の市町村レベルでも組織的に作成され、政府による奨励の対象ともなっていたことに着目するものである。〝郷土〟の名のもと公的に行われる慰問、激励はその受け手たる兵士や遺家族の心性に、具体的にいかなる影響を及ぼしたのであろうか。本第三部では、地域社会における公的援護の実態とその意義を、国家的政策との関係のあり方を重視しつつ論じることにしたい。

まず第一章では、市町村が独自に設立した援護団体の事業内容と特質、およびその変化を概論的に検証する。満州事変〜日中戦争期に各市町村が設立した「国防同盟会」「銃後後援会」などの団体は首長を会長に、区内住民を会員として出征兵士家族・遺族に対する物質的援護のみならず、慰謝・慰問などの「精神的」援護も実施していた。そうした地域の援護は遺族・家族の心情にいかなる影響を与えていったのか。また一九三九年、前記市町村団体は政府の指示で「銃後奉公会」(前出)へ一律に改組されることになり、物心両面にわたる事業内容の均一化、活性化が図られた。この間の経緯と、同会に対する政府の政策的意図を総体的に解明する。

第二章では、戦死者数の増加に正比例して増加した恩給・扶助料をめぐる遺族間の紛争に、市町村当局がどのような介入を行っていったのかを、広島県内のある村の事例から検証する。政府は彼らの「身上相談」も広義の軍事援護のひとつとして重視していた。(5) 金銭をめぐる紛争の表面化は、前線兵士の士気低下防止の見地から防がれねばならなかったからである。そうした紛争の中で行政、遺族たちはそれぞれいかなる意識をもって行動していったのか。

第三章では、前線兵士の〝労苦〟、そして死を地域社会が戦中を通じ、いかなる制度的枠組みの下で、どのような論理、ことばをもって顕彰し、意義づけてきたのかを各地域の実態に即して分析する。

近年、田中丸勝彦、岩田重則前掲書に代表される、戦中戦後の民俗社会の領域における人々と戦争との関わり——たとえば「先祖」としての戦死者祭祀の問題——を追究した研究が盛んである。かかる分析視角に立った研究が既存の歴史学の見落としてきたものを鋭く抉出しつつあることは認める。しかしそこには、時に「生きている兵士」の視点が欠落しているように思われる。つまり地域社会における戦争受容の問題を考えるのであれば、生きた兵士の〝労苦〟と死んだ兵士の犠牲とはどのような相互連関性をもちながら正当化されていったのかが、統一的視野のもとに分析されねばならないと考える。

本書はそうした民俗学的研究が戦死者慰霊の問題に関して「国民生活の細部にまでわたる近代国家のシステムの浸透に対して、異なる論理を提出するためには、生活と文化の体系、民俗の論理から連続的な、内在的起点からの論理の構築が必要」[6]と述べている点にも、わずかな違和感を持つ。と言うのは、そこで「細部にまでわたる近代国家のシステムの浸透」という事実は所与の前提とされているのであるが、人々が国家の示した公的な論理、〈建前〉とどのように向かい合い、同調していった（訓致させられていった）のかは今なお十分に解明されていない、そしてけっして無視できない歴史学的課題であり続けていると考えるからである。

地域社会、〝郷土〟は兵士の死、ひいては戦争それ自体の意義づけをどのような場面で、かついかなる論理・手段のもとにそれを行っていったのか。言い換えれば、なぜ「英霊」は「英霊」たり得ると了解されていったのか。またそうした種類の働きかけ——本書の視角に立って言えば「精神的援護」を受けることは、兵士やその家族たちにとっていかなる意義を持っていたのか。〝郷土〟を挙げた「英霊の顕彰」の強さ、根深さを知ることなくして、それを克服しうる説得的な「地球の論理」の提出など、果たして可能だろうか。[7]

註

（1）青木前掲『軍事援護の理論と実際』九頁。

（2）木村自身、戦地で記した日記中、綴方教育に熱意を注いだ小学校教師として、児童の書いた慰問文の形式性を概嘆する記述をのこしている。

（3）荒川前掲『地域と軍隊』は表題の通り県、市町村といった地域と軍隊・戦争との関わりを綿密に描写した最新の研究であるが、その同書にして、満州事変以降の軍事援護活動に関しては県、市町村援護団体の形成過程を叙述するにとどまり、その具体的な活動状況と意義にはさほど言及していない。

（4）吉見『草の根のファシズム』（一九八七年、東京大学出版会）七八〜八三頁。

（5）青木前掲書は軍人遺族家族の「身上及家事万般」に関する相談も、「精神的援護」のひとつに挙げている（四八〜五二頁）。

（6）岩田前掲『戦死者霊魂のゆくえ』「はじめに」一頁。

（7）喜多村前掲『徴兵・戦争と民衆』は、昭和期における徴兵逃れ祈願の実態を聞き取り調査に基づいて解明した民俗学的研究だが、最後にその「徴兵を嫌っていた」はずの民衆が日中戦争勃発とともに熱心に戦争を賞賛していった様子を付け加えている。本部はそうした民衆における戦争賞賛の背景を解明するひとつの試みである。

第一章　軍事援護と銃後奉公会

はじめに

軍事援護とは、先述の通り「経済的援護」と「精神的援護」に大別される諸活動である。このうち経済的援護に関しては、本書第二部でも参照した佐賀朝「日中戦争期における軍事援護事業の展開」が軍事扶助法（一九三七年七月一日、軍事救護法を改正公布）など金銭的援護の展開過程を検証し、それが少額ではありながらも兵士遺家族・傷痍軍人の勤労による収入と相まち、彼らの生活を「ギリギリの線で」支えていたと指摘するなど、近年一定度の研究の進展がみられる。

しかし、もう一つの精神的援護が有していた歴史的意義についての研究は必ずしも充実しているとは言えない。佐賀前掲論文でもわずかに、日中戦争期以降の国家による遺家族への精神・生活全般への指導を、遺家族における〈物質的援護＝権利〉意識の発生を抑圧し、あくまで国家の恩恵と意識させるものと位置づけている程度である。

この遺家族における援護＝権利意識抑圧の問題に関連して、佐賀氏は「銃後奉公会体制」という概念を提起した。銃後奉公会とは、前述したように一九三九年四月以降、厚生、内務、陸海軍四省の訓令に基づき、それまで各市区町村が独自に設立していた「銃後後援会」などの名称を有する援護団体を改組（未設置の市区町村には新しく）設立された公的団体である。各市区町村長が会長となり、役員には吏員や議会議員、部落・町内の代表者、在郷軍人会分会長、婦人会長など有力者を網羅していた。区域内の全世帯主を会員として「応分の」会費を徴収し、遺家族に対する物質的援護や、遺家族・兵士本人に対する慰問・激励などの精神的援護を併せ行うことになっていた。

佐賀論文によれば、会は「充分な人的・物的裏付けを欠いたまま地域の「隣保相扶」に依存したため、戦時下を通じて、その不完全な性格を克服しえ」（四九頁）なかったが、「地域社会による遺家族総監視を通じて、遺家族の援護＝権利意識を抑圧するものとして機能した」（五五頁）と評価される。会のどの事業がかかる機能を発揮したのか、具体的説明がないので今一つ明確でないが、おそらく佐賀氏の図式では遺家族の近隣住民、たとえば方面委員（氏が実例として掲げたのはこれのみである）が彼らの周囲に常に位置し、ひとたび援護＝権利意識が発生すれば非難ないし指導をして抑圧するというのが、氏の想定する銃後奉公会「体制」の機能だと思われる。

その当否はひとまず措くとして、本章では「銃後奉公会体制」の内実、すなわち各奉公会およびその全身の諸団体が日々展開していた事業の全体像の素描を試みたい。というのも、実際には会の任務と定められた事業は多岐にわたっており、その中には遺家族のみならず、兵士をも対象とした慰問・激励などの「精神的」援護が含まれ[1]、かつ政府によって重要視され続けていたからである。佐賀論文は会のこの面にまったくふれていないし、他の先行研究も皆無である。

本来この問題は、後の第三章で詳しくふれるが、地域社会が〝郷土〟意識に支えられながら、兵士の〝労苦〟や死といかに関わり合ってきたか、を問ううえで重要である。銃後奉公会がいかなる事業を展開し、それは兵士、遺家族の意識、生活にどのような影響を与えていたのかを検討することが必要である。それを抜きにして、なぜ政府は「物心両方面の援護が相俟つて初めて援護は完きを期することが出来る[2]」と言い続けたのか、そして地域社会の援護が戦時動員体制の展開過程で有していた位置、機能を正確に理解することはできない。

一　日中戦争の勃発と地域の軍事援護

一九三九年四月以降設立された銃後奉公会の事業を検証する前に、まずは日中戦争勃発直後から全国の市町村が独自に展開していた軍事援護活動の実態を概観しておきたい。

三七年秋の企画院産業部調査によると、全国から抽出された「農村」二二か町村中、一六の「農村」が合計三八箇の軍事援護団体を設立した(3)。その内訳は銃後後援会一三（銃後会、軍事扶助委員会、時局対策委員会、家業後援部の総称）、国防婦人会（主婦部）六、愛国婦人会一、軍友会（老兵会）七などであり、その中でも多数を占める「銃後後援会」とは、三七年八月以降町村長が会長となって順次設立され、「応召者ノ歓送迎、遺家族慰問、救護等各般ノ事務」を行った団体である。上記の新団体が設立されなかった村でも、たとえば愛知県高岡村のように「村長ガ中心トナリ、各区町、各軍人世話係、尚武会、国防婦人会等銃後機関ノ連絡統制ヲ図リ、銃後活動ノ中心」となる事例は多かった。また北海道のように、道の通牒という形で管内全二七二市町村すべてに「何々市町村銃後後援会」（会長各首長、市町村吏員などが委員となる）を設立させ、区域内住民から拠出金を募って出征軍人およびその遺家族の慰問慰藉、慰霊弔祭、労力援助、要生活扶助者に対する金銭的扶助などを実施させた事例が観察される(4)。

三九年までにはこれらの団体が「殆ど全国各市区町村に設置され、其の数既に一万を突破して(5)」いた。ただし、日中戦争初期の段階ではこれらの団体に対して政府がなんらかの統一的規制・指導を行った形跡はなく、道府県または市区町村独自の方針に委ねられていたようである。これら「銃後後援会」は、兵士・遺家族に対してどのような事業を展開していたのだろうか。

①兵士を対象とした事業

日中戦争の勃発以前から、入営する兵士を市町村を挙げて見送る慣行は存在していた。一九三一年現役入営した山形県出身の土屋芳雄によると、村の地区長や近所の人、小学生など多数の人々による歓送は、留守家族の生活を心配するあまり「せっかく見送りに来てくれた人たちの「バンザーイ」の声が、妙に寒々しく聞こえた(6)」兵士にすら一方で「これだけの人たちに見送られたのだ、軍隊ではヘタなことはできないぞ」と思わせるだけの効果を有していた。日中戦争勃発以降のそれはいよいよ盛大なものとなり、前記の地域「銃後後援会」が住民に指示して歓送や戦勝祈願祭を組織的に実施したり、餞別を支出するといった事例(7)が多数観察される。町村を挙げての盛大な歓送は、「女々しい態度など出来るものではありません(8)」と、兵士をして少なくとも表向きには積極的に前線へ赴くポーズをとらしめるに足る強制力を持っていたのである。

兵士たちが前線に到着した後も、福島県出身の一兵士が日誌に「〔同郷の兵士と語らい〕村にも銃後会ができて村民の心も非常に緊張して居るとの母頼(ママ)しい話を聞かされる、一線に出る将兵、銃後を護る国民かくてこそ国防の一線が画られるものと思ふ」、「村銃後会よりドロップ一缶、バット二個〔中略〕の慰問品が届く、故郷の人達も銃後の守りに心血を注いで居る事にはまつたく感謝の外はない(9)」などと記したように、郷里からの慰問は一定度の士気高揚をもたらした。

②遺家族を対象とした事業

「銃後後援会」などの地域援護団体は遺家族宅を巡回して慰問・激励したり、慰安会を開催した。[10]そのさい、若干の金品が遺家族に支給されることもあった。[11]政府の側も一九三九年、大阪における調査の中で、こうした精神的援助は「公の団体よりするものが最も効果的なるを実情」[12]とする、と評価していた。すなわち「殊に町村・市・区吏員、警察官、在郷軍人会、各種婦人会役員等の援助に対して〔遺家族〕は、その厚意に深く感激し、「町内の軍人会や援護組合の方は勿論、警察や役所の偉い方々まで、私のやうな裏長屋に居る者にても訪ねて下さる。勿体ないことだ」と一般的に感謝せられ」ていたのである。

遺家族の中には、「慰問の形式性を難ずる者」もある一方で、「銃後後援会の方々が親切にして下さるので毎日何の心配も無く日を送ることを感謝すると共に、銃後婦人として又遺家族として立派な態度を持することを心掛けて居る」と述べる者も見られた。彼らにとって、自らの身内が払った労苦、犠牲が公的に承認され、顕彰されることは重要な意味を有していたのである。

そして政府にとっても、地域の公的団体が戸別訪問などの精神的援護を展開することは、身内の払った労苦・犠牲の公的な顕彰という意味あいのほかに、「扶助又は援助が生計の実状又は被扶助者の心理状態等に照して多きに過ぐるが如き場合は、徒らに徒食怠惰の弊風を生じ、勤労の美風を失わしむる虞」がある実状に鑑み、これを防止して「労力に余裕ある者には授産、授職に応ずべく慫慂す」るという見地からも重要な問題であった。この意味で政府は、「銃後後援会」など地域の公的団体による慰問活動にこそ、兵士遺家族の有する諸々の不安・不満の抑制、あるいは「徒食」を防止するという意味での〈監視〉的機能を期待していたと言える。

なお、地域での勤労奉仕もとくに農村部では遺家族の生活維持に重要な意義を持っていたが、これも役場、あるいは地域「銃後後援会」が主体となって計画を立案し、住民に指示して組織的に行った事例が多数観察される。[13]

ところが「事変の長期化に伴ひ、各種団体等の遺家族慰問等も漸く怠り勝となり、事変当初の熱意に甚しき弛緩を生じつゝあるの傾向[14]」が発生し、「事変の起こった当初は町内の人が大層緊張して長男が出征した当時は度々慰問にも来たが、今頃では皆の心が緩んで私の宅の如き見向きもしない」といった遺家族の不満もしだいに高まりつつあった。また、こうした慰問回数の減少、内容の形式化に対する非難以外に、「信保町の方では出征者が僅か二名の為良く慰問を受けるとの話ですが、私達の金屋町では出征者が十一名あるので行届かないのかも知れません、斯様な点は何んとか公平に御取計ひ願へないものでせうか」と、地域間における精神的援護の「不公平なるを難ずる」意見が存在し、政府の側もこれを問題視していたことは注目に値する。

かかる状況は、「民間恣意の〔援護〕活動に委せ過ぎる時は其処に銃後処遇の不公平を生じがちであ〔る〕[15]から政府が「民間斯業に相当の統制を加え実際的実質的なる実施方法と其の規格を考究指示すべきである」と、地域の援護担当者からも問題として公に指摘されるに至った。

以上の経緯を経て、三九年一月一四日、内務・厚生・陸海軍四省より「銃後後援団体の整備統一」に関する大臣訓令、次官通牒が各地方長官宛に出され、全国市区町村の「銃後後援会」が銃後奉公会へと一律改組、未設立の市区町村には新規に設立された。付属の「銃後奉公会設置要綱」によって、前述の通り区域内全世帯主を会員とするなど組織・事業に詳細な規定が定められ、「応分の負担」による会費制の導入も行われた（この施策に対する、護国共同組合構想の影響については第二部第三章で論じた）。同会設立の目的は、各省間の交渉過程を示す史料にこそ乏しいが、

〔「銃後後援会」等の団体は〕多く必要に迫られて各市区町村が独自の考から設立したものである為に、其の指導精神にせよ組織にせよ或は事業内容にせよ頗る区々であつて、〔中略〕事変終息の見透しがつかなくなつた今日に於ては、之等団体の事業ももつと合理的に行はれ、もつと恒久性を持つた確乎たるものでなければならなくなつたの

である。(16)

という指摘や、「組織、内容等ニ於テ必ズシモ十分トハ申シ難イ状態」である市区町村「銃後後援団体」に「確固タル指導精神ヲ付与シ其ノ機構ノ整備統一(17)」を行いたい、とする厚生省幹部の発言からもわかるように、各地域間の援護活動の統一・規格化を通じた一層の活動促進にあったことは間違いない。一九三九年、大阪市のある戦死者の父は「戦死当時は各方面より鄭重なる慰問もありましたが、日が経つに従ひ訪ねて来る人もない。〔中略〕何時迄も他人の事にかまつても居れぬのは人情とは云へ淋しい気持です(18)」と語っている。慰問の「内容」もさることながら、慰問が継続して実施されないことが遺族の「不平不満」を惹起するとして問題視されていたのである。では各銃後奉公会が具体的にどのような事業を展開していたのかを、次節で検証することにしたい。

二　銃後奉公会による援護の「機能」

一九三九年一二月の時点で、全国一万一四二六の市区町村中、一万一〇五三市区町村が銃後奉公会を設立するに至った。政府は銃後奉公会に何を期待していたのだろうか。少なくとも護国共同組合構想が唱えた本来の意味での「兵役義務服行ノ準備（＝兵役義務負担の〈公平化〉）」ではなかったことは本書第一部で前述したが、それをみる上で有効なのが、やや時期は下るものの恩賜財団軍人援護会が四二年一〇月五、六日、全国各道府県より優良銃後奉公会・隣組八九団体を選抜して東京で表彰すると同時に、各団体代表者から事業状況を口頭で報告させたさいの速記録『軍事援護功労銃後奉公会及隣組表彰記録』(19)（以下『表彰記録』と略記）である。むろん、これらの事例をただちに一般化することはできないが、銃後奉公会のいかなる事業が「表彰」の対象となったのかをみることで、政府の同会に対する期待の内容と、会の援護が兵士・遺家族の意識に及ぼした影響の諸相は把握できると思われる。

①兵士を対象とした事業

銃後奉公会でも、「銃後後援会」時代と同様に、前線の兵士に対する慰問袋・慰問状の発送が行われた。ところが戦争の長期化とともに、紋切り型の「挨拶文」では、兵士たちに喜ばれなくなってくるという問題が生じた。[20] このため表彰された会の中には、役員間で相談して毎月の祈願祭のときに兵士家族の写真を撮影、慰問品と一緒に送り、「非常に喜ばれて居ります。手紙で家族一同無事であるといふことを書いてやるよりも、目のあたり家族並に近所隣の方々の写真を送つてやる方が、遥かに喜ばれるやうであります[21]」と述べる会も存在した。

また他の奉公会では、「郷土便り」なる印刷物を作って各種団体長、男女青年団員、小学児童が慰問文を書き、さらに村の行事、人口動勢、銃後奉公会に対する特殊寄付なども書いて前線に発送した。[22] この「郷土便り」は兵士に大変喜ばれ、「このま、読んで捨てるのは勿体ないといつて一号から全部保存してある。そうして皆に見せてゐるといふやうな感謝の手紙も山積してゐる次第であ」った。以上の例が援護を行う側の発言であることには当然留意されるべきであるが、種々工夫された会の慰問活動が前線兵士の一定の期待、反響を得ていたことは指摘できよう。

こうした慰問通信の「効果」を示す別の史料として、軍人援護会広島県支部が県内各銃後奉公会に宛てた通牒「前線将兵ノ要望事項ニ関スル件」（四二年一月一〇日）[23]を掲げる。同通牒は「中南支仏印方面ニ於ケル出征将兵ノ要望事項」として「慰問文ニハ努メテ郷土ノ「ニュース」又ハ市町村、青年団、軍人分会等ノ実情ヲ詳記セラレタシ従来ノ「兵隊サンシツカリ頼ミマス」ハ既ニ満喫シ居ル為将兵ニハ何等ノ反響ナシ」、「殊ニ子弟ヲ託セラレタル教師ヨリノ受託児童ノ近況ヲ通報スルコトハ将兵ノ慰安上ニ効果大」などと記している。おそらく前線部隊からの要請を転記したも

のと思われ、軍も地域の慰問通信が兵士の士気に及ぼす影響を認め、細かい配慮を加えていたことがわかる。(24)

②遺家族を対象とした事業

秋田県金岡村豊岡部落婦人隣組からの報告(25)によると、この婦人隣組長の家に応召する数人の兵士が来て、自分の出征後「貰つて精々一ヶ月、長くて半歳ぐらゐしか経たない妻が母に虐められるとか、妻は又母の言ふことを聞き入れないで実家へ帰つてしまふなどといふ事」がありはしないかと、「実例を挙げて迄の御相談」があった。そこで彼女は副組長たちとも相談して「嫁姑仲よし会」なる会を隣組の中心事業として拵えた。しかし彼女が姑たちに「実際にお嫁さんを連れて来て呉れといつても連れて来な」かった。そこで彼女は姑に「誰も彼も来るのにあなただけ一人で来ては気持悪くはないか」と言い、そのうえで母と兵士と妻の三人で神社に集まるよう頼んだところ「皆様大喜びで五組お集まりになり、〔中略〕嫁姑は仲良く暮らすことをお誓ひ」したという。

隣組という〝ムラ〟の中の公的機関が私的な家族関係にまで介入し、姑に「〔自分だけ嫁と仲良くしないで〕気持悪くはないか」と問いつめて半ば強制的に公的な「慰問」の場に参加させることで、たとえそれが上辺だけのことであっても「仲良く暮らす」嫁姑というポーズを演出し、戦地へ赴く兵士の士気低下を防止しているのである。

また岐阜県郡上郡八幡町銃後奉公会からは、自らの慰問活動について次のような報告が寄せられている。初めこの会は留守家族を全部一堂へ集め「偉い人の話を聞かせるやうな制度を致しましたが、余りにも実効がありませぬので」、最近戦地から帰還した兵士に依頼して自分の子供が捕虜になりはしないか、悪い病気に罹りはしないか、などについての体験談を話してもらい彼らの不安軽減に努めたところ、「これが非常に成績が良」(26)かったという。

遺家族に対する銃後奉公会の物質的援護についてはどうか。表彰された多くの会が金銭的援護としていくばくかの金銭を遺家族に提供している。しかしそのほとんどは「法外援護」すなわち軍事扶助法による扶助対象外者への援護、または国家の扶助が開始されるまでの繋ぎとしての援護であり、あくまで国家の法による扶助を補完するものである。むしろここで注目すべきは、神奈川、福井、愛知などいくつかの奉公会の「功績要項」中に金銭的援護が含まれていない点である。ではなぜそれらの会は「表彰」の対象となりえたのか。それは「二一六戸に亘る遺族家族の隔日（ママ）慰問」[27]や兵士への慰問文、慰問品の発送など、日々の慰問活動に怠りなかったからである。

　佐賀前掲論文は「総力戦の下で軍事援護における国家統制や国家的援護の比重は拡大した。にもかかわらず、道府県・市町村といった国家とは相対的に異なる地方団体とその下にある地域社会がもつ独自の役割を不可欠のものとして利用しつつ戦時下の軍事援護は展開された」（五五・五六頁）と指摘した。ただしその地域の「独自の役割」とは何か、という点の説明はほとんどされていないのだが、それは以上見てきた通り、兵士、遺家族に対する日々の激励・慰問にほかならなかった。政府は銃後奉公会のこの事業にこそ、主要な利用価値を見出していたとさえ言える。

　こうした優良団体以外も含めた全体的な同会の援護状況であるが、地域の事情を統一的に把握できる管見の限り唯一の統計として、一九三九年度の北海道内の銃後奉公会の事業状況を掲げる（表14）。前述の道内各銃後後援会が同年銃後奉公会に一律改組され、収入総額中会費の占める割合は銃後後援会時代の約一八％から四〇％に増加した。しかし寄付金収入が激減したため、改組後も収入総額は微増に止まっている。

　同表から道内銃後後援会と銃後奉公会の支出額を比較すると、遺家族扶助費の額は微減しているのに対し[28]、精神的援護関連経費はむしろ増大している。銃後奉公会の総支出額中、遺家族扶助費の占めた割合が約三二％であった[29]のに対し、遺家族慰藉費約二五％、恤兵費約一九％などとなっており、銃後後援会時代と同様、精神的援護関連経費の占める割合はけっして少なくない。遺家族慰問は個々の会において適宜行われ、慰安会の開催や盆暮の二回、一世帯年

表14　北海道内全銃後後援会・銃後奉公会収入・支出額対比表

		収入項目	銃後後援会 38年度決算	銃後奉公会 39年度決算
収入	会　費		246,816(14.8)	674,991(38.6)
	寄付金	一般寄付金	310,234(18.6)	137,358(7.8)
		特別寄付金	172,214(10.3)	
	補助金	地方費補助	297,458(17.8)	327,706(18.7)
		軍事援護団体補助	11,075(0.6)	32,883(1.8)
		市町村費補助	42,456(2.5)	6,075(－)
	繰越金		443,387(26.6)	533,736(30.5)
	雑収入		140,383(8.4)	31,900(1.8)
	収入計		1,664,023(100)	1,744,649(100)
支出		支出項目		
	事務費		38,558(3.4)	56,157(4.0)
	会議費		1,463(0.1)	3,982(0.2)
	事業費	遺家族扶助費	457,105(40.4)	443,803(32.2)
		遺家族慰藉費	266,896(23.6)	342,818(24.8)
		遺家族弔慰費	20,922(1.8)	22,779(1.6)
		恤兵〔兵士慰問〕費	148,833(13.1)	259,151(18.8)
		戦没軍人慰霊祭費	44,375(3.9)	91,541(6.6)
		相 談 所 費	7,587(0.6)	18,264(1.3)
		銃後奉公思想普及費	5,329(0.4)	13,297(0.9)
		そ　の　他	－	106,566(7.7)
	積立金		26,150(2.3)	86,028(6.2)
	雑支出		113,069(10.0)	33,113(2.4)
	支出計		1,130,287(100)	1,377,498(100)

註：単位は円。出典は，38年度分は北海道庁編『支那事変銃後後援誌　第二編』(同庁，1941年) 493頁より，39年度は同第三編 (1943年) 511頁より作成。収入項目中39年度の「寄付金」は単に「寄付金」とのみ記載，同年度の「地方費補助」は「国庫助成金モ計上」されている。支出項目中「銃後奉公思想普及費」は38年度にあっては「銃後後援思想普及費」。(　) 内は各年度の合計額に占めるパーセンテージ。

額三円程度の慰問品を送るなどの活動(30)が展開された。なお道庁が計画・指示して道内の全奉公会に三九年度中行わせた慰問事業には、家庭救急薬、鏡餅、薪炭費の贈呈などがある(31)。

かかる地域の状況を、四〇年度の全国統計(32)と比較してみよう。全国一万一四三八の銃後奉公会総事業費一七〇七万四八九七円中、「生活援護」（金銭支給）や医療などの「一般援護」費に三一九万六二〇〇円（支出額全体に占める比率約一八・七％、うち「生活援護」費二〇三万二四〇五円）という額が支出されてはいる。[33] しかし一方で、歓送に伴う「餞別金類」一四二万六一一六円（八・三五％）、「弔意及慰問」費四八六万二九五〇円（二八・四八％、うち「遺族家族慰問」費三四七万四五五七円）、「犒軍」費二一一万三六一円（一二・三五％、なお犒軍とは兵を労うの意であり、これが兵士慰問費と思われる）など、慰問・激励活動にも多額の経費が支出されている。それら精神的援護は会の中心的事業のひとつとして位置づけられ、実施されていたのである。

以上、銃後奉公会の具体的な事業例として掲げたのは主に優良団体のものであるが、少なくとも一部の会では慰問の形式化という問題に対応すべく内容を工夫し、それは兵士の士気高揚、あるいはその遺家族の不安・不満の軽減という面で、一定度の効果を発揮していたと考えられる。そして全体的な統計からみる限り、金銭的援護もさることながら、精神的援護もまた会の中心的事業として重視されていたことが指摘できる。

もっとも本章は、会の「慰問」が兵士や遺家族の一定度の謝意を獲得していたことのみを指摘するものではない。たとえば兵士が出発に際して内心の動揺を押し隠したり、秋田県金岡村の留守家族が表向きには仲良くするポーズをとることを強いられたように、彼らが内面の意識、行動を規制され続けたこともまた、地域社会の激励、「慰問」の発揮した効果であった。

三　銃後奉公会をめぐる議論

注意しなくてはならないのは、銃後奉公会による精神的援護が、常に全国すべての会で一律に、同じ内容で実施されたわけではないということである。前節でみた慰問の事例の多くは、政府による「表彰」の対象であり、必ずしも一般的事例ではなかった。同会の設立以後も、地域の慰問事業には常に内容の低調化、地域間における格差という問題がつきまとっていたのである。

軍事保護院と恩賜財団軍人援護会は四〇年一〇月三～五日、「紀元二千六百年記念全国軍人援護事業大会」を東京で開催（会長・厚相金光庸夫）し、各道府県・市町村・外地から吏員、銃後奉公会会長、方面委員など地域の軍事援護担当者九九八名を協議員として招集、戦争の長期化に伴って顕在化した軍事援護の問題点、改善の方法を議論させた。かかる国家の施策は、銃後奉公会の問題に限って言えば次のような危機感に基づくものであった。

> 事変ガ長引クニ連レテ前線ノ将兵ニ対スル国民ノ感謝ノ心ト云ヒマスカ、世間デ言ツテ居リマスガ慰問袋ガ減ツタトカ、或ハ慰問文ノ発送ガ減ツタトカ、或ハ慰問袋ニシマシテモ余リ感謝ノ籠ツテ居ラナイ「デパート」デ買ツタアリ合セノモノヲ送ルト云フヤウナ傾向ガ段々濃クナツテ来テ居ル。サウ云ツタ点ヲ大イニ匡正シナケレバナラヌ(34)

銃後奉公会による精神的援護の充実の度あいは、会の役員など援護担当者の創意、意欲に左右される部分も大きかったのである。このため大会の第五部会、その後の特別部会にて「銃後奉公会其ノ他軍人援護団体ニ関スル事項」が集中審議され、解決策が協議されることになっていた(35)。

では地域の援護担当者は、銃後奉公会の具体的にいかなる点を問題視していたのだろうか。この点をよく表す地域からの発言を一点だけ掲げておこう。

> 銃後奉公会ノ建前トシマシテ是ハ会費ヲ取ルト云フコトニナツテ居リマスガ、貧弱ナ市町村ガ大部分デアリマスル銃後奉公会ハ会費ノミニ依ツテ公平ニ各銃後奉公会トモ歩調ヲ揃ヘテ活動シ得ルト云フコトハ望ムコトガ出来

ナイ。〔中略〕会費ヲ募ルニ致シマシテモサウ多分ノモノハトレマセヌ。勢ヒサツキモ何処カノ県カラモ御話ガアリマシタガ、慰問袋ヲ送ルニシマシテモ、或ハ餞別ヲ差上ゲルニシマシテモ、或ハ町村葬ヲスルニシマシテモ、ソコニ非常ナ町村毎ニ厚不厚ガ生ズル。其ノ結果ハ前線ノ将士ニハ非常ニ不快ノ念ヲ抱カセル(36)

この指摘は、銃後奉公会の主たる任務は慰問や歓送迎などの精神的援護である、しかるに会の財政基盤の貧弱性がその障碍となっているという認識を表している。そして、ここで彼が真に問題視しているのは、各地域間における慰問の「厚不厚」すなわち不公平性の存在なのである。

同様の指摘は他の協議員からも寄せられ、彼らの間から「公平ニ之〔援護〕ヲ実施シ、資力不均衡ニナラズ銃後奉公会ノ事業トシテ其ノ運営宜シキヲ得セシメ(37)」るべく、政府による各会への助成金交付が提起された。しかし政府は「貧弱町村ヲ対象ニト云フコトハ出来ナイノデアリマシテ、大体国ガ助成金ヲ上ゲマス場合ニ於テハ県ノ富力ヲ非常ニ重要ナ要素ト(38)」するとの形式論を口実に、しかし実際には財政上の理由で消極的姿勢を示さざるをえなかった。

このような議論を踏まえ、四〇年一一月一六日付で厚相宛に提出された大会答申では、「第一線将兵ニ対スル慰問慰藉ノ減少スル傾向」への対策として、「銃後奉公会等ニ於テ適切セル(ママ)慰問計画ヲ樹立シ常時不断其ノ実行ニ努ムルコト」、婦人会など地域の「各種団体間ニ於ケル慰問方法ノ連絡統制ヲ図ルコト」、「慰問袋ハ其ノ内容簡素ニテ足ルモ感謝ノ赤誠ヲコメタルモノヲ屢々発送スルヤウ努ムルコト」とされた。遺家族慰問に関しては「銃後奉公会ハ遺家族ヲシテ愈々奉公ノ誠ヲ効スノ心操ヲ振起堅持セシメル為其ノ修養共励ノ機会ヲ与フルト共ニ慰安激励ニ努メ其ノ他相談指導ノ徹底ヲ図ル等適切ナル方途ヲ講ズルコト」とされた。

協議員側から要望の強かった銃後奉公会への国家助成については、「政府ハ銃後奉公会ニ対スル運営ノ指導ヲ一層強化セラルルト共ニ其ノ事業並ニ専任職員設置費ニ対スル助成ノ方途ヲ講ズルコト」という一文が、答申に付属して同じく厚相宛に提出された「建議」の一節に盛り込まれた。

一方、会による物質的援護拡充については、第五部会でとくに議論はなされなかった。これは第三部会（遺族援護を審議）で軍事扶助法による扶助金支給額の引き上げなどが協議員側から強く要求されていたことからみて、物質的扶助の拡充はなによりもまず、国家の責任においてなされるべきという認識が地域の援護担当者側に存在していたためと思われる(39)。

その後政府は、銃後奉公会による慰問活動強化の試みとして、一九四〇、四一年一〇月三日から八日にかけて教化運動「銃後奉公強化運動」を展開した（四二年以降は「軍人援護強化運動」などと改称）。四一年の例で言えば、全国一斉に行うべき事項として、三日正午各自在所における「英霊」追悼、傷痍軍人の平癒、武運長久祈願などが挙げられた(40)。同運動のさい、「特ニ銃後奉公会ニ於テハ役職員率先慰霊、慰問、慰藉等積極的活動ヲ為ス(41)」よう指示された。

これに対応して各地域では、たとえば愛知県では運動期間中遺家族・傷痍軍人を対象として各銃後奉公会が行った懇談会、慰安会の開催費用を軍人援護会県支部が負担したり、銃後奉公会が区域内の各国民学校から慰問状を取りまとめて発送するといった動向(42)が観察される。

また会の人的基盤強化については、四一年度中に政府・軍人援護会がそれぞれ四〇万円ずつの予算を計上し、各奉公会に専任職員設置の助成金を支出することになった。これにより同年九月末現在で市（区）奉公会四八七に四二九人、町村奉公会一万六八八に五五一五人の専任職員が設置された(43)。また会の行う遺家族を対象とした慰問慰藉費に限り、道府県に対する一般軍人援護事業助成金(44)の中からその一割五分の範囲内で助成しうることを定めた。

しかしこの程度の施策では、前記の優良銃後奉公会懇談会においてある陸軍将校が、「私は最近南京の方に参りまして兵を集めて、〔中略〕慰問袋や慰問品について聞いて見ると盛に来ますといふのもあれば、私の村からは何も来ません、手紙も参りません、といふのもかなりあり」、「これでは同じところにゐる兵の受ける感じに、一方に暗い悪い影響を及ぼす」(45)と指摘したように、依然として慰問の不公平性の問題は改善されなかったようである。

かかる状態の是正は、結局のところ終戦に至るまで困難なままであった。たとえば四三年二月二五日、衆議院での軍事扶助法改正法律案（扶助有資格者の拡大）審議時、議員より銃後奉公会について「軍人援護精神ノ昂揚徹底トカ、軍人遺家族ノ精神的ノ強化トカ、又日常生活ノ具体的指導トカ、斯ウシタ前述べマシタコトト云フモノハ一ニ懸ツテ銃後奉公会ガナサネバナラヌ所ノ事業デアリマス、所ガ其ノ奉公会ガ遺憾ナコトニハ活動ノ手足ヲ持ツテ居リマセヌカラ、充分ナル実績ヲ挙ゲ得ナイ向キガ相当ニアリマス」(46)と、地域間の格差が依然解消されていないとの指摘がなされている。

この点は政府の側も「銃後奉公会ハ、役員ト致シマシテハ其ノ町村ノ主ナル人ヲ網羅スル体制ヲ以テ組織致シテ居リマスルケレドモ、実際ニ専心此ノ事ニ当ツテ行クト云フ、所謂御話ノ手足ト云フヤウナ人ハ割合ニ少ナイ」(47)と認めるところであった。

戦局悪化にともなう国民生活の極端な悪化、労働力不足の中でかかる状況が改善されたとは考えにくい。四四年には、「従来の軍人援護は前線将兵への慰問文発送だとか遺家族慰問等に限られてゐたやうだが苛烈な戦局に即応して今後これを生産力増強の方向へ大きく切替へなければならない、（中略）傷痍軍人も遺家族も一般国民と同様ふるつて生産戦列への参加を希望してやまない」(48)、要するにもはや慰問どころではないとする発言すらなされた。この発言が、軍事保護院副総裁藤原孝夫という、政府の援護政策の中心人物によるものであったことは注目に値する。

その藤原は神奈川県知事に転じた翌四五年、銃後奉公会に関して「会費、事業等も区々にして、其の間多大の懸隔があるのみならず、相互の連絡にも欠くる所がある」(49)と述べているし、同年作られた別の史料でも同会について「境を接する町村相互の間に於てすら、其の連絡を欠き行き方を異にするものがあ（50）」ると指摘されている。これらの指摘は先の衆院での議論と合わせ考えれば、結局各銃後奉公会間における精神的援護の格差是正・公平化は不可能なまま終わった、という指摘として読むことができるのではなかろうか。

おわりに

日中戦争の勃発とともに全国の市町村では「銃後後援会」などの名称を有する軍事援護団体を独自に設立、歓送迎や慰問などの活動を展開した。そうした地域社会による精神的援護は、兵士の遺家族あるいは兵士本人の〝労苦〟を公的に顕彰するものであった。それは確かに一面では、彼らの不満・悲嘆の抑制、あるいは士気の高揚など、無視できない効果を有していた。またこの活動は、兵士・遺家族の行動を細部にわたって規制し、戦争・動員に協力するポーズをとらせるという意味での「監視」的効果を生むこともあった。政府は戦時動員体制の確立過程において、地域の援護が有していたそのような機能に利用価値を見出していたのである。この過程で佐賀氏のいう、遺家族における物質的援護─権利意識の抑制効果も時として発生したと考えられるが、（51）「精神的援護」の持つ機能をそれのみに限定することはできない。

しかし各地域の「銃後後援会」は組織・事業内容においてまちまちであり、地域間において不公平性が生じていたことが、政府・実際の地域援護担当者によって問題視されるに至った。一九三九年、政府が既存の各地域「銃後後援会」を改組し、全国市区町村一律に銃後奉公会を設立させた意図のひとつに、各市町村の援護内容の規格化を通じた不公平性の解消があった。

だが会の設立以降も、地域間における精神的援護の不公平性は基本的に解消されえなかった。一九四〇年一〇月の全国軍人援護事業大会などでそのことが問題化され、いくつかの解決策が議論されたことはその裏付けとなる。それは基本的には市町村の人的・財政規模の差に基因する問題であり、かつ戦局悪化・国民生活の窮乏化という事態の中では解決可能な問題ではなかった。したがって「銃後奉公会体制」に対し、権利意識抑圧のための「全国一律の社会的総監視体制」として「機能した」との評価を与えるのは、困難であると言わざるをえない。

しかし、だからといって銃後奉公会の慰問や激励といった地域社会の精神的援護が兵士・遺家族の心情になんらの影響も及ぼさぬ無意味なものだった、と断定することも妥当ではない。それが低調、形式的、そして不公平であると政府ばかりでなく当の前線兵士・遺家族によっても繰り返し批判されていた(52)のは、やはり彼らの側にこの種の援護を自己の〝労苦〟、犠牲の公的な意義づけとして希求する意識が存在したからである。銃後奉公会の設立、全国軍人援護事業大会の開催などといった一連の施策は、政府・地域の援護担当者がそうした精神的援護に体制への馴致という「有効性」を認め、戦局悪化に至るまで事業内容の充実・地域間の「均質化」をはかり続けていった過程と位置づけられる。次章以降ではかかる意味での地域援護の「有効性」の問題を、地域の実態に則してさらに深く掘り下げ論じることにしたい。

註

（1） 具体的な会の事業とされたのは、⑴兵役義務心の昂揚、⑵隣保相扶の道義心の振作（講習会の開催など）、⑶兵役義務服行の準備（軍服類の給与や餞別の贈呈など）、⑷現役または応召軍人もしくは傷痍軍人並びにその遺族家族の援護（生活、医療、生業援護など）、⑸労力奉仕その他家業の援助、⑹弔慰、⑺慰問慰藉（前線への慰問状発送や兵士遺家族への見舞、慰安会開催など）、⑻犒軍（部隊の演習時などの接待）、⑼身上および家事相談、⑽軍事援護思想の普及徹底、⑾その他必要なる事項、であった。以上は青木前掲『軍事援護の理論と実際』一四二～一四七頁を参照。

(2)　青木前掲書三七頁。

(3)　企画院産業部「日支事変下農山漁村実態調査」中の「第七輯　団体活動状況」(『資料 日本現代史11　日中戦争期の国民動員②』〈大月書店、一九八四年〉三八五〜四〇九頁)。

(4)　北海道庁編『支那事変銃後後援誌　第一編』(同庁、一九三八年)八六〜一〇七頁。

(5)　角銅利生(厚生省軍事扶助課)「銃後奉公会について」(『社会事業』二二—一一、一九三九年)三一頁。

(6)　前掲朝日新聞社山形支局編『聞き書き　ある憲兵の記録』三八頁。同書はこれ以外にも村や隣組など、末端の生活扶助「規約」などを紹介しており、興味深い。

(7)　前掲「日支事変下農山漁村実態調査」の「第五輯　応召農山漁家及一般生活事情」(前掲『資料 日本現代史11』三五三〜三八四頁)によると、「銃後後援会」的団体、村当局が兵士一人当り二〜五円程度の餞別を送る事例が多数観察される。

(8)　『夜須町の大東亜戦史』(福岡県夜須町、一九七〇年)二五七頁、同町出身元兵士の回想。

(9)　一九三八年一月六、八日付斉藤次郎〔仮名、歩兵第六五連隊輜重特務兵〕陣中日誌、小野賢二・本多勝一・藤原彰編『南京大虐殺を記録した皇軍兵士たち』(大月書店、一九九六年)四六・四七頁。

(10)　この時期『入営出征　軍人式辞挨拶の仕方』(日本弁論研究会、一九三八年)などのマニュアル的著作が多数刊行され、「其の後戦地から御無事で御奮戦あそばすお便りがございましたでしようか—それは御目出度うございます」(「出征兵士留守宅慰問の挨拶」の例、一三〇頁)と町村長や婦人会など公的団体による兵士の歓送迎、兵士・遺家族慰問のさいの挨拶の仕方が詳細に説かれているのは、これに対する相当の社会的需要が存在したからにほかならない。

(11)　東京府編『東京府軍事援護事業概要』(同府、一九三八年)は府内各市区町村「銃後後援会」の活動内容を記録しているが、目黒区が設立した「出動将士後援会」のように、慰問のさい遺家族一人当り一円を支給(二八六頁)するなどの事例がみられる。ただしこれは全遺家族対象の儀礼的な少額の金銭支給であり、困窮者への生活扶助とは性格を異にするものである。

(12)　「支那事変に於ける出征(戦傷死)者遺家族の動向に関する調査(大阪控訴院検事局報告)」(内務省警保局『思想月報』五六、一九三九年)。

(13)　前掲「日支事変下農山漁村実態調査　第五輯　応召農山漁村及一般生活事情」。

(14)　註(12)に同じ。

(15) 上平正治（東京市社会局軍事援護課長）『軍事援護事業概要』（常磐書房、一九三九年）三七～四二頁。
(16) 角銅前掲「銃後奉公会について」三二頁。
(17) 三九年一月一七日、銃後奉公会設立に伴う全国道府県学務部長事務打合席上での、新井善太郎厚生省臨時軍事援護部長の挨拶（国立国会図書館憲政資料室所蔵「新居善太郎文書」所収）。
(18) 「自昭和十三年五月至昭和十四年六月大阪控訴院管内支那事変に因る社会情勢報告書（大阪控訴院検事局報告）」（『思想月報』六四、一九三九年）。
(19) 軍人援護会については、本書第二部第三章註(42)を参照。
(20) 「銃後後援会として活版刷の慰問手紙が送られるが、極めて平凡で兵隊も余り喜ばぬ。概ね体良き自己宣伝に過ぎぬ」（広島地方の帰還兵の発言、「出征帰還者の言動及犯罪に関する調査」、『思想月報』五八、一九三九年）。
(21) 岩手県江刺郡岩谷堂町銃後奉公会長の発言、前掲『表彰記録』一一六頁。
(22) 大分県西国東郡河内村銃後奉公会長代理の発言、前掲『表彰記録』一五九頁。
(23) 広島県公文書館所蔵『昭和十七年　銃後奉公会関係綴　A村役場』所収。A村については次の第二章を参照。
(24) 「戦地に居る間二回程県会議員や代議士の慰問を受けたが、〔中略〕其の費用で戦線の兵士に慰問袋や銃後の「ニユース」でも良いから少しでも多く送つて貰つた方がよい」（山形地方の帰還兵の発言、前掲「出征帰還者の言動及犯罪に関する調査」）。
(25) 前掲『表彰記録』一三五・一三六頁。
(26) 前掲『表彰記録』一二九・一三〇頁。
(27) 神奈川県足柄上郡松田町銃後奉公会の事例、前掲『表彰記録』三三頁。
(28) 三九年度中の北海道内の軍事扶助法による生活扶助は、遺家族八六六〇戸・二万七五一五人に総計一四一万九二五〇円六四銭（市部での最高限度額一人一日当り四二～四〇銭、町村部では三五銭）を支給しており、金額的には同年度中の銃後奉公会による扶助（対象人数は不明）の三倍以上に達している。四〇年度以降の北海道および他府県の状況は管見の限り統計がなく不明。
(29) ただしこの銃後後援会、銃後奉公会による生活扶助とは、あくまでも内縁の妻、私生児など戸籍の関係上軍事扶助法の適用を受けられない者、同法の適用を申請中の者などに限定された扶助であった（前掲『支那事変銃後後援誌　第二編』三七三頁）。道内の各銃後奉公会でも「軍事扶助に該当せざる」者に限り、法に準じて生活援護を行った旨の記録（上川郡神楽村の事例、前掲『表彰記録』一頁）がある。

(30)　同じく上川郡神楽村銃後奉公会の事例。「昭和十三年度より十六年度までの」同会事業経費内訳は、生活援護延べ一八九戸（四三〇人）・一万二一四円、労力奉仕・家業援助一万五一六二名・八三三五円、軍人家族慰問二八三〇件・五三四五円、遺家族慰安会五二回二四〇九円、歓送迎三三三五円、餞別贈呈二四二二円などと報告されている。

(31)　前掲『支那事変銃後後援誌　第三編』二六三～二六五頁。

(32)　『日本社会事業年鑑（昭和十七年版）』一三三・一三四頁。ただし秋田・福島・栃木・長野・三重・大阪・福岡の七府県を含まない。

(33)　このうち全国の銃後奉公会による「生活援護」費の内訳は、「継続援護」費九一万八一八三円・対象戸数三万九六五二戸、「一時援護」費一一万四一二二円・一一万一五五九戸。これに対し、同年度の軍事扶助法による全国「生活扶助」費の総計は五二五〇万一六四一円・四六万三〇一〇戸と、総額で約二五・八倍、戸数で約三倍に達している。

(34)　軍事保護院理事官安立信逸の発言、『紀元二千六百年記念全国軍人援護事業大会報告書』（以下『報告書』と略記、軍事保護院・恩賜財団軍人援護会、発行年不明）二三〇頁。

(35)　同大会では第一部会が国民教化、第二部会が一般軍人援護（軍事扶助法の運用など）、第三部会が遺族援護、第四部会が傷痍軍人保護についての諸問題を分担審議することになっていた。

(36)　協議員小林槌雄（広島県社会事業主事）の特別部会での発言、前掲『報告書』二四五頁。

(37)　広島県協議員（人名不詳）の発言、前掲『報告書』一九三頁。

(38)　第五部会幹事高見三郎（軍事保護院事務官）の発言、前掲『報告書』二〇〇頁。

(39)　この支給額引き上げは答申にも組み込まれ、おそらくこれを契機に、四一年一月一日から軍事扶助法による一人一日当りの最高支給限度額が従来の六〇～三五銭から七〇～四三銭に引き上げられた。

(40)　軍事保護院編『昭和十六年度軍人援護事業概要』（同院、一九四三年）一七五～二一六頁。

(41)　一九四二年八月一三日内閣次官会議決定「軍人援護強化運動大綱」（国立公文書館所蔵『昭和十七年公文雑纂　内閣次官会議決定』所収）。

(42)　『豊田市戦時関係資料集　第四巻』（同市教育委員会、一九八九年）一一五～一一九・二七五・二七六頁にみえる、東加茂郡松平村の事例。

(43) 前掲『昭和十六年度軍人援護事業概要』二三八・二三九頁。

(44) 同四四頁。なお「一般軍人援護事業助成」とは、政府が道府県、市町村などに一九三八年度以降毎年約一〇〇〇万円を支出し、軍事扶助法の対象外となる要援護者に生活扶助などの援護を行わせていたもの。

(45) 陸軍省人事局恩賞課長倉本敬次郎大佐の発言、前掲『表彰記録』一七一頁。

(46) 第八一議会衆院薬事法案外二件委員会(第九回)における、伊藤東一郎委員(元軍人、大政翼賛会岐阜県支部顧問)の発言。

(47) 藤原孝夫政府委員(軍事保護院副総裁)の答弁。

(48) 藤原孝夫軍事保護院副総裁の「慰問よりも増産　今後の軍人援護はこれ」と題する談話(一九四四年四月二七日『西日本新聞』掲載)。

(49) 藤原孝夫『戦力増強と軍人援護』(日本経国社、一九四五年)三一九・三二〇頁。

(50) 軍人援護会山口県支部『軍人援護の根本と銃後奉公会の運営』(一九四五年)一〇・一一頁。

(51) 前出の全国軍人援護事業大会第三部会では、遺族における「種々ノ恩典援護ニ狎レ若クハ援護ヲ当然視スル傾向」への対策として、慰問を兼ねた市町村単位の遺族懇談会開催が香川県などから提起されている(前掲『報告書』三一四頁)。

(52) 全国軍人援護事業大会における議論でも、帰還兵から聞いた話として、自分は町から月々慰問品を送ってもらい「感謝ニ堪ヘナかったが、まったく慰問が来ない他地域出身の兵士の中には「一体吾々ノ生レタ所ノ町村ハ何ヲシテ居ルノダラウカ(中略)町ノ役場ナンカ一ツ引ツクリ返シテシマヘ」と憤る者たちがいた、といった指摘がなされている(千葉県方面委員大橋三司の発言、『報告書』二三九頁)。

第二章　戦死者遺族と村
——太平洋戦争期における——

はじめに

戦時中、戦死者遺族に対して支払われた恩給扶助料・賜金の所有をめぐって、遺族間で紛争が多発した。それは前線兵士の士気を低下させる要因とみなされたから、政府は紛争の発生防止を喫緊の課題とした。そこで政府は一九三八年五月以降、全国各市区町村ごとに吏員・議員・方面委員などを委員とした軍事援護相談所を設立させ、軍人遺家族（遺族家族の総称）の相談全般にあたらせた。「遺族若は家族間に於ける賜金、扶助料又は戸籍を繞る紛争の解決」[1]もその主要な任務の一つであった。さらに道府県ごとに中央軍事援護相談所を置き、市区町村相談所の連絡統制および市区町村では解決困難な事件の取り扱いにあたらせた。三九年四月以降、全国各市区町村ごとに銃後奉公会が設立されると、相談所はその中に置かれた。

佐賀朝氏の「日中戦争期における軍事援護事業の展開」は前章でもふれた通り、各市区町村銃後奉公会は遺家族の権利意識を抑圧する「社会的総監視」の体制として「機能した」と評価する。一方で利谷信義氏は、扶助料・賜金の受給順位が明治民法に規定された扶養権利者の順位とは異なり、配偶者たる妻を第一位としていることなどから、当時の遺族政策が家族制度の名の下にではあれ、「戦没者の遺志を忖度」した「現実の家族生活の保護の道を選んでい」[2]たと指摘している。

本章では、両氏の指摘の妥当性を、現実の遺族紛争事例から問いなおしてみたい。一口に遺族間紛争の防止、国家の援護・「恩典」に対する「権利意識」の抑圧というが、そうした政府の意図に対し、個々の市町村当局はいかなる意識をもって行動し、どこまで「現実の家族生活の保護の道」をとっていったのか、すなわち紛争の具体的争点や解決過程における市町村当局の役割、遺族側の意識の問題について、従来の研究は実のところ必ずしも明確にしていないのである。また戦争長期化に伴い、国家負担軽減の見地から「生業援護」(=職業補導による自活)が重視されていった、とする佐賀氏の指摘それ自体は首肯できるが、個々の市町村(銃後奉公会)が職業補導・授産の実施に際して果たした具体的な役割については、従来の社会事業史研究[3]と同様、さほど解明されているわけではない。

本章では以上の諸問題を、広島県内の一農村で一九四二年、恩給扶助料の分配をめぐり起こった遺族紛争の事例をもとに、他地域の事例や全国的な政策の展開過程との関連性も視野に入れつつ検証していく。本事例は遺族間の扶助料分配問題・職業補導政策など、当時の遺族政策の特質についての、きわめて示唆的な事例と考えられる。ただし、プライバシー保護の観点から、以下事例とする村はA村と仮称し、人名もすべて仮称・省略とする。A村の関係史料は広島県立公文書館所蔵、イニシャルと実在の地名・人名は非対応である。

一　紛争の発端と扶助料・賜金

まずは太平洋戦争期に至るまでの、各市町村における遺族紛争防止・解決の制度的枠組みの整備過程を概観しておこう。政府は、一九三八年の軍事援護相談所設立後も、遺族中相談指導を必要とする者の大部分は女子であり、その「独特の心理を洞察せしめた結果に基づく適切な指導」が必要として、翌三九年度以降、道府県に経費を補助して女性の遺族家族指導嘱託を設置させた。その人数は四一年度全国で九〇七人に、四三年度一〇五〇人に上っている。(4)また四一年一月一一日、政府の軍事援護政策の中枢・軍事保護院は各地方長官宛てに「戦没者遺族指導要綱」を通牒し、その中で「遺族の親身の相談相手となるべき婦人」の設置を求めた。これに基づき、軍人遺族家族戸数少なくとも五〇戸に一人以上を標準として、市区町村銃後奉公会（市区町村軍事援護相談所）婦人相談員の設置が進められ、四三年度ごろには全国で九万余人に達している。(5)彼女たちは都道府県嘱託の指導監督のもと、軍人遺族家族の教化・指導にあたった。このように戦争長期化の中で、各市町村では遺族間紛争を未然に防止せんとする体制が整備されつつあったのである。

本章の分析対象・広島県A村でも軍事援護相談所が設置され、たとえば一九四〇年一～三月中に扶助および援護手続二四件、戸籍整理八件、家業の維持経営五件、子弟の教育二件、就職斡旋五件、その他二件の相談を受けており（うち「子弟の教育」「その他」各二件以外すべて解決）、恩典をめぐる紛争はゼロであった。(6)ただし、これから観察していく一九四二年二月の紛争で実際に遺族たちとの折衝にあたったのは、村長・助役・兵事係の男性三名である。同村が婦人相談員三名を設置したのは四三年四～六月に至ってのことである。(7)

紛争の主人公となった戦死者妻B子は当時二十歳代、夫（戦死後陸軍伍長）は一九四一年、中国戦線で戦病死した。A村村長がこの紛争に関し福山連隊区司令官に提出した翌四二年三月一六日付報告書によれば、(8)彼女は「［戦死者実父ト同一戸籍ニアレドモ（中略）相続人ニ非ラザルヲ以テ分家スル約束ニテ挙式シタ」もので子供はなく、夫の出征後は別の村の「実家ヨリ某工場女工トシテ働キ夫ヲ生命保険ニ入レ自ラ保険料ヲ掛金」し、戦死後その保険金一〇〇〇円を受け取っている。加えて国から軍人恩給の扶助料年額三六〇円（四二年一月一五日裁定）、特別賜金一二二五円、死亡賜金二二五円が支給された。

紛争の発端は、B子がA村長に出した翌四二年二月二五日（消印日付）の書簡[9]によると、彼女が二月一八日義父（＝戦死者実父）に出会い、相続者たる戦死者の実兄が頼りにならないので生活の面倒をみてくれるよう頼まれたことである。具体的には年三六〇円の扶助料のうち、いくばくかを渡してくれとの要求であった。

さきに述べたように、扶助料受給順位の第一位は妻たる彼女（二位未成年の子、三位夫、四位父母……と続く）であり、父親の要求もこれに基づいている。ではそもそもなぜ第一位は「一家の統率者であり、且つ一家の扶養義務者」であるはずの戸主[10]（ここでは戦死者実父）ではなく、妻なのだろうか。

前掲『軍事援護相談所委員参考書』は第一の理由として「子を立派に育てよ」という。「普通に於ても遠慮がちであるべきに、夫は戦没し、扶助料が戸主に給与されるならば、妻がどうして其の家にゐることが出来やう。〔中略〕斯く邪魔者扱を受ける地位にありながら、戦没者の血の繋りである遺児を、心身共に健全に養育することが出来るであらうか。故に遺児を立派に育てる為めには、国家が後ろ盾となつて、此の妻に大きな力を与える必要がある」（一六六頁）というのがその趣旨であった。第二の理由は「英霊の祭祀を怠るな」、すなわち「英霊に背くな、戦没者の遺族として矜持を保て、家門の栄誉を永く維持せよ」というものである。

確かに恩給法の趣旨は「弱者」たる妻の地位、利谷前掲論文のいう「現実の家族生活の保護」の見地に基づく規定ではある。ただしそれはあくまでも彼女が「単なる戦没者の妻」ではなく「戦没者の家にある妻」である場合に限ってのことであった。したがって妻の「婚姻は、戦没者に背くこと丶なるから、例令家を去らずしても戸内婚姻をしても、之を遺族として待遇せないことは勿論」ということになった。その意味で妻の立場の保護とは、彼女の主体的意思の尊重などではなく、あくまで「我が国固有の醇風美俗たる家族制度」維持という、厳然たる国家的方針に基づく施策だったのである。

　そのため同書は別の頁で、各種の恩典は「遺族全体に賜与せられるものであつて、謂はゞ戦没者の家に賜与せらる、のであり、順位があるのは、其の賜与を代表して受くる代表者の、順序を定めたもの」（一五四頁）との建前も強調している。それはけっして「戦没者の遺志を忖度」してなどいなかった。B子によれば夫は生前、彼女に「内には兄がいる〔中略〕親を養ふとは云ふて呉れるなと堅く申渡」（二月二五日付村長宛B子書簡）していたからである。

　そして、翌一九日には夫の兄三名がB子宅をおとずれ、金の分配を要求した。註（8）報告書によれば、「親ヲ代表シ兄弟側ヨリ扶助料ノ約半額ヲ親ニ譲リ生命保険金〔一千円〕ヲモ分ケ其ノ上一時賜金〔正しくは特別賜金〕ヨリ高価〔約八百五十円〕ナル墓碑ヲ建設シ相当ノ仏壇ヲ購入」せよ、というのがその主旨だった。これに対して彼女は「将来国民学校教員トシテ再起」する意志があり、「特設教員養成所ヲ卒業スルニハ多額ノ学資ヲ要シ尚将来生活ノ安定ヲ得ルニハ全部ノ要求ニ応ジ得ズ」との意向であった。二五日付B子書簡によれば「〔戦死〕公報当日より費用一切〔葬儀・生活か〕学費〔編入学した女学校の〕にも使って残金は多くない」状況であった。また別の三月一九日付の村長宛B子書簡によると、特別賜金・生命保険金は彼女が所有し、死亡賜金のみ義父母の手に渡っていたという。

　二五日付B子書簡によると、この申し入れのさい、一人の兄がB子と他の兄に向かって「帰りがけに籍のことをよう兄さん考へときなさい」と「お金分配したあと離縁か離籍をするらしい口振」で言ったという。前に述べた通り、離籍して家を離れれば、扶助料の受給資格は彼女から父親の手に移ってしまう。にもかかわらずB子は当初、この戸籍と扶助料受給資格の関係を知らなかったようである。彼女は同書簡中、「村長様助役様より離籍は差支ないと申して下さいましたのですがほまれの家に出て居ると近所の未亡人の方が話して下さいました　籍を其の家より離れると資格がなくなる扶助料も戴けなくなると出て居ると申して下さいました」と述べているからである。『ほまれの家』とは軍事保護院が遺族向けに年四回発行していた教化雑誌である。村長は善意で離籍（おそらくは再婚）を勧めたのだろうが、それはあくまでも扶助料を受給して学資とし、将来の生活を安定させたいという彼女の意志にもとることであった。この場合、政府の教化政策が同じ遺族間の情報交換を通じて（同誌は全遺族に配布するだけの部数は作成されなかった）、結果的に寡婦の立場を保護したことになろう。かくしてB子は「兄弟の間でわ（ママ）相対しての話でわ（ママ）解決出来ない現状と成りました　役場の方にて宜敷御取計ひ下さいませ」と村役場に仲裁を依頼するに至ったのである。

この政府の教化政策という問題に関して、彼女が二五日書簡中「十一月末に□□様（不明、援護関係の行政担当者か）をお伺いした時軍国の母の姿の本（軍事保護院発行の美談集）を戴きました（中略）どのお方も皆苦闘の中を奮起して更生されたお方ばかりの本強く生きる事を悟る事が出来ました　遺児は居らなくとも弱身にて更生してお国の為に働ける事希望と致して居りましたが現在の立場に成りまして御同情下さる皆様へ申訳なく思って居ります」、あるいは「やすらかにねむれとぞおもふきみのため　いのちさゝげたますら（し）をのとも」という皇后の歌を引用し、「畏多くも皇后陛下より有難き御歌を戴っ（ママ）て居る戦死者その遺族が事をおこしては申訳ありません」、だから「役場の方にて宜敷御取計」してほしい、と述べていることは注目される。

というのは、彼女は「名誉ある戦死者の妻」という政府の教化イデオロギーを直接利用することで、自覚的であったか否かは別としても、調停者たる村当局の「同情」・共感を得て、自らの権利・立場を強化しようとしているからである。この点は、戦時期の教化イデオロギーが持った一種の逆説的機能といえる。したがって当時の政府にとって、無制限に遺族の〈名誉性〉を称揚するのは危険なこととみなされた。一例を挙げると、前章で取り上げた一九四〇年の紀元二千六百年記念全国軍人援護事業大会において、軍事保護院事務官田辺茂雄は「名誉の家」といった遺族の門標を全国的に統一しては、あるいは遺族に「勲族」という族称を与えてはどうか、との地域の意見に対し、「永久ニ遺族ト云フヤウナ特権的ナ地位ヲ招来スル」と否定的見解を示している。[11] B子の行動・主張は直接政府に向けられたものではないが、そうした懸念の具体的な裏づけたりうるのではなかろうか。

さて一方、義父母の側も、「扶助料の方も月十円では少金故受け取らぬ（B子はこの額の配分を主張したのだろう）」と言い、それ以上の額を要求していた（三月一二日付村長宛B子書簡）。夫の実姉は、「せめて四分六に分けて両親に四分位御小使に上げて頂く様に御話下さいませんでせうか」との嘆願を「遺家族援護会長（正しくは銃後奉公会）御勤めの村長様」（村長宛三月一六日付書簡）宛てに出しており、この段階では双方ともに村役場を調停者として自己の主張貫徹を図っていた。

この双方の主張に対して、註(6)報告書によれば、村役場は一六日までに「市町村長ノ採リタル処置」として、以下の裁定を下している。

死亡賜金ハ葬儀其ノ他供養墓碑建設等ノ雑費ニ充当シ扶助料（年額三百六十円）中ヨリハ応召中家族（父母）ノ受ケシ軍事扶助（生活）ニ相当スル位（約一百円）ヲ老父母ニ渡ス如クスルヲ適当ト思料セリ　更ニ墓碑ハ三百円内外ノモノヲ建設スルヲ適当トシ仏壇ハ妻居住ノ場所決定シタル上自己ノ礼拝用トシテ買入ル、ヲ穏当トシ婚家（父母ノ家）ニハ新ニ購入ノ必要ヲ認メズ

B子は一〇〇円程度（年支給額の約二割八分）を渡すようにとの裁定の背景には、軍事扶助法による扶助が受けられなくなった両親の収入を維持すべきとの配慮があったのである。[12] ちなみに両親は一九三九年二・三月の時点で日額三五銭の軍事扶助を受給していた。[13]

しかし、この裁定で紛争が決着したのではなかった。戦死者実父が四月二日、B子の実家を訪れて「私の今迄の心

違をせめられ、お金の事につきこちらの両親にも申訳なき事を申され」たため、彼女は「主人の両親兄姉様達の御幸福をおいのりして無理な願はやめました父に云われるだけの金をさしあげ」（四月六日付B子発村長・助役・兵事係宛書簡）ようと決めざるをえなくなったからである。実際にB子は翌三日、「昭和十六年三月より至十七年一月迄の扶助金三百円戴きました故年四分の割にて百二十円の金を四月三日に□兵事係様をお願いして当役場にて渡」（四月二八日付、村長宛B子書簡）している。父母側にとって、確かに当初の半分という要求額こそ実現しなかったものの、この年四割（一四四円）という割合は、前出の戦死者実姉が要求していた額であり、彼らは私的な場で妻の「心違をせめ」ることで、自らの主張に近い額の扶助料を獲得したのであった。「此の首出に村長様助役様のお言葉もよそに金を父に渡しましたことを許して下さいませ」（四月六日付書簡）というB子の言葉からも、村役場の調停が必ずしも徹底されなかったことがわかる。

ほぼ一年後の一九四三年三月一〇日、A村村長は広島連隊区司令官が一月二五日実施した「戦没者ノ家庭紛争及夫人遺家族風紀問題ニ関スル実状調査」への回答中(14)、「家庭紛争ニ関シ処理シタル件数　一」と記しているが、これが本章で見てきたB子の事例である。同回答は調停の内容について当初のそれとは異なり、

夫ノ生家ハ資産裕ナラサル上親トシテモ己ガ血ヲ分ケシ子ガ名誉ノ戦死ヲナシタルハ情ニ於テ忍ヒ難キモノアルハ人情ノ常ナルコトト思ヒ村長、軍人援護事務主任（助役か）、兵事係等ノ斡旋ニ依リ単ニ自己ノ権利ノミヲ主張セズ大キク之ヲ道徳的ニ判断シ扶助料額ノ四分ヲ親ニ譲与シ残リ六分ヲ未亡人ノ生活費ニ当ツルコト、ナセリ

と述べている。つまり村役場は、父親が私的な場で激しく「自己ノ権利ノミヲ主張」し嫁の「心違をせめ」た結果を追認するかたちで、この紛争は「処理」済であると軍に報告しているのである。

こうした遺族間紛争に関する全国レベルの統計は、軍事保護院による一九四一年度までのものしか残されていない

が、それによると道府県中央軍事援護相談所・市町村軍事援護相談所合計の受理件数は六〇万三四七一件（解決五七万九八六二件・翌年度繰越二万三六〇九件）であった。うち市町村軍事援護相談所取り扱い分が五二万九六七五件（解決五一万五五六一件・翌年度繰越一万四一一四件）を占め、問題の大部分が市町村の段階で処理されていたことがわかる。この全国統計中、「家庭紛議」の件数は全国道府県・市町村合計で「賜金又は扶助料関係」一万四四四六件（解決一万三四一五件）、「戸籍及居所関係」一万八六七〇件（同一万七六九八件）、「遺骨遺産関係」一八〇六件（同一六五二件）、「其の他」七二四四件（六七五八件）と、いずれも九割以上の「解決」率である。(15)

このように、政府・軍への報告、統計上の数値だけを見れば、同時期の賜金扶助料をめぐる「家庭紛議」はその大多数が市町村の段階で、「自己ノ権利ノミ」の主張を抑制するかたちで「解決」されているかのようにみえる。だが、たとえ統計上「解決」と計上されている紛争であっても、本章の事例にみられるように、常に行政当局の指示が貫徹し、当事者間の完全な合意のもと、言いかえれば双方が自己の権利意識を抑えて「解決」しているわけではないのである。この意味でも、市町村という公的機関が遺族の金銭に対する「権利意識」抑圧の体制として、少なくとも常に機能しえていたとは言いがたいのではないだろうか。

さてこのときB子は、全国最大の民間軍事援護団体・恩賜財団軍人援護会が東京に設置した「軍人遺族東京職業補導所」に入所し、二年間の職業教育を受けることが決まっていた。彼女は義父から強要されて金を失ったことに関し、「私が上京いたしました後迄父、兄達から度々責めにこられても私は落着いて勉強できません」、「せめて東京の補導所卒業迄我儘が申許されたく思をりましたが、やはり私の心よりの間違でありました」（四月六日付、村長・助役・兵事係宛書簡）と無念・諦めの胸中を語っている。特別賜金・保険金の行方・使途は不明だが、B子には扶助料の件だけでも打撃となっていた。だがこの出来事は一方で、「此の度の入所も哀れ弱き身をはるはると勉強に行かずとも働く道は数ありますが、やはりいつ迄も心許るされない家庭に金のことについてあれこれと申されます故に、職業を手に持って居りますれば、どのような難題を申されましても、力強く生きられる」(同)との決意を一層固めさせることにもなったのである。

次節では、同補導所設置をはじめとする当該期の遺族職業補導・授産政策の展開過程と、その中でB子が村当局といかなる関わりを持ちつつ行動していったのかを検討したい。

二　遺族の職業補導教育・授産と市町村

B子が一九四二年四月入所した「軍人遺族東京職業補導所」とはどのような施設であり、いかなる経緯のもとに設立されたのだろうか。

政府は日中戦争勃発後、「遺族をして賜金扶助料其の他の恩典優遇にのみ依存し無気徒食することなく、勤労を旨として独立自営の基礎を固める」目的のもと、一九三九年度以降、道府県に助成金を交付して戦死者遺族職業補導事業を実施させた。四一年度の全国における助成成績は、適当な工場、商店、営業所、学校などの施設に委託して労働させる「委託補導」人員一五八三人・金額一六万八九七八円、講習会伝習会などの開催二八三八名・三万六四二四円、職業補導所の設置一八七二名・七万三九八一円、学資補給(職業修得のため就学した場合)四一五名・一一万四四四二円、合計人員六七〇八名・金額三九万三八二五円というものだった(16)。

こうした遺族の職業補導政策の背景には、遺族に「恩典優遇にのみ依存」させず財政的負担を増加させまいとする政府の意図があった。しかし彼らはけっして「徒食」していられるだけの待遇を受けていたわけではなかった。たとえば一九四〇年一一月、軍事保護院援護課長は軍人恩給の「遺族扶助料は〔軍事扶助法の〕軍事扶助料と比較して見ますと少い」[17]、すなわち五人家族までの場合、軍事扶助料は三九円、遺族扶助料は三九銭八銭でほぼ同額だが、六人家族の場合軍事扶助料は四二円八四銭、七人家族四六円一五銭、八人家族四八円七七銭……と増額していくのに対し、遺族扶助料は六人以上据え置きのため増額されないと語っている。しかるに四〇年二・三月に東京・大阪両市、宮城・神奈川・広島・熊本の各県で行われた遺族調査によれば、五人家族の家一三%、六〜一〇人家族三一%、一一人家族三%、すなわち五人以上の家族が四七%を占めていたという。また同じ調査で「生活程度下のものが五一%、中ののが三九%、上のものが一〇%といふ数字」が出たとされている。

このため各府県では遺家族を対象とした独自の授産事業を行っていたが、戦争の長期化とともに、その限界が指摘されはじめた。その一機会となったのが、前出の紀元二千六百年記念全国軍人援護事業大会である。議論の過程で愛知県は、「地方ニ於ケル施設不備ナル為其ノ目的ヲ達成スルコト充分ナラザルヲ以テ国立職業補導所ヲ枢要地ニ設置」[18]するよう政府に求めている。また静岡県も、自ら「軍人遺族補導所」を設置したと述べつつも、「母子寮、授産場、職業補導所等、密接ナ関係アル事業ヲ総合的ニ設置シテ、職業ノ補導授産ヲスル〔中略〕国立ノ補導所トカ、サウ云フ国ノ積極的ノ指導奨励」〔静岡県軍人遺家族指導員田中弥寿の発言〕[19]が必要と主張した。かくして、「遺族ノ特質ニ鑑ミ此ノ際特ニ各道府県毎ニ母子寮及保育所ヲ設置スル遺族職業補導所ヲ設置スルノ様アリト認メラルルヲ以テ之ガ実現ヲ図ル」ことが、大会の「建議」中、政府の政策課題のひとつとして成文化されるに至った。

軍人援護会が一九四二年四月、「国民学校高等科卒業程度の学力を有する者に対し必要なる学力補充を行ひ、国民的教養を高むると共に、高度の職業補導を為し独立自営の基礎を与へて指導的の職業婦人たらしむる」ため、東京に軍人遺族東京職業補導所を設立したのは、こうした社会的要請に応えてのことであった[20]。補導科目は和裁、洋裁、産婆、看護婦、栄養士の五課で修業年数は二年、定員は各課二〇名（毎年一〇名ずつ募集）であった。入所には同会各道府県支部長（＝知事）の推薦を必要とし、入所後は同会の寮に寄宿、保母が置かれたため子女の同伴も可能であった。翌四三年一月一八日、国営に移管している。

軍人援護会広島県支部は四二年二月一二日、各市町村長宛に入所者募集要項を通知し、B子はこれに応募、三月二三日A村村長宛に入所許可の通知が届いた。[21] 彼女は村長に対し、「晴れて第一回補導生として各方面より勢大（ママ）なる参列をうけまして入所式をうけましたことを最後迄忘れず必ず卒業致して農村のため又亡夫にかわりて御国の為に働かして戴く所存でございます」、「いたれりつくせりの設備に私は目を見張つてゐます」、「今日の光栄は永久に忘れなくあの靖国神社昇殿参拝のひとときは唯涙流れ頭も上らぬ思がいたしました」（四月一五日付書簡）と入所式当日の感慨を語っている。

四二年六月六日、A村村長は広島県知事に宛て、彼女の学資補給を申請した。それによれば、四二年四月～四三年三月の年間学資所要額五八〇円（内訳は寮費三三〇円、寮費雑費九〇円、体操着被服費五〇円など）中、自己負担可能分が一六〇円（扶助料三六〇円より父母への分与金・自身に掛けた保険料計二〇〇円を支払うため）であることから、差し引き四二〇円の補給が要請されている。[22] 八月に限度額一杯の四〇〇円が県庁より補給されたため、彼女は村役場に礼状を書き、「岡本主事（県の指導主事か）様より身上に就いての聞合せも手紙にて来て居ります　色々と激励配慮の手紙」である（八月一四日付、村長宛書簡）と県の援護担当者からも配慮を得ている旨を報告している。

上京後の彼女は村役場・県庁の種々の物心両面にわたる支援なしに勉学を継続することはできなかったのである。そして彼女はこうした支援に対して、「私達は幸福なる生活に遺族最高の軍人援護を受けて居ります、学業修得する苦労は筆舌につくしがたいけれども補導所に入りて心も晴れぐ〵しました事感謝しております」（四三年二月一七日付、村長宛書簡)、「新らしく新築された補導所の落成式にて前後多忙を見ました　当日は東条首相、多数の大臣の御来臨来賓の方達で講堂が一杯になりました、設備の整つた教室にて教を受ける私達〔は〕無上の感謝致して居ります」といった感謝の意を繰り返し述べている。

B子の以後の行動は、一九四四年以降のA村援護関係史料が欠如しているため残念ながら不明だが[23]、順当に行けば修了後、保健婦の資格を得ることができたはずである。扶助料紛争という不本意な経験を経たことでかえって学習・勤労への意欲を高め、村や県、そして国の支援・施設に感謝の意を示すというB子の事例は、むろん当時の職業補導政策の有効性を示すものとしてただちに一般化することはできないにせよ、今後戦死者遺族の意識・行動や、彼らの生活維持のため、市町村・府県が果たした役割を議論していくうえでの一素材・類型としてとらえることができると考える。少なくとも金銭的援護に対する「権利意識」、執着心の側面のみから、当時の遺族の意識・行動を議論するのは一面的にすぎよう。

もっとも、東京補導所を見学した軍人援護会京都府支部の厚生部長・牛島隆則〔陸軍大佐〕が、各道府県遺族家族指導嘱託を対象とした講習会で「〔入所できるのは〕僅か六十人足らずですから、全国から取りますから、一県一人とか二人とかで〔中略〕、一順皆東京の補導場へ行くといふことは、容易なことでないのであります。そこで授産と云ふ仕事が必要になつて来る[24]」と語っているように、遺族のすべてが彼女のような職業教育を受けられたわけではなく、むしろ「授産」すなわち日々の具体的な仕事のあてがいを必要としていた。この太平洋戦争勃発前後という時期は、前出の政府による遺家族の職業教育制度の整備拡充が進められる一方、個々の市町村レベルにおける授産活動の拡大を迎えた時期でもあった。

この問題について、いったんB子の事例を離れ、他地域の事例から若干の観察を試みよう。前出の軍人援護会・牛島隆則は、京都の同会授産所で展開しつつある遺族授産について、大阪の商店と手を結び、雑貨類を多量に注文を受け、「軍部の品物と民間の品物と調和がとれて、とぎれずに廻せる、未だ出来ぬか、未だ出来ぬかと催促を受けてゐるやうな状態」、「軍需品は今陸軍と海軍とでやつて居りますが相当数が来ます」などと述べ、有効な活動を活発に展開中と報告している。

ここに至るまでに彼は、市内の訪問婦に頼んで各遺族宅を訪問してもらい、生活程度を甲乙丙に分け、「甲の生活程度〔良好脱か〕、乙は大体心配要らぬ、丙は一寸何か故障があると生活が脅かされるといふ」三つに分けて記録させたという。結果、「総体の人員が千九百二十一人、その内甲が十%、乙が六十%、丙が三十%」、その他「少々心得が悪くて、生活が出来るから、まあ仕事はせぬでも、悠々として遊んでをればよからうといふ、横着な考への」、「注意を要する方が相当あ」った。

そこで彼は、「丙と注意を要するのとを、片つぱしから整理して、仕事し得るのに仕事せぬ、といふ人は、どんどん仕事の方へ差向けるやうにし、丙の方は私の考へでは、先づその家計の計画表を作りまして、例へば子供が四人ある、収入は月に三十円、扶助料が三百五十円、毎月どれ程不足が出るか、その不足をどう助けるか、それを一軒一軒に就いて研究しよう、かういふ風に進めてやりたい」と述べている。公的機関による遺族の授産は、このような各遺族の私生活に対する介入と表裏一体の関係のもとに展開されていたのであり、佐賀前掲論文のいう地域の「監視的機能」は、具体的にはこうした部分に求められよう。

ついで一九四三年度中における、各都市・農村部銃後奉公会レベルでの授産活動例をみてみよう。[25] まず都市部では、大阪府堺市銃後奉公会の事例だが、専任補導員一名を設置した家庭向き洋裁の実地指導〔講習修了者三七名、「概ね一日一円以上の収入能力を得るに至」らしめた〕、希望者に対する授産場での防具制作の指導従事〔延べ人員四七五五人、一日一円以上の収入あり）、鉄工所と連絡した就職斡旋（一日の収入一円以上、斡旋数一七件）を行った、というものがある。また福岡県久留米市銃後奉公会では授産場にミシン三五台を設置、入所人員一八名、「軍需品は軍被服廠出張所と契約し材料一切の発注を受け縫製し」、民需品の生産も行い、工賃は軍需品で最高七〇円・最低三〇円・平均五〇円、民需品最高六〇円・最低三五円・平均四五円を支払っている。

一方農村部でも、一九四二年二月に一万五〇〇〇円の経費をもって軍人遺家族授産所を設置し、ミシン二〇台を備え軍委託の作業を実施させている事例（福島県安達郡本宮町銃後奉公会）や、軍属家族三名・軍人家族八名・傷痍軍人家族二名・遺族二名を収容するミシン縫製の授産場を開設し、月収平均三〇円を得た事例（石川県石川郡金石町銃後奉公会）などが観察される。

これらは「表彰」の対象となった銃後奉公会の活動であるが、それ以外でも、一九四二年長崎県諫早市および周辺町村域の事例として、県の婦人遺家族指導嘱託が地域を巡回、戦死者寡婦の「貞操」を配慮して「縄ないムシロ織等女人ばかりの職場を求めて」就職を紹介したり、市立の授産場（裁縫）に入所を斡旋している事例が存在する。(26)

そして、こうした軍人援護会支部、市町村銃後奉公会などによる授産事業は、一九四四年ごろの段階において「授産場（共同作業場）の数は全国約九〇〇箇所に及び、数十万の遺家族が現に作業に従事している。作業の種類は軍需縫製作業を主とし、毛糸編物、竹細工、真綿加工、藁工品等(27)」だったという。その規模からして、当時の遺族政策を考えるさいけっして無視できない数字である。

政府はその四四年度から遺家族授産に関し、大都市では「航空工業其の他の軍需工業方面」より適切な品目を受注させること、農産漁村・中小都市でもこれに準じて「生活必需品等将来継続性ある品目」を受注させることに定めた。(28)戦死者遺族をも「戦力増強」策の一要素として組み込みつつ、戦時体制は末期的展開をみせていったのである。

むろん当時、奥むめをが「食糧増産を確保するために農耕に従事する者を国民の数の四割だけは確保しなければならぬ〔中略〕従つて、農事に従つてゐたものを、遺族、出征家族になつたからとて誰れ彼れの差別なく都会に出して都会の仕事に働かせようとするのは行き過ぎ[29]」と述べているように、生業の相違上、戦死者遺族のすべてが授産を必要としていたわけではない。そのため農業従事遺家族に対して、前出福島県本宮町銃後奉公会などでは「勤労奉仕班を数班編成し置き之に助成して農繁期の外必要に応じ奉仕せし」めるなど、農作業への助力を実施している。また広島県A村では、授産こそ行っていないが、少なくとも一九三九年中には「生業扶助」として軍人家族に噴霧器、製縄機などを支給している[30]。また四二年九月にも、県地方事務所に宛て助役名で、ある遺族のため「生業援護ノ意味ニ於テ」製縄機の優先配給を依頼するといった活動（ただし結果は不明）を行っているのである[31]。

以上に掲げたのは各地の断片的な事例であるが、戦死者遺族を対象とした職業補導活動が、個々の遺族と府県・市町村当局との物心両面にわたる密接な関係（時に、生活内部にまでの介入を伴う）のもと展開され、遺族の謝意を得ていたことは重視されねばならないだろう。今後とも地域間格差の問題などを視野に入れつつ、できるだけ多数の事例を収集して扶助料紛争解決や職業補導、農作業援助といった遺族政策上の重要な諸問題を総合的に分析し、その効果と限界を考察していくことが必要と考える。

三　論功行賞をめぐる紛争

これまで扶助料分配や職業補導といった「生活」上の問題をめぐる戦死者遺族と市町村との関係を観察してきたが、両者の関係はこれにとどまらない。たとえば叙勲・論功行賞の問題、すなわち死者の「名誉」の証を遺族中の誰が所有するかという「精神」上の問題がある。この点も、戦時中における遺族意識の問題を考えるうえで重要であると考えるので、再びB子の事例に立ち返り検討を行いたい。

B子が上京したのちの五月、夫に対する論功行賞が発表された。彼女は、「官報に亡夫の行賞が旭八と出てゐるといふことを前隊長様よりお知らせを受けました〔中略〕功賞(ママ)受取りは遠く東京にゐてはとも思ますけれどせめても故人を忍びたく思ます故私に御願申します」（五月七日〔役場受領印による〕付、村長・助役宛書簡(32)）と、あくまでも義父母ではなく自分が功賞物件を受け取ることを主張した。

ところが八月六日、部隊に出かけて実際に勲章などの功賞物件を受領したのは義父であった。彼女は彼から「部隊長様より仏壇に祭るように申されたから少しの間内の勲章仏壇に祭らして戴きたい旨の」便りを受け取り初めてこれを知ったため、「論功受取りに就いていかゞ御取計ひ下さいましたか御尋申ます」（八月十四日付書簡）と役場に抗議、返答がないため九月五日返事を督促している。

役場は九月八日、これに応えて「今回ノ行賞ニ関スル正式ナル公文書ハ八月三日当役場ニ受付四日ニ各関係者ニ通知書ト共ニ発送スル順序トナリ六日ニハ福山ノ連隊ニテ物件ヲ受領スルコトニナツテ居タ為貴殿ノ所ニ送付スルコトハ間ニ合ハズ貴宅□□□〔義父〕氏ノ許ニ送ツタ訳デス」（九月八日助役発B子宛「論功行賞ニ関スル件」の控え）と釈明するとともに、一〇日義父に対し村長名で「速ニ本人へ送付(ママ)」するよう申し入れている。

彼女は「部隊長様より特に私に受取る様にと御様子もあり前以て御願した訳です〔中略〕論功は連隊へは関係なきようですが、住所変更も委しく入所後通知致しております」（九月二〇日助役宛書簡）と重ねて自分の正当性を主張しつつ、一方で「こうした運命は巡り合せた人間と淋みしくあきらめては居りますが、一生家庭の安定なきにて生活するのかと思ひます時悲しく成ります」と、悲痛な心境を吐露してもいる。

これに対し村役場は助役の名で「貴女のお心持は充分察せられます　自分の亡き夫が皇国に尽しどんなお品を戴いてゐるのかと心にかゝつて居ることと存じます〔中略〕自分〔＝父〕の希望としては今回戴いた勲章をかけた肖像画をかいて貰ふ積りがあるので少し猶予して呉れとの事でした」（九月二二日付B子宛書簡の控）と事情を説明し、慰撫に努めている。

この問題は結局、父親が一一月「二十三日頃に□□〔地名〕より白色桐葉〔花〕章証書付従軍記章祭祀料遺品の一部」（十二月□日付〈消印による〉書簡）をB子に送付したことで決着した。B子も父親も、国家による身内の死の意義づけと、その象徴の所持に固執している（B子は勲章の所持を強く主張し、父親は「勲章をかけた肖像画」を作成する）ことは、当時の遺族の戦争観・国家観、政府のイデオロギー政策の効果を考えるうえで留意に値しよう。

なお注目すべきは、この論功行賞に併せて支払われた賜金三〇〇円（国債）に対するB子の態度である。彼女は村役場に対し、「色々と考えましたが只今修業中です故（先日県援護主事様が御面会する事が出来、戸山寮へ来て下さいました）色々と御話も賜り又私の心の中も聞いて戴きました、部隊より通知がありましたなら賜金受領の事は役場の方へお願致します故、分配も宜敷又□□（戦死者父母居住地）の方に入用なら故人の勲として上げてもよく円満なる解決を助役様兵事係様の所にて軍人援護に基き宜敷御取計らひ下さいませ」（四三年二月一七日村長宛書簡）と、賜金の行方については役場に一任、自分は拘泥しないと述べている。

「金のために〔の〕嫁」と再三義父から責められ、「二ヶ年の勉強の内だけでも落着いてやりたいのですが〔中略〕地の果迄も私の身金の問題の離れない苦るしい体を自分乍ら哀」（四二年四月二八日付、村長宛B子書簡）という思いが、彼女のこうした態度の背景にあったと考えられる。またこの態度決定に際して県の援護担当者が種々相談にあたっていることは、府県レベルの援護体制が末端まで実際に浸透していたのかを考えるうえで注目される。この賜金の行方は史料的限界から不明であるが、この事例からも、金銭に対する「権利意識」、執着心の側面のみから遺族の意識・行動を説明、あるいは議論することは一面的にすぎるということができよう。

おわりに

以上、太平洋戦争期における戦死者遺族の意識、彼・彼女らと市町村の関係の特質を検証してきた。本章で取り上げえたのはごくわずかの事例であるが、それでもこの問題を今後より深く考察していくうえでの重要な論点をいくつか含んでいると考える。

まず第一に、恩給扶助料紛争の問題である。本章で取り上げたある紛争事例では、戦死者の親は寡婦に扶助料の半分を分配するよう要求し、これに対して村役場は寡婦の生活保護の観点から、それより少額の軍事扶助受給額に相当する額を親に示したが、結果的には父親が寡婦を「強くせめ」るという私的な交渉によって、要求に近い額を獲得した。結局役場は自らの意向を必ずしも貫徹しえないまま、この結果を追認するかたちで「処理」済と軍に報告したのである。したがって、統計上の数字に過大に依拠して公的な調停の効果を評価すべきではなく、あくまでも個々の実態例に基づいた分析が今後は必要となろう。

第二に、遺族の労働の問題である。政府はその「徒食」を警戒の対象としたが、そもそも彼らは「徒食」できるだけの待遇など得ておらず、なんらかの勤労が必要となった。本章の事例では、寡婦の扶助料紛争における不本意な経験が、かえってその学習―勤労意欲を喚起したのである。そのさい市町村、さらに県・国の制度的枠組み（職業補導所設立や学資補給）は有力な支援となった。また当時、全国規模でみて無視できない数の遺族が授産による労働に従事していたが、それは「授産場」の設置や職業紹介といった市町村レベルの細かな日常的取り組みによって支えられていたのである。

第三に、戦死者遺族に国から与えられた勲章など「名誉の証」の問題である。遺族たちにとってそれを受けること、および誰が持つかは重要な意味を持っていた。このことは当時の国家のイデオロギー政策の〃有効性〃を示唆するものである。そのさい戦死者寡婦が勲章・遺品の所有に固執しつつも、賜金に関しては拘泥しない姿勢をみせたことは、当時の遺族の意識がけっして金銭に対する「権利意識」、執着心という面のみに収斂されえない、多面的性格を持っていたことを示している。ただし、この権利意識という問題に関連して言えば、「名誉の遺族」という国家の示したイデオロギーは、遺族によって自己の権利の主張・立場の補強に逆用されることもあった。当時の国家がこれを常に警戒していたことにも留意されるべきだろう。

このように、戦時中の戦死者遺族と市町村（銃後奉公会）との間には、単に「権利意識」を抑圧する側とされる側というにとどまらない、扶助料分配や職業補導・授産といった諸問題を通じての密接かつ複雑なつながりがあった。今後ともそうした公的機関の関与・介入が、現実の遺族の生活維持にどこまで影響していたのか、その有効性と限界を、可能な限り多数の事例に基づき解明していくことが必要と考える。

註

（1）軍事保護院前掲『昭和十六年度軍人援護事業概要』四七頁。
（2）利谷「戦時体制と家族―国家総動員体制における家族政策と家族法―」（『家族　政策と法6　近代日本の家族政策と法』東京大学出版会、一九八四年、所収）三四七頁。
（3）たとえば池田前掲『日本社会福祉史』七六三～七六九頁など。
（4）藤原前掲『戦力増強と軍人援護』二一三頁。

（5）前註に同じ。

（6）A村村長発広島県学務部長宛「軍事援護相談所取扱成績報告方ノ件」（一九四〇年五月一一日、『自昭和十四年至同十五年　銃後奉公会綴　A村役場』所収）。

（7）「町村銃後奉公会婦人相談委員整備状況書（昭和十八年六月三十日現在）」（『昭和十八年　銃後奉公会関係綴　A村役場』所収）。

（8）A村長発福山連隊区司令官宛「遺家族紛争調査ニ関スル件」（『昭和十七年　軍人遺家族援護事業一件　A村役場』所収）。

（9）以後B子はたびたび役場に書簡を送ることになるが、一九四二年分のそれは『昭和十七年軍人遺家族援護事業一件　A村役場』に、四三年分は『昭和十七年軍人遺家族援護事業一件　A村役場』にすべて収録されている。

（10）福岡県中央軍事援護相談所『軍事援護相談所委員参考書』（一九四三年）一六五頁。同書は福岡県が各市町村相談所委員に配布した法令とその解説集（ただし個別具体的な紛争事例が収録されているわけではない）で、政府の方針が現場の相談所委員、ひいては遺族たちに、具体的にどのような論理をもって説明されていたのかをうかがうことができる。

（11）前掲『紀元二千六百年記念全国軍人援護事業大会報告書』（以下『報告書』と略記）一三七頁。

（12）利谷前掲論文は恩給扶助料・特別賜金受給後、軍事扶助法による扶助の存続は改めて検討されることになった、と述べている（二三六頁）が、実際には「特別賜金ヲ収入トシテ（軍事）扶助法ノ恩典ヲ廃止スルト云フノガ現状」（石川県方面委員浦上太吉郎の発言、前掲『報告書』一三四頁）だったようである。

（13）『昭和十四年以降軍人援護会往復文書綴　A村役場』による。日額三五銭であれば年額一二七円余を受給していたはずであるが、のちになんらかの理由で減額された可能性もある。

（14）『昭和十八年　軍人遺家族援護事業一件　A村役場』所収。

（15）『日本社会事業年鑑（昭和十八年版）』八五・八六頁。「家庭紛議」以外の主な相談種目として「扶助及援護手続」（件数三二万七七七七件、うち解決三一万五三六一件、以下カッコ内同じ）、「就職授職関係」（三万五一九〇件—三万四一六三件）「家事の維持経営」（四万一三三九件—三万八六三一件）「子弟の教育」（一万四三六五件—一万三七九八件）「其の他」（一二万五八六九件—一二万二九五五件）などがある。

（16）前掲『昭和十六年度軍人援護事業概要』一四六・一四七頁。数値のみ『日本社会事業年鑑（昭和十八年版）』一〇一頁。

（17）青柳一郎「戦没者遺族援護事業に就て」（軍事保護院『遺族家族指導嘱託講習会講義録』一九四一年、所収）二一六〜二一七頁。この

講習会は四〇年一一月三〇日～一二月三日、東京市にて各道府県遺族家族指導嘱託を対象に開催された。
(18) 大会開催に先立って厚相諮問に対し提出した「意見」（前掲『報告書』三一七頁）。
(19) 前掲『報告書』一二〇頁。また佐賀前掲論文も、石川県が三七年中にミシン授産場を二か所、翌年二〇か所設置し、合計五〇〇名の遺家族婦人に作業を行わせた事例を紹介している。
(20) 一九四四年度までに軍事保護院が整備したその他の戦死者寡婦職業補導制度として、中等教員養成（東京・奈良に特設中等教員養成所を設置、各定員およそ三〇名）、国民学校訓導養成（宮城、東京、岐阜、広島、熊本に特設国民学校訓導養成所を設置、この五か所に初等科訓導養成科を設置、各定員およそ二〇名、岐阜・熊本のみ本科訓導養成科を設置、各定員およそ三〇名）、女子医学専門学校（岐阜県立ほか五校、各校とも一〇人程度）への入学斡旋がある。以上は藤原前掲『戦力増強と軍人援護』二一九～二三一頁を参照。
(21) 『昭和十七年　軍人遺家族援護事業一件　A村役場』。
(22) 前註に同じ。
(23) 軍人遺族東京職業補導所に関しては関係史料に乏しい。管見の限りでは現在のところ、B子が退所したであろうのちの一九四五年に至っても入所者募集を継続していることが、新潟県地方事務所長発各町村長宛・同年二月三日付通達（『上越市史 別編7 兵事資料』二〇〇〇年、五六二頁収録）によって知られる。ただし同補導所は四五年四月一四日戦災焼失、終戦時仙台市に疎開している。この点は、甲賀春一編『本庄総裁と軍事保護院』（青州会、一九六一年）年表と別表「軍人援護事業一覧　昭和二十年九月末日現在」を参照。
(24) 恩賜財団軍人援護会京都府支部厚生部長陸軍大佐牛島隆則「職業指導の実際」（軍事保護院『遺族家族指導嘱託講習会講義録』一九四三年、所収）。この講習会は開催日時が記載されていないが、内容からみて一九四二年中の四月以降に実施されたとみられる。
(25) 以下の事例は『軍人援護功労　銃後奉公会表彰録』（軍人援護会、一九四四年）参照。同書は四四年一〇月、同会が全都道府県より優良銃後奉公会を各一選抜表彰したさいの「功績要項」を集約したもの。
(26) 拙稿「戦時中の戦没者遺族」（『歴博』九七、一九九九年、本書未収録）。
(27) 藤原前掲『戦力増強と軍人援護』二三二頁。

（28）同二三二〜二三四頁。
（29）奥むめを「遺族家族の職業指導の実施」（前掲『遺族家族指導嘱託講習会講義録』〈一九四三年〉所収）。
（30）『昭和十三年度応召出動軍人家族生業援護金整理簿　A村役場』。同史料によれば、一九三九年五〜九月に、村内の軍人家族一九名に五〇〜四六円の「生業援護金」を支給、そこから噴霧器、製縄機などの機材を購入提供している。ただし他年度の状況は不明。
（31）「製縄機優先配給方依頼ノ件」（『昭和十七年　軍人遺家族援護事業一件　A村役場』）。
（32）以下B子と役場との応答は、『昭和十八年　軍人遺家族援護事業一件　A村役場』所収。

第三章　兵士の死と地域社会

はじめに

本章では、満州事変～太平洋戦争期の各町村レベルにおける出征兵士の歓送迎や慰問文送付といった激励・慰問活動、戦死者の公葬・慰霊活動の実態を検証し、そこから地域社会と戦争との関係のあり方、特質を論じる。

当該期における上記の諸活動については、戦後に編まれたほとんどすべての自治体史が、その地域と戦争の関わりを叙述するうえでの格好の素材として、多くの頁を割いている。だがそれは、歓送や慰問、公葬が行われたという「事実」の紹介にとどまっている。[1] それらの活動の実態と、当時の人々の心性に与えた影響についての詳細な検討は、たとえば兵士に送られた慰問文が紋切り型、形式的であったことが当時からすでに指摘されていた程度で、「紋切り型」＝「無意味」ということなのか、ほとんど行われてこなかったように思われる。しかし政府は、先に第一章で指摘したように、各市区町村銃後奉公会に対して「役職員率先慰霊、慰問、慰藉等積極的活動ヲ為スヤウ促スコト」[2]と、慰問・慰霊の実施を太平洋戦争勃発後に至っても督励し続けていたのである。今日の目からみれば「紋切り型」にすぎないはずの慰問を、なぜ政府は戦局悪化に至るまで督励しつづけたのか。単に現実を知らなかっただけなのか、あるいは地域の慰問になんらかの、強く奨励するに足る効果を認めていたのか、という問いを立ててみることは可能だろう。

一方この時期、兵士の激励や慰問、葬儀などに用いる挨拶・文章例を多数掲載した、「激励・慰問マニュアル」とでも呼ぶべき書物が多数市販されていた。その一例として、『戦時下に於る式辞挨拶手紙模範集』（『雄弁』三〇―一付録、一九三九年）を掲げる。[3]歓送ひとつにしても村民代表、婦人会代表、学校長、そして当の兵士などの話者が具体的に想定され、「御一家御一門の御名誉ばかりでなく、同じ町内の私共の光栄でもございます」（婦人会代表の挨拶例、一六頁）、「郷土の名誉を汚すが如き振舞は断じて致しません」（出征する兵士の挨拶例、一九頁）などといった、現在の眼から見れば紋切り型としか言いようのない「模範」的なことばの例が多数収録されている。これらの書物の存在は、その内容に対して一定度の社会的需要が存在したことを物語る。

〝郷土〟の激励・慰問、公葬は紋切り型にすぎなかったと片づけるのはたやすいが、それではなぜ紋切り型すなわち新味も誠意もないはずの「ことば」を当時の社会は多用していたのだろうか。私見では、それは前線兵士の〝労苦〟、戦死者の犠牲を公的に顕彰、意義づけることであり、兵士やその家族遺族たちの心性に与えた影響もけっして無視できないものだった。このうち地域における戦死者顕彰の具体例としては、従来主に忠魂碑・忠霊塔の建立が挙げられてきたが、[4]本章では戦中の地域社会が日常の多様な局面で用いた種々の「ことば」に着目し、その使われ方と意義をより詳細に、栃木や奈良などいくつかの町村の具体例に即して考察したい。

一　満州事変期の激励・慰問活動

まず満州事変期の町村レベルにおける兵士後援活動の実態を、栃木県足利郡御厨町（現足利市）の事例から観察していこう[5]。同町を事例として取り上げるのは、御厨町長が満州事変～一九四三年までの戦争関係町公文書類約三五〇点を個人的にファイリングした四冊の『綴』[6]が現存しており、従来の研究では必ずしも明確でなかった、当該期の各市町村における後援活動の全体像と意義の解明が可能になるからである。

同県内の各市町村は、満州事変勃発後の一九三二年三月ごろから軍部の指導により、各自「国防同盟会」などの名を持つ銃後後援団体を設立し始めた[7]。御厨町でも同年二月二四日「御厨町国防同盟会」が設立されたが、翌三三年度までの事業は講演会の開催程度であった。一方で同月二八日、「御厨町軍人家族後援会」なる後援団体が「充員召集応召兵士及出征軍人家族ヲ後援シ後顧ノ患ナカラシムル」（三月三一日議決の会則、『綴』①）べく独自に設立された。町長が会長となり、会員には「助役、収入役、町会議員、区長、各学校長、神職及宗教家、青年団役員、学務委員、町医、校医、分会役員、方面委員、消防組役員、婦人会役員、女子同窓会役員、其他一般有志」（同）があげられた。活動資金は、町民の「寄付金」でまかなわれた[8]。

三二年九月一六日付「出征軍人応召軍人調査」（『綴』①）によれば、同町から応召二三名、現役八名の兵士が出動していったため、軍人家族後援会は兵士の歓送、留守家族に対する「慰問金」五円の贈呈、在郷軍人会分会・青年団による労力奉仕、慰問袋発送などの活動を行った。「慰問金」は全留守家族に贈呈されたが、うち四軒の困窮家族に対しては「特別慰問金」月額七～一二円を支給している。ただし同年改正されたばかりの軍事救護法による救護が実施（各戸月額七円五〇銭～一六円五〇銭を受給）されると、特別慰問金の支給は停止された[9]。

『綴』から確認できる限り、町は満州事変期に少なくとも三回[10]、前線兵士に慰問状を発送している。そのうち三二年一〇月一三日付、町長・在郷軍人会分会長の連名で出されたものの内容を観察してみよう。

文中では、「晩秋蚕も良好なる成績に有之〔中略〕、小麦は十二、四円に奔騰し繭価亦二円三四十銭を予想の処俄然五円六十銭前後となり米作亦普通作と予想せられ居候」と、兵士たちの関心の的であろう農蚕業の景況も述べられてはいる。しかし慰問状の力点は、「暴戻なる支那軍閥に苦める満州三千万国民を救ひ之が独立を扶け更に安寧秩序を図りて皇軍の精華は遺憾なく発揮せられ帝国の国威を宣揚し東洋平和に尽瘁され赫々たる武勲は昭和史上に特筆せられ申すべく候」、「応召兵凱旋後の現役兵諸士は酷寒正に迫らんとする戦地に寡兵を以て神出鬼没の土匪残兵の討伐と時局の進展に寸時たりとも戎衣を脱すること能はさる御辛労を拝察し衷心感謝の至りに堪えす候」と、あくまで事変の意義の説明、兵士の〝労苦〟の意義づけ、称揚におかれていた。そして彼らの〝労苦〟の意義をより強調すべく行われたのが、

本町事業としては去る九月十五日満州〔国〕承認日には全町民小学校に集合承認の祝意を表し招魂社前ニ於ては奉告祭を執行し尚今日あらしめたる先輩勇士日清日露の戦死者の霊を弔ひ候亦出征軍人家族の慰問並各位の武運長久祈願を仕り候次に九月十八日満州事変一周年記念日に当りては町民大会を開催し席上出征軍人家族応召帰郷兵慰安会を催し謝意を表し〔た〕

と同じ慰問文中に記述したり、三二年一一月三日の帰還兵士凱旋祝賀会で兵士たちに「我陸軍〔空欄〕兵〔空欄〕君亦蹶然応召遠ク満州ノ野ニ馳駆シテ櫛風沐雨寒熱汚泥ト戦ヒ出没常ナキ匪賊ノ掃討ニアラユル苦酸ヲ嘗メ力戦奮闘克ク皇威ヲ発揚シ武勲赫々今日凱旋ノ盛儀ヲ見ルニ至レルハ誠ニ吾人ノ感謝ニ堪ヘザル所ナルト共ニ郷関無上ノ栄誉トスル所ナリ」という旨の「感謝状」を渡すなど、全町民が一致して兵士の〝労苦〟を認め、感謝しているという状況を演出、強調することであった。

事変の理由、意義の説明は、兵士ばかりでなく町民に対しても行われていた。慰問文中にも出てきた三二年九月一五日の満州国承認日、一八日の事変勃発一周年記念日の記念式典・「町民大会」などの行事がそれである。一周年記

念式典の日程は、「一、開会ノ挨拶（町長） 一、凱旋兵士並出征軍人家族慰安会 一、留守第十四師団長ノ感謝状伝達式 一、町民大会 宣言 決議 万歳三唱 一、講演会 講師秋草少佐（陸軍士官学校教官） 一、閉会ノ辞」というものだった。日程中の「宣言」の一部を以下に掲げる。

回顧スレハ満州ノ天地タルヤ日清日露ノ両大戦役以来這般ノ事変ニ至ルマデ十余万ノ尊キ生霊ヲ失ヒ数十有余億ノ国帑ヲ費シ実ニ血ト肉ヲ以テ購ヒタル地ニシテ我権益擁護上欠クヘカラサル地タルハ勿論我日本民族ノ生命線タルハ世界各国ノ等シク之ヲ認メサルヘカラサルモノナリ　吾人ハ此ノ重大時機ニ当リ満州派遣皇軍ノ労苦ニ対シ最大ノ感謝ノ意ヲ表スルト同時ニ帝国ノ国策遂行ト東洋永遠ノ平和トニ寄与センカ為メ如何ナル弾圧ヲモ排撃シ世論ノ強化ニ奮然トシテ邁進シ以テ国威ヲ中外ニ宣揚センコトヲ期ス　右宣言ス（引用史料中の傍線・傍点はすべて引用者、以下同じ）

事変の正当化が、過去膨大な犠牲と引き替えに得た権益の確保という、人々の歴史的記憶に訴えかける手法で行われている。先行研究でも、事変に対する民衆の支持形成過程を考えるさい、在郷軍人会の運動などとともに、市町村民大会も「国論喚起」策のひとつとして挙げられている[11]。だがその意味をより深く考えるなら、栃木県が事変一周年記念日に先立つ九月一二日、各市町村長宛に出した通牒「満州国承認時ニ於ケル行事ニ関スル件」の中で「我国カ満州国承認ヲナスヘキ理由ヲ国民一般ニ徹底セシムルコトハ最モ緊要ナル義」であり、「当日ニ於テ県下各町村長一斉ニ適切ナル事業ヲ行ヒ以テ県民ニ対シテ其重大性ヲ自覚セシメ更ニ満蒙問題ハ満州国承認ヲ以テ解決スルモノニアラスシテ益々国民ノ精神的団結ヲ堅ウシ国難打開ノ決意ヲ鞏固ニセサルベカラサル事ヲ意識セシムルコトハ切ナルモノ有之」と述べているように、そもそもなぜ満州は日本のものなのかという「理由」を民衆に説明し、「徹底セシムル」場だったと言える。この栃木県通牒が記念行事の具体例として提灯行列、旗行列などとともに「神社及戦死者記念碑

（日清日露戦役）参拝」や「寺院ニ於テ先輩ノ霊ニ対スル追弔会」を挙げているのも、人々の記憶喚起という政治的意図によるものであろう。[12]当日各戸に国旗を掲揚させたことは、上から示された事変の「正当性」を各町民が〝主体的〟に承認したというサインを示させることだったのではなかろうか。

翌三三年九月一二日の町国防同盟会協議会では、事変二周年記念事業として慰問状発送、墓地忠魂碑清掃、旗行列、留守宅慰問などの実施が協議された。三四年七月一〇日の同協議会では軍人家族後援会の解散、国防同盟会への事業・資産の引継が決定されている。後援会は満州事変終了まで存続と会則で決められていたためであろう。同年九月一〇日、来る一八日の事変三周年記念事業として留守宅慰問、墓地清掃、各戸国旗掲揚の実施が決められた。

以上、満州事変期に御厨町で繰り広げられたさまざまな活動の目的は、前掲の栃木県通牒も述べたように必ずしも自明ではなかった事変の「意義」、正当性を兵士たちや一般町民にも説明し、「徹底セシムル」ことにあった。なお事変を通じ、同町から戦死者は出ていない。

この後の日中戦争においても、御厨町では兵士の戦いの意義づけのため、まったく同じ手法が踏襲されることになるが、それは満州事変の経験に照らして有効と認められたためではなかったか。

二　日中戦争期の激励・慰問活動

一九三七年七月七日の日中戦争勃発とともに、栃木県内では、既設の各市町村国防同盟会が各種の後援活動を展開した。御厨町におけるその具体像を、『綴』②以降に収録されている毎月の国防同盟会役員会・国民精神総動員実行委員会記録などから観察していこう。

七月二六日、満州事変時と同様に町民大会が開催され、「我町民ハ重大時局ニ当リ政府ノ措置ニ信頼シ協力一致以テ其ノ所信断行ヲ支持」し、「各々其ノ生業ニ精励シ銃後ノ守リヲ強化シ出征将兵遺家族ニ対シ後顧ノ憂ナカラシメンコト」を期す旨の決議が行われた。

御厨町からの応召者は八月だけでも一七日六名、一八日五名、二〇日七名、二一日二五名と多数にのぼり、一六日正午小学校講堂にて送別式が挙行された。当日の式辞のため、町長が作った箇条書きのメモ（『綴』②）がある。まず戦争の原因として、「国民党排日侮日」、「支那国民政府ノ暴戻」の一層の拡大が挙げられる。「東洋永遠平和、隠忍自重、日支親善、帝国ノ権益擁護、進デ皇道ヲ世界ニ広メ世界人類ノ幸福増進」に努力してきた日本としては、不拡大方針を一掃して「断固国民政府膺懲」の方針である。「出征将兵社会的又家庭ニ於テ夫々重要ノ任務アル者ガ一身ヲ献テ国家ニ尽ス国民感謝形ヲ知ラス」、よって「町民ハ自奮自励時局認識町勢ノ進展ニ努力隣保共助ノ実ヲ挙ゲ又町会、国防同盟会消防組、軍人分会、軍友会、男女青年団、其他各種団体共一致団結銃後後援ノ実ヲ挙ゲ後顧ノ患ヲ除ク」旨の決意を示している。

満州事変期の慰問文と同様、この式辞も公定の〈正義〉に関することばを多用して兵士の〝労苦〟を意義づける内容にほかならなかった。なお『綴』には、戦況や政府声明に関する新聞記事切り抜きが多数収録されている。町長は、そこから日々〈正義〉に関することばを取り入れていったのであろう。

御厨町の兵士がどのような態度で出発していったのかは不明だが、当時そのように盛大な送別を受けた兵士がとるべきとされた態度とは、「この御後援を頂きます上は、最早何一つ思い残すこともなく、喜び勇んで君国の為に一身を捧げることが出来ます」といった「覚悟を自信ある言葉で述べる」(13)ことだった。彼ら兵士も同じく〈正義〉に関するマニュアル化されたことばを用い、儀式の場で表向き「自信ある」態度をとらされることで、その内心の不安、動揺が表面化することはなかったのである。

応召兵士一名につき町国防同盟会より五円、町・在郷軍人会町分会よりそれぞれ二円の慰問金が贈られた。その後は会役員が毎月一回町内の留守宅を分担して巡回、慰問金一円を各戸に贈呈している。[14] 勤労奉仕も町内住民を七つの労力奉仕班に編成、会委員の指導のもと随時行われた。

三七年一〇月二九日、上海「占領」を記念して、昼間小学校生徒の旗行列、夜七時から祝賀提灯行列が行われた。毎戸一人以上が参加し、各字の神社を参拝して回ることになった。[15] 一一月三日の明治節には、拝賀式のあと、「戦勝祝賀会」が開かれた。町長は「国民奉祝ノ時間」として、式典に参列しない町民にも宮城を遥拝させよとの通達を各区長に出している。祝賀会では以下のような町長挨拶（『綴』②）があった。

抑モ支那事変ハ暴戻ナル支那国民政府ノ多年ニ亘ル遠信近攻排日侮日抗日政策ノ結果ニシテ当初ヨリ我ガ帝国ニ於テハ只管日支親善東洋永遠ノ平和確立ノ為メ隠忍自重事件不拡大ノ方針ナリシモ本年七月七日北支盧溝橋事件トナリ国民政府ハ其ノ力ヲ過信シ我カ帝国ノ国情ノ認識ヲ誤リ一層抗日ノ非道ヲ逞フシ八月九日上海ニ於テ帝国海軍将兵ヲ惨殺シ然モ租界攻撃ノ野謀（ママ）ヲ現ハシ突如租界防備ノ帝国軍隊及ビ帝国三万ノ居留民ニ対シ空軍ノ爆撃ト砲撃ヲ加フルニ至ノデアリマス（中略）国際情勢ヲ見マスルニ本日ヲ以テ九ヶ国条約会議ヲ開会セラレ支那事変ヲ討議セラル、ノデアリマス往年ノ盟邦タル英国ハ何事ゾ米国迄モ引入レ帝国多年ノ信義ヲ忘レ今回ハ反対ニ我ガ帝国ヲ排斥シテ暴戻ナル支那ヲ援助シ蘇連ハ赤色ノ魔手ヲ振ヒ帝国ノ前途実ニ多難デアリマス　然シ天皇陛下ノ御稜威ニヨリ我ガ国ノ正義ト皇軍ノ忠勇義烈ト国民ノ協力一致ハ此ノ難局ヲ打開セネバヤマナイ

この「挨拶」や前掲の送別式式辞などを通じ、「日支親善東洋永遠ノ平和確立」という戦いの意義・正当性が、日本の国際的孤立化を論拠として、公の儀式の場で繰り返し高唱されていたのである。

前線の兵士には満州事変期と同様、繰り返し慰問状が送付された。町の有力者が名を連ねて[16]作成された日中戦争期初の慰問状（三八年四月二七日付、『綴』②）は、町民は皆「聖戦の状況と帝国政府不動の目的の認識を新にし挙国一致銃後後援の益々必要なる所以を痛感」しており、町当局が留守宅慰問に努め「各位御家庭に於ては何れも御元気にて銃後の守りを固め」ているし、在郷軍人会も「非常時第一回の総会」を開いて「軍友会員及愛国婦人会国防婦人会等も参列し軍国の郷軍総会として相応しきもの有之」、「堅忍持久のトーチカ陣を結成せられ銃後の守りを固」めているので安心してほしい、などと述べている。

この文章は、兵士たちの〝労苦〟を町内が一致して顕彰し、「銃後の守り」は堅いという状況を強調している点では満州事変時のものと変化はない。だが日中戦争は、満州という具体的な「権益」のかかった満州事変に比べ、正当化の困難な戦いであった。この慰問文中、「若葉の下に男々しくも聖戦に従はるゝ各位の武者振り姿も偲ばれ候」、「各位武運長久の為め例時祈願は申すまでもなく事ある毎に聖戦万歳を神仏に祈願致し居り候ニ付他事なから御安心被下候」、「先は各位聖戦の労苦を偲ひつゝ町の近況御報告申上くると共に益々武運長久を祈り上候」などと、「聖戦」という言葉がなぜ「聖戦」なのかの説明・確認抜きで繰り返し用いられていることは、内心では兵士の〝労苦〟の意義づけに苦心している様子を浮き彫りにしているように思われる。

御厨町当局とは別に、町を構成する区単位でも慰問通信の作成・送付が行われている。同町島田区では、『戦線慰問　ふるさとだより』と題するガリ版刷りの慰問通信を作成している。『綴』③に収録されている『ふるさとだより』は、三八年五月一五日付第三輯（全二頁）、第三の二輯（全二頁、発行日は同じ）の二点のみだが、第三輯では、区の在郷軍人分会員、消防組員、男女青年団員、区民の連名による「ごあいさつ」として、「お元気で益々御活躍の御事と存じます　銃後も長期戦に対応していよいよ本腰になつてまゐりました／国民めいめいが一人残らず自分の職場と今日の生活の上に、安心と元気と使命とを感じております／戦線の労苦をおもふ時、銃後の私共は感謝の心でいつぱいです／皆さまの身心健勝と武運長久とを熱禱し乍ら神仏の御加護を信じて暴敵降伏の日を待つております」という一文を冒頭に掲げている。のちに「桑は多少霜害を受けてゐたが心配する程ではない」旨の養蚕便りや麦作便り、徴兵検査や小学校教員の転勤といった区内の近況報告、「時局柄野戦の戦友をしのんで酒ぬきの簡易会食をなし、万歳を三唱して散会した」云々と町軍人会分会総会の景況を伝える記事が続く。また第三の二輯には、町出身兵士に一人の戦死者戦傷者もない旨の報告、「略奪は上手でもいくさは下手よ蔣介石は漢口でしかめづら」、「荒鷲羽ばたきや広いやうでせまい四百余州もひとにらみ」といった町民作の「都々逸賛歌」などを掲載している。

また町の青年団も独自に、『郷土風信』なる慰問通信（活字印刷、全一六頁、『綴』③）を三八年一〇月一日発行している。まず団長代理（団長は出征中）が挨拶として、「戦地から来る書簡の力強さに我々は益々奮起させられ裏面には必ず大きな感謝の情に浸るのであります（中略）諸兄の瞼に浮ぶ故郷の野や家や我々は何をして居りませうか。聖戦の力強い書簡に団員が答へずにゐられなかつたものがこの郷土風信であります」と語りかける。以下町内各区支部ごとの激励文・慰問記事が続く。

そのなかから、八木支部作成の諸記事を見てみよう。「慰問文を書く夜」と題する、支部長作の「血と汗を流して／君国のために戦ふ勇士のために／懐しきふるさとの／土の香りを送らむとする我が心」という詩がある。前半で「此の難局に遭遇して我等青年団員は挙団一致、政府の方針に則り、或は国策に順応し以て銃後の護りを完全に、国運の進展に尽す考へであります」との覚悟を披瀝し、後半では「今年は稲の発育も順調で二百十日も案外心配した程の事もなかつたので米も充分穫れると思ひます。初秋蚕も非常に良好」と述べる一団員の激励文がある。そして「我が町の宮に輝く日の御旗起てますらをとひらめけるかな」という別の団員作の和歌なども盛り込まれるなど、多彩な内容を有している。

一九三九年五月、御厨町でも国防同盟会が「御厨町銃後奉公会」に改組されたころから、町当局作成の慰問状に改良が加えられることになった。それまでの一紙物の慰問状を止めて町内から広く原稿を募り[17]、町内・青年団の動向や町民・児童作の文章作文、漫画、謎かけなどの娯楽記事など多様な内容を盛り込んだ『御厨通信』なる小冊子を作成するようになったのである。たとえば四一年五月一五日発行の『御厨通信』（全八頁）では、「みくりや　たより」と称して、町内各青年団分団より活動状況や住民の結婚、祭りの様子などといった町の近況を詳しく報告させている[18]。この『御厨通信』は、『綴』から確認できる限りでは一九四三年まで数か月に一回、前線兵士に送られた。

ただし『御厨通信』にも、毎号冒頭に必ず町長の「挨拶」文が掲載されていた。その内容はといえば、「今や銃後は老若男女小国民に至るまで米英撃滅の一念に燃え「撃ちてし止まむ」の体当りの意気が充満して居ります。役場に学校に工場に農場に家庭にも巷にも間髪を入れずの緊張味は日に〳〵加はゝつて居ります、斯くして第一線の御労苦一端にも御酬ひ度い」（四三年四月二九日発行分）というものだった。公定の〈正義〉に関することばを多用し、前線兵士たちの〝労苦〟の意義づけに努めるという点では、従来の慰問状と最後まで変化はなかったのである。そうした公的慰問の性格は、同じ号に掲載された「郷土出身の皆様異郷の気候風土にも御障り御座いませんか定めし御壮健にて御国の為に御働き下さることでせう、内地より遠察致し本当に有難く思つて居ります、私等こうして何の心配もなく其の日〳〵を送つて居られるのも皆兵隊さんの御蔭と思て感謝して居ります」という婦人会班長の激励文や、「前線の皆様が日夜君国のため御辛苦を嘗めておいでになりますが国内にある軍人も同じで深夜練習機の爆音を常に聴きますとき温い床の中に居るのが申訳ないと考へます」という一町民（在郷軍人か）の文章中にも、共通して観察される。

このように御厨町では、単に町当局だけでなく、青年団員や一般町民までもが慰問通信を作成し、町内の近況報告や和歌・川柳など内容に工夫を凝らす一方、「聖戦」、「君国のため」の戦いといった種々の〈正義〉に関することばを用い、その〝労苦〟の意義づけ、顕彰に努めていた。

他の銃後奉公会でも、同様の慰問通信が作成されていた。前出の『軍事援護功労銃後奉公会及隣組表彰記録』（一九四三年）によると、御厨町に隣接する足利市ほか多数の銃後奉公会が村の行事などを記した「郷土便り」を前線に発送し、兵士から「このまゝ読んで捨てるのは勿体ないといつて一号から全部保存してある。そうして皆に見せてゐるといふやうな感謝の手紙も山積してゐる次第であ[19]」るとの反響を得ていたという。あくまで援護を行う側の報告であることには当然留意されるべきであるが、〝郷土〟の慰問通信が前線兵士の一定の期待、謝意を得ていたことは指摘できよう。

三　〝郷土〟による兵士の死の称揚

1　公葬の実相

慰問通信をさしあたり生きている兵士の〝労苦〟の町を挙げた称揚だったととらえるならば、死んだ兵士の犠牲を顕彰する場となったのが町葬である。『綴』から確認できる御厨町初の日中戦争戦死者は、三九年一二月二三日に戦死した二十二歳の陸軍歩兵伍長（戦死後軍曹に昇進）である。彼の町葬は四〇年四月二六日、町収入役が受付係を、助役が葬場準備係を、書記が器具準備係を、在郷軍人会分会長・地元区長が葬列係を、軍友会長が葬場整理係・葬儀進行係を務める[20]など、町総掛かりで盛大に執り行われた。

葬儀のさい、町は戦死者の略歴を記したチラシ（『綴』④）を作成したが、そこには彼が「今時興亜ノ聖戦ニ従軍シ奮戦猛闘常ニ赫々タル武勲ヲ樹」てるも、「白兵ヲ奮ツテ力闘中、敵機関銃ノ集中砲火ヲ受ケ、遂ニ壮烈ナル戦死ヲ遂」げたこと、「前途有為、春秋ニ富ムノ身ヲ以テ興亜ノ聖戦ニ従ヒ、雄々シクモ殉国ノ華ト散」ったことから「勇義院忠良芳鑑居士」という戒名を送られたことが述べられている。町葬とは、戦死者の国家への献身を町を挙げて意義づけ、顕彰する場にほかならなかったのである。

この伍長の町葬のさい、「葬主、遺族代表挨拶要領」（『綴』④）なるマニュアルが用意されていたことに注目したい。「葬主」とは町長のことと思われる。遺族代表と交互に読んだのだろうか。

一、殉国ノ勇士故陸軍歩兵軍曹茂呂芳三君英霊ヲ迎ヒ／二、本日町葬執行ニ当リ遠路御繁忙中態々／三、師団長、知事閣下、貴衆議院議員、連隊区司令官、県会議員、各官公衙長軍人分会其ノ他多数名士ノ御参列ヲ得テ御丁重ナル弔詞御焼香ヲ辱フシ／四、最モ厳粛裏ニ葬儀執行ヲ済スコトヲ得マシテ／五、故茂呂軍曹殿モ嘸カシ満足セラレ／六、護国ノ神トナツテ益々皇基ノ御隆昌ヲ護ラル、コト、思フ／七、茲ニ寺院各位ノ多大ナル御尽力奉仕ト参列各位ニ対シ深甚ノ謝意ヲ表スル次第デアリマス

遺族たちが人前で泣くことは許されなかった。彼らに死者は「護国ノ神トナツテ益々皇基ノ御隆昌ヲ護」るであろうなどと葬儀の場で発声させることは、当時のある遺族指導者の言によれば、

〔戦死の〕電報が来てびつくりして居ると、そこへ在郷軍人分会長が来て名誉のことでございました。流石に武人の妻ですとほめられる。その次には護国英霊の神様の奥さんとせり上げて来て泣く訳に行かなくなる。〔中略〕覚悟して居りましたといつて御辞儀をする。段々強くなつて今更泣けなくなる。(21)

と、身内の死を名誉なものとして受容する〝身振り〟を強いることでもあった。この指導者は、そのうちに遺族も「転心」して「家はまだよいのだ、七十五のお婆さんがたつた一人の息子を戦死させてしまつて寄る辺もなくて困つて居

るといふ、家はまだよいのだ、下には下がある。家はまだよい方であるといふことをいひ出すやうになるとよい」から、「斯ういふやうな心理状態で、遺族の精神生活といふものは斯ういふ風に変つて行くのだといふことをお腹の中によく入れまして遺族の指導に当つて戴きたい」と述べている。慰問や公葬はまさに遺族たちの悲嘆を隠蔽・抑圧し、文字通り〝郷土〟を挙げた兵士の犠牲の称揚という状況を生み出す機能を持っていたのである。

慰問、慰霊を政府は奨励し続けたから、御厨町の人々がそれらの活動を行うことは、権力に対し「忠良な臣民であることの定期券(パス)」(22)を示す一機会に過ぎなかったと言えなくもない。しかし御厨町における慰問通信や町葬の内容をみる限り、彼・彼女らは国家に強制されたからそれを行っていた、と片づけるのは必ずしも妥当ではないように思われる。彼ら町民にとって、同じ〝郷土〟出身の兵士の「アラユル苦酸」（前掲満州事変時の帰還兵士宛感謝状）や「春秋ニ富ムノ身」での早すぎる死は、逃れることなど思いも寄らない「現実」だった。だからこそ彼らは何とかそれを意義づけてやりたいと、善意をもって努力したというのが実態に近いのではないか。ただ町民たちはその手段を、「撃ちて し止まむ」や「皇基ノ御隆昌ヲ護」るなどといった、公定の〈正義〉に関することばの高唱以外に持っていなかった。それは次項でみるように、皮肉にも兵士たちを「国家のための死」へと追いやっていったのである。

もっとも、遺族たちにとって「立派な町葬」――身内の死の公的な顕彰は、それを納得、受容させる一つの契機ともなった。内務省警保局『思想月報』は一九三八年の遺家族思想調査の中で、「家内一同も一晩中泣き明しましたが、今日になつては総て諦めて居る。国に捧げた身体ですもの卑怯な事は考へません。郷に居ても寿命がなければ死んで居る、立派な町葬をして貰ひ死んだ倅も満足でせう」、「村の人々が今では色々と我々遺族を慰安して呉れるが、此の気分を失はない様にして欲しい」(23)、といった遺族の声を収録している。

2　慰問通信における死の称揚

〝郷土〟は、戦死者の盛大な顕彰を前出の慰問通信を通じ、前線の兵士に伝えてもいた。それは結果的に、彼ら兵士が「国家のために死ぬこと」を賛美、絶対化することにほかならなかった。以下、その内実を検証する。

たとえば御厨町が満州事変期に作成した前掲慰問状は、町を挙げて「今日あらしめたる先輩勇士日清日露の戦死者の霊を弔」っていると兵士に語っていた。一九四三年四月二九日発行の『御厨通信』でも、在郷軍人会分会長が慰問文中で町の招魂祭にふれ、「神官の祝詞も神々しく祭場人なきが如し、時々糸の如きすゝり声は老いたる母の感激と遠き追憶なるべし」と、その様子を報告している。御厨町とは文字通り一致して兵士の死を顕彰し続けた〝共同体〟であり、そのことを慰問通信で繰り返し兵士に伝えてもいたのである。

御厨町以外で作成された慰問通信からも、かかる特質は観察できる。奈良県高市郡金橋村在郷軍人会分会が作成した『われらの勇士』なる慰問冊子がある。現存が確認できるのは三七年一一月発行の第一輯（全五〇頁）、三九年七月発行の第六輯（全七〇頁）のみであるが、とくに第六輯は兵士の死を称揚する記事を多数収録している点で注目される。まず口絵として、村の忠魂碑を中心にすえた「昭和十四年度招魂祭」の写真が入る。以下、村長、青年団長などの挨拶文ののち、村の出来事を綴った「銃後日誌」へと続く。その中には、兵士の村葬（日時不詳）についての小学児童の作文が掲載されている。

出征される時は「万歳万歳」と旗の波に送られて元気よく行かれたのに今は白木の箱におさめられて郷土へ無言の凱旋される日です。〔中略〕どこの家にも悲しさうな弔旗が北風に吹れて私たちに何かおしへるやうでした（尋常小学校四年女子、一三頁）

悲壮きはまる無言のがいせんを迎へやうとは、遂に涙にむせぶのみ。けれども「なき人のごいしを守り残された仕事に突進して行くのだ。我は」と思ふとぐーッと心が大きくなつたやうな気さへした。〔中略〕人々の弔辞はその功をほめ、その人を惜み、その悲壮を語る（葬儀で弔辞を朗読した男子、一二三頁）

『銃後日誌』は、いくつかの村葬における弔辞を全文収録してもいる。作文とは別の村葬で青年学校生徒代表が朗読した弔辞は、戦死者が戦地で病気入院したさい、青年学校に宛てて「思へば歓呼の声に送られ死を誓つて出て来た自分なのだ、これ位の事で内還されては銃後の皆様にどうして顔を合せられよう、然し自分は今日まで一生懸命努力し続けた積だ」という便りをよこしたと述べ、「この尊い精神こそ我が大和民族の持つ精神であり、東亜永遠の礎となる精神であらうと存じます」（一二三頁）と死者の「精神」を賞賛してやまない。

また別の三九年七月六日の金橋村葬では、児童総代の高等小学校二年生が弔辞中、故人が「一度彼の地に上陸しますれば、粉骨砕身以て尽忠報国の誠を致し第一線の重責を全うすると共に誓つて皆様の御期待に副ひたい念願でありますから皆様も何卒先生やお父さんお母さんの教をよく守つて早く大きくなつて立派な人になつて下さい」という手紙を「征途の半ばに学校へ下さつた」と述べている。彼は死者に対し、遺族自らも「『軍国の母』としての心強さを持たれて、新東亜建設の礎として、去りましゝあなたの冥福をお祈下さつてゐます」（四〇頁）と語りかけている。いずれも戦死者の「功をほめ」、その死を意義づける内容であった。

この『われらの勇士』は、「体裁こそお粗末な貧弱なものであれ、その中に書き綴られた文字の裏に潜む銃後の感謝の気持、郷土を護る気持と戦地で之を読まれる我等の勇士の気持とを相繫(ママ)び渾然一如とするよすがである〔中略〕、故郷からの便りが、故郷の匂ひ、故郷のおもかげを運んで来るたよりが一番の喜びであり、慰安であり、心の糧であるでせう」という村青年団副団長の文章にみられるように、本来前線兵士の慰安、激励を目的として作成されたはずのものだった。しかしその「故郷からの便り」は、郷土が死んだ兵士を熱心に、一丸となって顕彰していることを同時に伝えてもいた。村民たちにとっては、そのこともまた「銃後の感謝」、誠意の表現だったとしか言いようがない。

当時いくつかの村が兵士の家族、郷土の人々を撮影し、前線に送った『郷土将兵慰問写真帳』[24]（図3）は、かかる〝郷土〟と兵士の関係のあり方を象徴的に示す史料である。郷土の多数の戦死者を象徴する碑と兵士たちの家族、郷土の人々を並べたこれらの写真（図4・5）は、兵士たちに、自らの〝郷土〟が明治以降多数の戦死者を出し、かつそれを称揚し続けていることを、視覚の面から直接意識させたのではなかろうか。

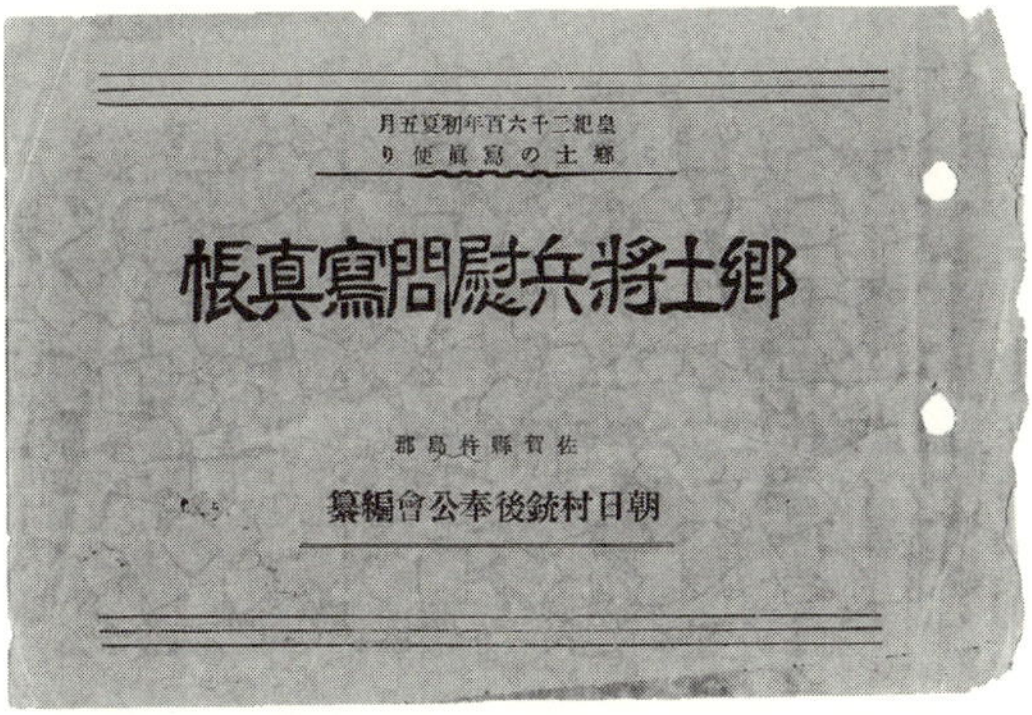

図3　『郷土将兵慰問写真帳』（佐賀県杵島郡朝日村銃後奉公会，1940年）表紙

図4　「忠烈従軍之碑」の前に立つ兵士家族（福岡県京都郡犀川村銃後奉公会編『郷土将兵慰問写真帳』1940年，より）

ところで、この時期の郷土出身戦死者顕彰という問題を考えるうえで、宮城県遠田郡南郷村の『南郷村出身各戦役従軍将士陣没勇士伝記』（同村教育会、一九四〇年）は特異な事例である。同書は戊辰戦争以降の村出身戦死

図５　忠魂碑の前に集う村在郷軍人分会会員一同（佐賀県朝日村『郷土将兵慰問写真帳』より）

者（日中戦争分は発行時点で二〇名）一人一人の事績を村内四小学校の教員が分担して資料収集・執筆した、いわば紙の忠魂碑性格を持つ大部（二三二頁）の書籍である。

同書はその「緒言」によれば村内各戸に配布されるとのことで、刊行の趣旨は戦死者の事績を記録に留めて末永く顕彰し、あわせて「日本精神の根本を培ひ、我が国策遂行の原動力を涵養」するというものであった。戦死者の顕彰が目的だから、当然彼らが〝何のために〟死んだのかが説明されねばならない。

同書は各戦役の部ごとに、冒頭でその時代背景と意義を説明している。「支那事変」の項では「排日侮日抗日は支那国是の如き観があつたのに、昭和六年の満州事変以来一層強烈に此の思想を国民に吹き込み」、「日本仇敵の敵愾心を煽り「倭寇殲滅失地回復」の国民標語のもとに日本と戦端を交ふるの機会を狙つて居た」ことが戦争の原因と説明されている。その「排日侮日抗日」の具体例として、同書が「昭和六年に著述刊行されたもので、此の本を所持せぬ者は中華民国の人間としての資格が無いとまで言はれた」という『日本征討論』なる書籍を用いているのは興味深い。この書は①「日本の国民思想は将に分裂の状態にある」（現状保持と現状打破の相克、軍隊は国民に信用なし）、②「日本は経済的に行き詰つている」（日本は国際間の同情がないから外債調達の見込みはないし、貿易も貧弱）、③「長期戦になれば第三国の援助がある」（支那は焦土戦術で広大地域に日本軍を分散させることができるから、長期戦に有利）、④「日本軍は実戦の経験に乏しい」（それがあるのは満州事変・上海事変参加部隊のみ）の「四大綱領」を掲げ、

果せる哉、其後日本の議会を見ると議会は事毎に軍備に反対し軍部横暴を叫び、軍部亦政党に好感を持たない。斯くして居る中に昭和十一年二・二六事件が突発する、愈々以て日本征討論予言の通り一ツ一ツよく劉合立証されて来る、日本人の誇つて居た大和魂といふ日本思想の分裂は、斯くまで極端に露骨に表面に暴露されて来ている。時は今だ、開戦の機が熟したのだ、起て中華民国、戦は将に今である

かくして「盧溝橋に於ける無謀発砲事件」に端を発した事変は今日に至っている。重要なのは、『日本征討論』なる書籍またはそれに関する情報を『陣没勇士伝記』編者がどこで手に入れたのかではなく、そうした現状認識を彼が懐き、戦死者の「伝記」という公的性格を持つ書物にまで書いたことである。戦争の結果を知っている現代の眼からみれば、まさに「予言」通りに負けたのであり、とても戦争の積極的意義づけ、士気の鼓舞などといえる文章ではない。文中に出てくるのは、この時期の政府が呼号した「東亜新秩序」建設などといった題目などではなく、戦争の先行きに対する不安感ばかりといっても過言ではないのである。戦死者の死、ひいては戦争そのものにいかなる意義があるのか、実のところ郷土の人々は摑みかねていたことを暗示しているように思われる。

このように「戦争の意義」が不明瞭化していったのは、当時の軍自身の戦死者遺族たちにさえ、それを明確に語れなくなっていったからである。この点について一例のみ挙げておくと、『陣没勇士伝記』刊行と同じ一九四〇年、ノ

モンハン事件敗北の責任をとらされて予備役編入となったばかりの陸軍中将荻州立兵は、それが遺族向けに行われた「遺族慰安講演会」であるにもかかわらず、「「ノモンハン」であの「ロシヤ」の奴にやられ而かも仇を討たずして帰つて参りました私」であるが、「皆様御遺族に対して慰問を申述べ」、新体制への努力を願う、などと述べている。(25) これに応えて遺族代表も「涙ぐましき御慰問の御言葉」に感謝する、とは述べているが、兵士たちの死の意義が何なのか、これだけ犠牲を払った戦争に勝つ見込みがあるのかについては、この講演会では何も語られていないのである。

とはいえ、あるいはだからこそ、南郷村『陣没勇士伝記』は「彼我銃砲声の交錯せる戦場の真只中に身を以て部下を励まし幾多の敵を撃滅せる自己分隊の銃側にて最も壮烈なる戦死を遂げ」、「護国の神として」(26) 靖国神社に合祀、叙勲されたなどと戦死者の個人的な勇敢さ、所属部隊の戦闘における貢献を称揚してやむことはなかった。それは先にみた御厨町の態度と同一である。そのような〝郷土〟の激励をこめた通信を受けとった、前線兵士たちの実際の反応をみてみよう。以下は四一年五月発行の『御厨通信』が掲載した、前線からの返信二通の一部である。

①　故郷の様子が手に取る如く一目に判る『御厨通信』本日非常に嬉しく頂戴いたしました。左の歌は『御厨通信』の皆さまの真似をして、日記帳に書いておいたものです。お笑ひ下さい。不覚にも惜しまぬ生命永らへて戦火の跡に春を迎えぬ（中支派遣軍桜井部隊本部の兵士）

②　銃後の皆々様ありがたうございます。皆様の誠ある御後援御鞭撻に答へる如く一生懸命に身命を君国に捧げて奮闘する覚悟でございます（中支派遣軍金沢部隊大石隊十一（中隊脱か）の兵士）

また、日中戦争初期の事例だが、前掲の奈良県金橋村『我等の勇士』第一輯は、在郷軍人分会長が出した慰問状に対する、朝鮮駐在部隊の兵士の返信を掲載している。彼は「出発の際皆々様の御熱誠なる御歓送に報ゆるの時はいつ、一死報国の夢のはがゆさつくぐ〳〵身に感じ候」、「昨日戦地に赴いた戦友が今日遺骨となり原隊に戻る有様をながめた時軍人として如何に無念なりや御察し被下度」と述べるとともに、慰問状でその死を知った、「軍人の精華となりて靖国の御社に鎮まれる」友人の冥福を祈るとしている。

ここで問題としたいのは、兵士たちが真に「身命を君国に捧げ」る覚悟を固めていたか否かということよりも、彼らが「国家のために死ぬこと」を至上の価値として称揚する〝郷土〟の町や青年団から、慰問通信や前出の歓送などの激励を受けた場合、そのたびに同じく「国家のために死ぬ」という決意を披瀝せざるを得なくなった、ということである。彼らがそうしたマニュアル的な「ことば」の発話を繰り返し強いられたことは、「身命を君国に捧げ」るという公定の〈正義〉の存在を不断に再確認し、規範化・絶対化して逆らえなくすることに他ならなかったのではないだろうか。[27] 実際、国家が〝郷土〟の慰問通信を奨励したのは、四二年ある陸軍省の課長が慰問通信に関し、「第一線将兵を激励するといふことに重点を置いて頂きたい。案外これがために郷土に甘へるといふことになつてはいけない、〔中略〕戦友が前線に働いてゐる逞しい活動ぶり、或は戦友の勇しく戦つた戦況の模様といふやうなものも入れて頂いて、これではいかん、われ〳〵も確りやらなければいかんといふやうな感じを持つやうにして頂きたい[28]」と述べたように、国家への献身の度合い（直接ふれられてはいないが、その究極のかたちが死であることは言うまでもない）を同じ〝郷土〟という枠の中で競わせる効果を期待していたからであった。

こうした一連の状況が単に御厨町だけではなく、当時の日本社会総体のものであったことを示すのが、さきに掲げた多数の市販「激励・慰問マニュアル」である。そこには激励や慰問、弔問を行う町当局、婦人会などの「模範」的挨拶例だけでなく、それを受ける遺族のための「本日斯くも盛大なる町葬を営み下され、〔中略〕剰へ護国の神として東京九段靖国の社にお祀り下さるに至りましては、日本男子の本懐之に過ぎず、我等唯々感泣の外はないので御座います[29]」というような答辞、兵士が歓送を受けたさい用いるべき「郷土の名誉を汚すが如き振舞」をけっしてしない、といった挨拶、同じく兵士が「只一死もつて報国を期すのみに御座候」などと銃後に出すべき手紙の「模範」例[30]も多数収録している。こうした「模範」例が必要とされたのも、ある「マニュアル」が、

支那事変の勃発して以来、俄然、演説が今までに輪をかけて隆盛になつて来た。出征将士の歓送に、皇軍の感謝に激励に、傷病兵や遺家族の慰問に、戦没将士の葬儀に慰霊に、その他事業に関する凡ゆる会合に於て、必らず幾多の式辞があり、挨拶などが行はる丶を見るに至つたのである。しかもそれが、比較的文化の中心地である都会にばかり行はれるのではなく、全く日本全国、今までさうした光景を見なかった、山村水廓の涯にまで、日章旗のはためく所、そこには必ず熱誠溢るる歓送激励の辞を耳にする。[31]

と述べているように、この時期の日本社会が総体として日々〈正義〉に関する「ことば」の発話を通じ、兵士が「国家のために死ぬこと」の絶対化を繰り返していったからにほかならない。

金橋村の一戦死者は生前、〝郷土〟への手紙の中で「思へば歓呼の声に送られ死を誓つて出て来た自分なのだ、これ位の事で内還されては銃後の皆様にどうして顔を合せられよう」などと述べたという（前掲、村葬での弔辞）が、これを単なる建前であって、彼らの内面を反映したものではないと片づけてよいものだろうか。というのは、戦場で捕虜となること、あるいは捕虜となっても身元が故郷に知れることを忌避した兵士たちの行動が思い起こされるからである。近年佐藤忠男氏は、彼らのこの行動について、「戦陣訓」の存在というよりもむしろ、残された家族に対する社社会的な迫害を恐れたがゆえのことだったと指摘している。[32]より詳しく言えば、地域社会が捕虜を出すことについて、「武士道的な強がりと団結が国是のようになった日清、日露戦争以後の日本の社会に大きな亀裂を走らせる怖れさえもあ」ったから、「強がりの団結を維持するためには犠牲の平等を求めて捕虜になった者には自殺を要求するに限る、と、べつに議論を重ねた結論としてではなく、感情の流れとして」、そのような現象が発生したのではないかと推論

する。

捕虜には自殺を要求するに限る、との確固たる認識が〝郷土〟の側に存在したか否かは別としても、その〝郷土〟が過去現在を通じ、戦場で死んだ兵士を公葬や慰霊の場において、数々のことばを用い称揚し続けたことは事実である。やがて公葬の場は「嗚呼諸子の尊き殉皇は真に興亜の礎石となりやがては東亜民族共栄の楽土となり、更に世界平和の確立に偉大なる力となることを固く信じて疑ひません。今や帝国は益々勝たねばならぬ興亡の竿頭に立つて居ります、蔣政権は申すに及ばず、英米の如き敵性国家群を悉く粉砕して、大東亜の新秩序を建設し、我国三千年の歴史をして永遠に光輝あらしめねばなりません」[33]と、若者の無意味な死を強い続ける黒幕・英米への復讐を誓う場へと化した。そのまま日本は破局へと突入していったが、慰問通信はそうした郷土の一連の動向を前線兵士に直接伝える手段となった。このことが兵士の側に、もしも自分だけが卑怯にも生き残ったら、〝郷土〟は自分や家族をどう扱うだろうか、という意識を持たせることにつながったのではないだろうか（前掲図4・5を想起されたい）。

戦陣訓の「常に郷党家門の面目を思ひ、愈々奮励してその期待に答ふべし。生きて虜囚の辱を受けず、死して罪過の汚名を残すこと勿れ」という条文も、こうした兵士たちの立場に即して作られたものではなかったか。捕虜となること、あるいは捕虜となっても身元が故郷に知れることを忌避した兵士たちの心情の幾ばくかは、彼らの〝郷土〟における戦死者の熱烈な称揚に淵源していたし、政府による慰問の奨励もそのこうした側面に着目したがゆえのことではないか、というのが本章の推論である。だとしたらそれは、当の〝郷土〟の意図とはおそらくかけ離れた、皮肉な事態であった。

おわりに

満州事変以降の各市町村では、たとえば軍人家族後援会や国防同盟会（のち銃後奉公会）などの名称を有する銃後後援団体を設立、歓送迎や慰問などの後援活動を展開した。それは地域の人々が、兵士たちの「国家のための死」を熱烈に期待したから、というのは正確ではないだろう。人々にとって兵士の苦戦、そして死は、逃れることなど思いもよらない「現実」であった。そこで町民たちは、内心では徴兵を嫌っていたであろうにせよ、同じ〝郷土〟の者としてそれをなんとか意義づけ、顕彰しようと善意をもって考えた。ところがその手段として彼らは、公定の〈正義〉に関する「ことば」しか持っていなかった。意義の見えない戦争が長期化して犠牲者が増えれば増えるほど、それを意義づけるためのことばもより声高に、過剰に語られていった。〝郷土〟を挙げた死の称揚は、慰問通信という手段を通じ、前線兵士に伝達されてもいた。慰問写真帳は、そのような〝郷土〟のまなざしを直接伝えた。

死者たちの死の意義づけのために戦中の社会が用いた「聖戦」などといった数々の「ことば」の内容自体は、その時々の社会・国際情勢に応じて後から付けた説明にすぎない。兵士たちの〝郷土〟は、兵士たちが〝なぜ、何のために〟死んだのか、『南郷村出身各戦役従軍将士陣没勇士伝記』の事例においてみたように、必ずしも明確な、一貫した見解を持っていたわけではない。なぜなら当の軍をはじめ、誰もそれを説明してはくれなかったからであるが、そうした態度を日本社会は今日に至るまで引き継いでいるように思われる(34)。しかし、そうした〝郷土〟挙げての取り組みに同調するかたちで、兵士や遺家族たち自身も「身命を君国に捧げ」る覚悟を披瀝したり、身内の死者が「護国ノ神トナツテ益々皇基ノ御隆昌ヲ護」るだろうなどと繰り返し声明させられていった。このことは、彼らが公定の〈正義〉の論理に逡巡しつつも同意し、やがて身内の、あるいは自らの死を受容させられていく過程にほかならなかったのではなかろうか。多数の市販「激励・慰問マニュアル」の存在は、かかる事情が本章で取り上げた地域のみならず、日本社会総体のものであったことを物語る。本部第一章においても指摘した通り、政府、軍が〝郷土〟の慰問・激励を奨励し続けた理由はまさしくここにあったと思われる。

ただし、戦中を通じて〝郷土〟が兵士やその遺族たちの〝労苦〟、犠牲の顕彰に努力し続けたことは、たとえそれが後付け、紋切り型の論理であっても彼・彼女たちにとっては身内の死の「意義」の公的な承認をうけることであり、それは彼らの一定度の謝意を獲得してもいった。そうした兵士や遺族の心情が、結局は彼らを体制に馴致させていったことを考えれば、紋切り型であるから意味がないと切り捨てることはできない。

註

（1）本章が分析対象のひとつとして取り上げる栃木県足利郡御厨町の例でいえば、『近代足利市史　第二巻　通史編近代（三）〜現代』（一九七八年）が同町当局作成の慰問通信（後述）などの存在に言及してはいる（六五九・六六〇頁）が、内容の詳しい分析は行っていない。

（2）「軍人援護強化運動大綱」（一九四二年八月一三日次官会議決定、国立公文書館所蔵『昭和十七年　公文雑纂　内閣　次官会議申合決定』所収）。同運動は毎年一〇月三〜八日、援護強化のため政府主導で行われた啓発運動。

（3）その他管見の範囲でも、日中戦争勃発以降、『入営出征　軍人式辞挨拶の仕方　付歓送迎の式辞挨拶』（日本弁論研究会編、一九三八年）、『出征兵士に送る慰問手紙文』（元文社、同年）、『昭和模範慰問文』（文貴堂、一九四〇年）、『出征兵士に送る慰問手紙文集』（積文堂、一九四一年）、『入営・除隊・出征・凱旋・歓送迎　式辞と挨拶』（白帝社・松栄堂、一九四二年）など多数。このほか『実際的挨拶と式辞』（教文社、一九三六年）など、一般の式辞挨拶例中に戦争・徴兵関係の模範例を含んだものも多く存在する。この手のマニュアルそれ自体は日清戦前から存在するが、日中戦争期以降のものは、より多様な話者・場面を想定して具体的に作られている。

（4）籠谷次郎「市町村の忠魂碑・忠霊塔について」（『歴史評論』二九二、一九七四年）、今井昭彦前掲「群馬県下における戦没者慰霊施設の展開」など。

（5）満州事変前の御厨町における兵士後援活動の実態は必ずしも明確でないが、『栃木県足利郡　御厨村々是』（御厨村〔町制施行は一九二一年〕一九一六年）三三・三四頁によれば、「入退営兵士送迎規定」が制定されており、「第一条　本村入営兵士ハ本規定ノ定ムル所ニヨリ送迎ヲナシ尚武心ヲ振興スルヲ以テ目的トス」、「第二条　入営者ハ餞別トシテ金員ノ寄贈ヲ受クルモ入営祝トシテ酒肴ヲ供セザルモノトス」、「第五条　送迎会ハ各字単独ニ開催セズ本村連合ノ上役場軍人分会及ビ青年会ニ於テ主催」する、「第七条　送迎会及ビ歓迎会ハ質素ヲ旨トスルモ精神的ニ盛大ナラシムルモノトス」るなどの規定がある。町ぐるみで兵士の激励・慰労が行われていたことが知られる。なお御厨町は一九六一年、足利市の一部となった。

（6）『昭和七年二月　満州事変上海事件（ママ）其他関係綴』『昭和十二年七月　北支事変支那事変（九月二日）関係綴』『昭和十三年一月　支那事変関係綴』『昭和十五年　支那事変関係綴』の四冊（一ノ瀬所蔵）。以下順に『綴』①～④と呼称する。

（7）功刀俊洋「満州事変期の地域「国防」団体―栃木県国防同盟会の事例―」（『鹿児島大学教養部社会科学雑誌』八、一九八五年）は、国防同盟会設立の前後の経緯を検証し、県内全市町村における同会の設立完了をもって、「ファッショ的国民支配」体制の完成と結論づけているが、それがいかなる意味で「国民支配」策たりえたのかについての分析は少ないように思われる。

（8）もっとも「昭和六年度御厨町軍人家族後援会歳入歳出予算書」（『綴』①）中、町民の「寄付金」は各区に具体的な金額を割り当てるかたちで計上されており、事実上の強制だったとみられる。

（9）「御厨町軍人家族後援会評議員会議事項（昭和七年四月十一日）」（『綴』①）。

（10）三二年二月二七日・四月七日・一〇月一三日の三回。

（11）功刀前掲「満州事変期の地域「国防」団体―栃木県国防同盟会の事例―」や、江口圭一「満州事変と民衆動員―名古屋市を中心として―」（古屋哲夫編『日中戦争史研究』吉川弘文館、一九八四年）など。

（12）山室建徳「日露戦争の記憶――社会が行う〈現代史教育〉」（『帝京大学文学部紀要教育学』二六、二〇〇一年）は、日清日露という戦争の経験・記憶が、満州事変以降の「現代日本」の動きを正当化する集合的記憶として機能したと先駆的に指摘する。この「集合的記憶」の個人・地域レベルにおける具体的な形成過程については本書第一部第一章、および前掲拙稿「日本陸軍と〝先の戦争〟についての語り」、同「紙の忠魂碑」を参照。

(13) 帝国軍事教育社編『最新図解　陸軍模範兵教典』（同社、一九三九年）九七・九八頁。同書は本書第一部第一章でも紹介した入営・軍隊生活のマニュアル的な書籍で、「慰問・激励マニュアル」と同様、多数の類似書が戦前を通じて刊行されていた。

(14) 八月二〇日の国防同盟会役員会における会議事項（『綴』②）。

(15) 「上海占領祝勝提灯行列要領」（『綴』②）。

(16) 文面に名を連ねたのは、町国防同盟会長（町長）、在郷軍人会町分会長、町青年団長代理、町消防組頭、町尋常高等小学校長、国防婦人会町分会長であった。

(17) 「第二十二回国民精神総動員御厨町実行委員会会議録」（一九三九年三月二七日、『綴』③）。

(18) こうした〝郷土新聞〟的なものの刊行は、『日露戦争実記』（六三、一九〇五年四月）が静岡県富士郡白糸、上井出、上野の三か村にて「郷里に於ける出征軍人留守宅の近況、及其村内の出来事等詳細に記したる新聞様のものを毎月二回発行」中と報じているように日露戦争中から観察されるが、一般化したのは日中戦争期からと思われる。

(19) 大分県西国東郡河内村銃後奉公会長代理の発言、前掲『表彰記録』一五九頁。

(20) 「町葬分担事務明細書」（『綴』④）。

(21) 友松円諦「遺族と修養」（軍事保護院編『遺族家族指導嘱託講習会講義録』一九四三年）一六〇頁。「遺族家族指導嘱託」とは、一九三九年以降婦人を各道府県嘱託として採用し、遺族家族の生活指導にあたらせた制度。友松は著名な仏教思想家だが、この時期遺族の「精神指導」にも従事していたのだろうか。

(22) 広田前掲『陸軍将校の教育社会史』第Ⅲ部第二章「「担い手」集団の意識構造」三八三頁。

(23) いずれも和歌山地方の遺族談話、内務省警保局『思想月報』五四（一九三八年一二月）一八九頁。

(24) 筆者が収集した範囲では、福岡県犀川村・忠見村、佐賀県五町田村・朝日村、熊本県白糸村、鹿児島県北有馬村などがほぼ同じ形式、十数頁程度の『慰問写真帳』を作成している。

(25) 『支那事変戦死者慰霊並に遺族慰安講演会記念誌』（佐藤製薬株式会社佐藤孝吉、一九四〇年）六七頁。佐藤は九月二二日、亡祖父追悼のため私財を投じて静岡県志太郡内の戦没者遺族を「全部」集め、講演会を行った。講師は荻州のほか前上海派遣軍司令官陸軍大将松井石根、前大本営海軍部報道部長海軍中将野田清、名古屋師団参謀長陸軍大佐井原茂次郎、在郷軍人代表陸軍中将柴山重一、静岡県兵事課長八木三男である。このとき柴山はノモンハン事件の「其の悲惨なる戦況は洵に御同情に堪へない〔中略〕私が聞くところに於ては洵に残念な結果で有つた様に、停戦協定になつたのを聞いて居るのであります。是は荻州中将に対し洵に御同情に堪へない」（一七頁）と述べている。およそ戦死者遺族に向かってする話ではない。

(26) 一九三七年一〇月、村で初めて戦死した陸軍歩兵軍曹の事績、『陣没勇士伝記』一四八～一五一頁。

(27) 広田前掲『陸軍将校の教育社会史』は、本書第一部「緒言」でもふれたように、戦時期の兵士や民衆の服従を調達しえたのはイデオロギーの「内容」ではなく「形式」だった、つまり兵営内での軍人勅諭の暗唱や国民精神総動員運動の諸形態のように、イデオロギーに関する「カギ言葉」の発声を不断に繰り返させることで、既存秩序の不断の再確認と実質的な服従の調達は可能であったと指摘している（三八三頁）。本章が分析対象とした慰問通信、公葬などはまさしく「カギ言葉」が用いられた「イデオロギー発動の場」の具体例となろう。また中島前掲「日露戦争『出征軍人来翰』の分析――「慰問状」の果たした役割と出征兵士の意識」は、日露戦争時、和歌山県粉河町出身の兵士六五名が小学校児童の慰問文に対して寄せた返書九七通の内容を分析し、その内容が「惰夫尚起」など、天皇や国家のため死を賭して奮闘を誓うものだったことから、慰問文は兵士に対するいわば「集団脅迫状」の役割を果たしたと指摘する。この指摘から本章は多大の示唆を受けたが、一方で地域の送った慰問状は具体的にいかなる内容だったのか、〝郷土〟による慰問と公葬は兵士たちの労苦・犠牲の顕彰という視点から統一的に把握されるべき事象ではないか、といった問題が新たに生じるように思われたため、その検討につとめた。

(28) 前掲『表彰記録』の懇談会における、陸軍省人事局恩賞課長倉本敬次郎大佐の発言（一七一頁）。

(29) 前掲『戦時下に於る式辞挨拶手紙模範集』一〇五頁。

(30) 前掲『昭和模範慰問文』八一頁。

(31) 前掲『戦時下に於る式辞挨拶手紙模範集』二二頁。

(32) 「草の根の軍国主義」（『近代日本文化論10　戦争と軍隊』岩波書店、一九九九年）。

(33) 一九四一年一一月一五日、佐賀県佐賀市の循誘（校区）婦人会長（循誘小学校長）が「支那事変戦没者招魂祭」において朗読した祭文（循誘婦人会編の追悼録『嗚呼忠烈』〈同年発行か〉所収）の一節。同書は同区出身の日中戦争戦死者一七名の「戦功」と佐賀市長・在郷軍人分会長などの祭文を収録したもので、招魂祭ののち関係者に配布されたと思われる。

(34) 戦後社会の末端レベルにおける〝先の戦争〟の意義確認と受容の問題については、拙稿「戦後地域社会における戦死者「追悼」の論理」（『季刊　戦争責任研究』三七、二〇〇二年、本書未収録）にて若干の分析を行っているので参照されたい。

結論——近代日本の徴兵制をより深く理解するために

本書では、近代日本の徴兵制が社会の中でいかなる論理のもとにその存在を正当化され続け、結果敗戦に至るまで存続しえたのかという問いに答えるべく、徴兵を支えた具体的な「サブ・システム」として日露戦後の軍隊教育・兵士とその家族たちに対する経済的補償政策・戦時期地域社会における軍事援護の三点を設定、その展開過程を分析してきた。まずはその要旨を左に掲げよう。

第一部「兵士が軍隊生活の所感を書くこと—軍隊教育の一側面—」では日本の軍隊教育において、兵士を型にはめ、服従を調達する過程とはいかなるものだったのか、また退営兵士の「兵役賛美」（水野広徳）はそれがたとえ消極的なものであったとしても、いかにして獲得されていったのか、という問題を、彼らが兵営内で書かされた（書いた）日記・所感を素材に考察した。軍隊教育の一環としての日記は、日露戦後の軍拡と、それに伴う現役服役期間の短縮に対応し、日々の学科・精神教育の内容を反芻させ確実に記憶させるための装置であった。その中で歴史教育、ことに自己の所属する連隊の歴史教育が一体感・帰属意識を高める素材として実施されていたことは注目される。また出世競争下にある兵士たちにとって日記は、たとえば「淡泊」や「在郷軍人としての使命」といった軍隊的価値観を自分がいかによく体得しているか、上官に対してアピールしてみせる場でもあった。

第一次大戦後の反戦・反軍思想昂揚下に軍隊生活を送った兵士たちの日記、所感を分析すると、この時期の軍は一年志願兵、一年現役兵という比較的教養ある兵士に当時の国際情勢（アメリカという具体的な仮想敵が示される）や総力戦体制構築という観点から自らの存在意義を語っていたことが判明した。彼ら兵士の側もそれを受容して軍隊の存在を自明視し、軍隊を一種の「人生道場」とみてその社会との調和を志向するなど、一定度のシンパシーを持っていたことが確認できた。そうした発言を上官向けの〝建前〟とだけとらえたのでは、彼らがなぜ自著の公刊というかたちで自発的に「軍隊賛美論」を唱え、軍隊と社会の関係改善を目指していったのかが説明できない。このことは、在郷将校・小学教員という彼らの退営後の社会的立場を考えれば重要な事実であろう。また一般の兵卒も、軍隊のよいところを言えと命じられたとき、軍の説明に即した「人生道場」「国民学校」という論理を用いてそれに応えた。

彼らは後年軍隊との縁が切れた後も、軍隊経験を自己の努力が報われる「出世の場」、そして「人生道場」として軍隊を語っていた。それは徴兵制軍隊の消滅した戦後において初めて見られた現象ではなく、それよりかなり以前の第一次大戦後という、後世の眼から観て反戦反軍思想一色であったかのような時期における兵士たちも同様であった。そのようなかたちで語られた彼らの兵営体験は、当時水野広徳が嘆いたように、社会一般の軍隊・兵役観を規定するうえで、無視できない影響力を持ったのである。強制された日記、所感はそのための訓練であったと言える。ただし、本書の分析は陸軍の事例のみに止まり、志願兵主体の海軍にはほとんど言及しえなかった。後考を期したい。

次に第二部「軍事救護制度の展開と兵役税導入論」では、実に日中戦争期に至るまでの長期間、議論の対象となり続けた同論の分析を通じ、①国民に対する兵役義務〈正当化〉の論理の所在とその語られ方、②国家の軍事救護政策に与え続けた影響、の二点を読みとることを目標とした。

日露戦中、地域社会による軍事救護は一定度の昂揚をみせた。だが戦後の軍事に対する社会的関心低下にともない、地域の救護が現役兵家族、廃兵遺族の困窮に十分対応できなくなった、という状況認識の中から民間における軍事救護拡充論、その一環としての兵役税導入論は形成されていった。同論は、その直接の後身である昭和期の護国共済組合構想に至るまで、彼らの困窮が「現在及び将来の兵士」の兵役観に及ぼすであろう悪影響への懸念に基づいていた。同論の担い手が自ら理想の軍隊論を模索する在郷将校たちや、軍事力＝自らの経済活動の基盤とみる「資本家階級」（武藤山治）だったことは、その明確な証となる。

兵役税法案は、税を負担する非服役者には税を払って兵役「義務」を免れたという、兵士には「義務」ではなく金銭のために働くという印象をそれぞれ与えるという陸軍の反対によって実現しなかった。しかし兵役税導入論者はいずれも兵役義務負担の〈公平化〉それ自体が目的なのではなく、重い経済的負担による国民の怨嗟の念を緩和し、兵士の士気を向上させるべきだと主張しており、その理念自体は、陸軍にとっても共有できるものだった。そのため、兵役税導入論への直接の代案として、困窮者のみの「救護」法である軍事救護法が陸軍の手で作成され、成立した。第一次大戦中・戦後の反戦・反徴兵制論、総力戦体制構築論の高揚を通じて、陸軍部内においても兵役税導入論が唱えられるに至ったが、兵役義務が「傭兵」化されることへの懸念から、それ自体は実現しなかった。しかし昭和初期以降、兵役義務者及廃兵待遇審議会設立などのかたちで兵士、その家族遺族への待遇改善策が図られていった。

同じ昭和初期以降、「兵役代償」設定という理念面での批判を回避しつつ兵士家族の待遇改善を目指す、護国共済組合構想なる特異な構想が提起された。それは結局一九三九年四月の銃後奉公会設立として形のうえでは結実したが、そこにおいても兵役義務と金銭の同列化、「傭兵」化不可という原則は貫徹された。

以上の考察を通じて、兵役税や護国共済組合構想などの兵役義務負担〈公平化〉論とは、けっして義務負担の〈公平化〉それ自体を目的としていたのではなく、兵士たちの困窮が徴兵制の円滑な運用の妨げとなっている、という見地から主張されていたと総括できる（松下芳男の志願兵制論のような例外や、負担の不公平が兵士の不満をもたらし、それは士気の低下につながるという主張はあったが）。ではなぜ兵士とならない者に対する課税・課金という手段が繰り返し、戦時期に至るまで提起されていったのか。それは兵役税論者の升田憲元が「租税として極めて公平適当な〔中略〕好財源」と述べたように、財源確保上最も適切、大方の同意を得やすい議論とみなされたからである。

一方の陸軍にとって兵役税導入問題とは、兵役〝義務〟の正当性をいかに守り、国民に説明していくか、という問題にほかならず、それは軍事費確保という現実的要請にすら優先していたと言うことができる。ただし兵役税論の趣旨、すなわち兵士の士気維持という理念自体は陸軍にも共有可能であったから、これをうけて軍事救護法制定とその数次にわたる改正、兵役義務者及廃兵待遇審議会の設立といった政策が昭和期に至るまで継続的に実施されていくことになった。兵役税導入論が日露戦後以降の社会で常に唱えられ続けたことの意義は、ここにあったと言える。

しかし結局、法的援護の受給は国民の権利ではない、なぜなら日本の兵役義務は国民が自発的に国を護る当然の仕事であるから、という陸軍の論理に対する疑義の声は、少なくとも表面化しないまま、兵役義務自体が敗戦とともに消滅を迎えた。その意味で、陸軍は「兵役＝国民として当然の仕事」という理念に最後まで固執し、堅持しえた、と言うこともできよう。このように国民のあるべき兵役観、理念を維持すべく、明治以来の永きにわたり払われてきた努力の跡を思えば、陸軍の兵役税反対論を兵役負担の〈不公平〉性を隠蔽するための建前、単なるレトリックにすぎないと片づけることはできない。

本書では当の兵士たちが負担の〈不公平〉性についてどう考えていたのか、という点にはさほど言及しえなかった。そうした発言を史料上ほとんど確認できなかったからであるが、本書第一部で指摘した「軍隊＝国民学校」という言説が社会一般、そして当の兵士たちによっても表向き正当視されていたことが、そうした不満を最後まで抑圧し表面化させなかった、という可能性を指摘することは許されよう。

第三部「地域社会と軍事援護―日中戦争期以降における―」では、満州事変以降の市町村が行った、「物質的」「精神的」両面にわたる援護の諸活動を検証した。とくに日中戦争期以降、「隣保相扶」の建前は堅持されつつも、政府による金銭的援護の規模が拡大していく中で、地域社会には「精神的援護」すなわち恩給・扶助料をめぐる戦死者遺族の紛争解決や、兵士・家族遺族に対する激励・慰問などへの取り組みが要請されていった。従来の研究はこの遺族間紛争への関与を、遺族の「国家の援護＝権利」意識抑圧という機能を持つと指摘してきた。

　確かにそうした方針のもと市町村の介入が行われたことは事実である。しかし本書の分析を通じ、それが個々の遺族すべての「権利意識」を抑制しえたわけではなく、「権利意識」に基づいた遺族たちの私的な交渉・強要によって紛争が終結し、結局市町村はそれを追認せざるをえないという事態も観察された。また、職業教育・生業援護への市町村の取り組みが遺族たちの一定度の謝意を獲得していたことは、国家的政策の効果を示すものとして注目されるし、遺族が身内の「名誉」に固執する心情もかいま見えた。それらは国家の論理が彼・彼女らを取り込んでいった過程にほかならない。本書ではごく少数の紛争事例を扱いえたにすぎず、今後さらなる実態解明が必要である。

　銃後における「精神的援護」は、それが〝郷土〟の名の下に行われるとき、兵士たちの戦場での労苦、そして死の公式な意義づけ、という意味合いを強く持っていた。〝郷土〟の人々は兵士たちの死、ひいては戦争に具体的にいかなる意味があるのか、という点に必ずしも一貫した確信を持てなかった。「聖戦」とはいいながら、いつまでたっても勝てない戦争だったからである。それでも彼らは同じ〝郷土〟出身兵士の個人的勇敢さ、部隊の勝利に対する貢献には賞賛を惜しまなかった。そうしないと兵士たちの〝労苦〟は無駄になってしまうからである。だがその勇敢さの最高のかたちが国家のために死ぬことであったため、必然的に〝郷土〟が総掛かりで兵士の「国家のための死」を賛美し、他の兵士にもそうするよう強制していく（＝自分だけ生き残るのかと問いかける）という皮肉な様相を呈することになった。とは言え、遺族たちにとって、種々の「精神的援護」を受けることは、それが後付けの論理に基づくものにすぎなかったとしても、自らの身内の死を公的に意義づけられることであり、一定度の謝意を獲得してもいった。したがって戦中・戦後遺族の意識を議論するとき、こうした〝郷土〟を挙げた死の意義づけへの取り組みは無視できない。

以上、本書の分析からかいま見えるのは、兵役という〝義務〟が重いものであればあるほど、それを課す側の国家も、負担する側の社会もそれを正当化、あるいは納得して受容するためのなんらかの「論理」、そしてそれを語り語られる場を必要としていたというごく単純な、しかし従来の研究がさほど重要視してこなかった事実である。上等兵の私的制裁の場においてすら、それを正当化するなにがしかの〈ことば〉が語られたように、戦前の軍は自己の存在意義、兵役〝義務〟を国民が履行することの必然性を、軍隊教育や兵役税に関する議論のなかなどで、繰り返し社会に対し語っていかねばならなかった。このことは、現代のわれわれからすれば一見所与の前提であったかにみえる徴兵制度の正当性が、当時の国民にとってはけっしてそうでなかったことを示すものである。

兵士たちを毎年服役させていく過程で、彼らの家族に対する生活救護を円滑な義務履行の見地から実施しても、それはあくまで「兵役＝国民の自発的な国家への奉仕」という、兵役義務正当化の論理の否定につながらない範囲内でのことであった。そのような陸軍における兵役義務の正当性への固執は、考えてみれば至極当然のことであるが、従来の軍事史研究――戦後歴史学は軍の非合理的側面の告発、体制への抵抗者称揚にのみ急であったあまり、そうした「当然」のことにさえ眼を向けてこなかったのではなかったか。

その兵役義務や戦争の意義・正当性を、「日記」や「所感」の執筆を通じて教え込まれた兵士たちは、それを外部の社会に向けて自ら語っていった。軍隊が「国民学校」あるいは「出世の場」として語られ、受け入れられていったこと自体は、戦時期を対象とした先行諸研究でも指摘されているが、いわゆる「大正デモクラシー」期という反軍・

反戦思想が最も昂揚したかにみえた平和な時期においてすら、かかる意識を持った兵士たちが軍隊教育を通じて作り出され、結果軍隊の存在は当然視され続けていったのである。どうせ免れられない義務であるならば、自己の労苦をなんとか意義づけ、合理化したいという無意識の思いがその背景にはあったのかもしれないが、重要なのは、退営後の彼らがそのような文脈で一般社会に対し軍隊の存在意義を語ったことである。

このことは、後年の戦時体制を支えた社会的基盤とその形成過程の問題を考えるとき、重要な事実である。というのは、彼ら大正の兵士たちは昭和戦中期には「銃後の中堅」という指導的立場にあり、また自ら最高齢の部類の兵士として戦場で戦った人々だからである。日中戦争勃発以後、銃後の人々、そして兵士遺家族たち自身も、兵役義務や戦争を正当化する種々のことばを、兵士の早すぎる死を受け入れ、意義づけるために、内心必ずしも確信できなかったにもかかわらず、慰問や公葬といった場で多用していった。そうした人々の戦争・軍隊に対する態度は、しょせんは平和な時期に形作られたそれの延長であった。だがそうした場のなかから結果的に、他の生きている兵士たちにも〝国家のために死ぬこと〟を不断に正当化し、強制してやまないという空気が作り上げられていった。

戦前、国家がさまざまな場で展開した兵役義務正当化のための論理、ことばを、単なる〝建前〟にすぎないといって切り捨てるべきではない。それが人々をどれほど束縛して止まなかったかを知るべきである。

あとがき

本書は二〇〇三年六月、九州大学より博士号（比較社会文化）を授与された論文「近代日本の徴兵制度と社会」に若干の修正を加えたものである。各章の初出は次の通りである。いずれも博士論文作成にあたって新出史料を用い論旨の欠点を補うなど、必要な加筆・修正を加えている。

第一部

第一章　兵営の〈秩序〉と軍隊教育（『九州史学』一一八・一一九合併号、一九九七年）

第二章第一節「大正デモクラシー」期における兵士の意識（『軍事史学』一三二、一九九八年）

第二節　新稿

第二部

第一章　日露戦後の民間における軍事救護拡充論の展開（『国立歴史民俗博物館研究報告』九〇、二〇〇一年）

第二章　第一次大戦後の陸軍と兵役税導入論（『日本歴史』六一四、一九九九年）

第三章　兵役義務負担の公平化問題と「護国共済組合」構想（『九州史学』一一四、一九九五年）

第三部

第一章　軍事援護と銃後奉公会（『日本歴史』六二七、二〇〇〇年）
第二章　戦没者遺族と村（『民衆史研究』六二、二〇〇一年）
第三章　兵士たちの〝死〟と郷土（『国立歴史民俗博物館研究報告』九一、二〇〇一年）

内容については本文中で論じ尽くしたのでとくに付け加えることはないが、校正のために読み返してみると、徴兵制をめぐる国家と民衆の関係を〈馴致〉の面からやや書きすぎた感は否めない。実際、博士論文の審査でも、そのようなコメントをいただいた。しかし、そうした面からも近代の徴兵制を考えることは、いい悪いの問題ではなく、なぜ最終的にあのような戦争へなだれ込んでしまったのかを問い、過ちを繰り返さないために重要であり続けるだろうと考えている。読者諸賢の厳しいご批判、ご叱正をお願い申し上げる。

つたない本書ではあるが、出版にまでこぎ着けるには多くの方々のお導きがあった。

学部・大学院を通じての指導教官である有馬学先生は、今思えば汗顔の至りであるが、就職がいやというだけで大学院に行きたいなどといっていた不真面目な学生の私を常に温かく、ときに厳しく、学位論文審査に至るまで懇切にご指導してくださった。先生が日々の授業、その前後の雑談を通じて教えてくださった、歴史上あるいは身の回りのものごとをいい意味でひねって、斜に構えて観ることの楽しさ、重要さは、私の一生の財産である。

九州大学文学部国史学（現・日本史学）研究室・同大学院比較社会文化研究科（現・比較社会文化学府）の諸先生方にも常に温かいご指導、ご助言をたまわった。先年亡くなられた近世史の中村質先生に、卒業論文に添付した表一枚について数時間、研究室で懇切なご指導をいただいたことが今でも忘れられない。

有馬ゼミの多くの先輩、友人、後輩と重ねてきた議論も楽しい思い出である。とくに同じ戦時期の問題を専攻しておられる木永勝也氏は、学部四年の夏、卒論テーマの当てもなくぼんやりしていた私を心配してくださり、ある村の役場史料をご自分の車で見に連れて行ってくださった。その経験がなければ、銃後奉公会、兵役税について調べようなどと思うことはなかった。森山優氏はご自分の東京での史料調査にお声をかけてくださり、国立国会図書館・防衛庁防衛研究所図書館・国立公文書館などをまわってその利用方法を教えてくださった。いまでもこれらの場所を訪れるたび、当時のことを懐かしく思い出す。

お忙しい中、学位論文の副査として審査の労をお取りくださった吉田昌彦先生、清水靖久先生、野島（加藤）陽子先生、山口輝臣先生には、有益な種々のコメント、励ましをたまわった。出版のための加筆・修正の過程でそれらを思い返すことは、なによりの力となった。

現在の職場、千葉県佐倉市の国立歴史民俗博物館は、広い意味での歴史研究者五十数名が一か所に集まっているという、このうえなく恵まれた環境である。館の教員の方々、そして共同研究「近現代の兵士の実像」「近代日本の兵士に関する諸問題の研究」にご参加くださった諸先生には、多くの学問的知見を授けていただいた。

史料収集のため上京を繰り返すまで、九州を数回しか出たことのなかった引っ込み思案の私であるが、多くの学会・研究会から報告、執筆の機会を与えていただいた。ここでそのすべてのお名前を挙げることは控えさせていただくが、そこでの経験も本書の完成に直接・間接に力となっている。研究会の運営に献身的に携わっておられる方々をみて、頭の下がる思いをしたことも多々あった。

もし本書が研究書の体をなしているとすれば、それはかくも多数の方々の懇切なご指導のおかげである。衷心よりお礼申し上げたい。また、研究の道へ進むことを許してくれた両親にもこの場を借りて感謝の意を表したい。

自分語りで恐縮だが、戦争や徴兵に関心を持つに至ったもっとも古い体験として、幼いころ神社の祭りでぴかぴか光る義手・義足をつけ、白衣を着てアコーディオン（だったと思う）を弾く人たちを見たことがある。今は亡き祖父が、あの人たちは戦争でけがをしたのだ、と教えてくれた。子供心に戦争は怖いと思い、それが心のどこかに引っかかりながら、とはいえ戦車や軍用機の模型制作に凝りながら、大学の史学科へ入ったのである。

祖父が「あの人たちは恩給をもらっているのだから、ああいうことをしてはいかんのだ」と言ったことの意味（当時は生活に困っているだろうにひどいことを言う、としか思わなかった）、そして「あの人たち」が本物の傷痍軍人だったとは限らない、ということがわかったのは、個人的には重要な軍事援護研究の「成果」である。

その私が進学した大学院は「学際」を旗印に、旧教養部が改組新設されたばかりの「比較社会文化研究科」（私は第一期生）であり、中退後就職した先はこの四月から法人化され、「大学共同利用機関法人人間文化研究機構国立歴史民俗博物館」へと移行する。思い返せば、まさに大学とそれをめぐる環境が激変するなかで研究に取り組んできたのである。そうした一連の変化は、歴史学・人文学という学問分野に対する社会のまなざしの変化とも、どこかでつながっているのであろう。今後とも自分の眼で史料を読んで思索を深め、現代的課題に即した成果を論文・博物館展示などのかたちで発表することで、先にお名前を挙げさせていただいた方々の学恩に万分の一なりともお応えするとともに、近現代史研究に対する社会の期待にも応えていきたい。

最後に、本書の出版を快諾くださった株式会社吉川弘文館および関係各位に厚くお礼申し上げる。

二〇〇四年二月

一ノ瀬俊也

主要参考文献

※研究書・研究論文に限った。

浅野和生『大正デモクラシーと陸軍』(慶応通信、一九九四年)

阿部知二『良心的兵役拒否の思想』(岩波新書、一九六九年)

新井勝紘「従軍日記に見る兵士像と戦争の記憶」(国立歴史民俗博物館編『人類にとって戦いとは3　戦いと民衆』東洋書林、二〇〇〇年)

荒川章二『軍隊と地域』(青木書店、二〇〇一年)

粟津賢太「近代日本ナショナリズムにおける表象の変容——埼玉県における戦没者碑建設過程をとおして」(『ソシオロジカ』四五、二〇〇一年)

安藤　忠「国民教育と軍隊——陸軍一年志願兵制度に関する一考察」(『日本大学教育制度研究所紀要』二二、一九九一年)

飯塚一幸「日清・日露戦争と農村社会」(井口和起編『近代日本の軌跡3　日清・日露戦争』吉川弘文館、一九九四年)

飯塚浩二『日本の軍隊』(初刊一九五〇年、岩波現代文庫より二〇〇三年復刊)

池田敬正『現代社会事業史研究』(法律文化社、一九八六年)

井竿富雄「忠魂碑と正史——シベリア出兵体験における「忠誠の記憶」の恒久化に関する一考察」(『九大法学』七六、一九九八年)

一ノ瀬俊也「戦後地域社会における戦死者「追悼」の論理」(『季刊　戦争責任研究』三七、二〇〇二年)

同「紙の忠魂碑——市町村刊行の従軍者記念誌」(『国立歴史民俗博物館研究報告』一〇二、二〇〇三年)

一ノ瀬俊也　「日本陸軍と〝先の戦争〟についての語り——各連隊の「連隊史」編纂をめぐって」（『史学雑誌』一一二—八、二〇〇三年）
逸見勝亮　『師範学校制度史研究　15年戦争下の教師教育』（北海道大学出版会、一九九一年）
今井昭彦　「群馬県下における戦没者慰霊施設の展開」（『常民文化』一〇、一九八七年）
岩田重則　『戦死者霊魂のゆくえ　戦争と民俗』（吉川弘文館、二〇〇三年）
上山和雄編　『帝都と軍隊　地域と民衆の視点から』（日本経済評論社、二〇〇二年）
江口圭一　「満州事変と民衆動員——名古屋市を中心として」（古屋哲夫編『日中戦争史研究』吉川弘文館、一九八四年）
遠藤芳信　「1880〜1890年代における徴兵制と地方行政機関の兵事事務管掌」（『歴史学研究』四三七、一九七六年）
同　『近代日本軍隊教育史研究』（青木書店、一九九四年）
大江志乃夫　『戦争と民衆の社会史　今度此度国の為め』（現代史出版会、一九七九年）
同　『徴兵制』（岩波新書、一九八一年）
同　『昭和の歴史③　天皇の軍隊』（小学館、一九八二年）
同　『兵士たちの日露戦争　五〇〇通の軍事郵便から』（朝日選書、一九八八年）
同　「反徴兵制の思想」（宮本憲一・大江・永井義雄編『市民社会の思想』御茶の水書房、新装版一九八九年）
小栗勝也　「大正前期軍事救護関連法案について——資料と考察」（『静岡理工科大学紀要』七、一九九八年）
同　「軍事救護法の成立と議会——大正前期社会政策史の一齣」（『日本法政学会法政論叢』三五—二、一九九九年）
大濱徹也　『明治の墓標』（秀英出版、一九七〇年、二〇〇三年『庶民のみた日清・日露戦争』と改題のうえ刀水書房より復刊）
同　『天皇の軍隊』（教育社、一九八六年）
大西比呂志　「成立期帝国在郷軍人会と陸軍——地域における機能の考察」（『早稲田政治公法研究』一一、一九八二年）

籠谷次郎「市町村の忠魂碑・忠霊塔について」（『歴史評論』二九二、一九七四年）
加瀬和俊「兵役と失業――昭和恐慌期における対応策の性格（一）（二）」（『社会科学研究』四四―三・四、一九九二・九三年）
加藤陽子『徴兵制と近代日本』（吉川弘文館、一九九六年）
菊池邦作『徴兵忌避の研究』（立風書房、一九七七年）
木坂順一郎「大正期の内政改革論」（井上清・渡部徹編『大正期の急進的自由主義――『東洋経済新報』を中心として』東洋経済新報社、一九七二年）
北泊謙太郎「日露戦争中の出征軍人家族援護に関する一考察――下士兵卒家族救助令との関わりにおいて」（『待兼山論叢』三三、一九九九年）
喜多村理子『徴兵・戦争と民衆』（吉川弘文館、一九九九年）
君島和彦「在郷軍人会分会の成立と展開――一九一〇年前後の埼玉県松井村分会の事例」（『東京学芸大学紀要　第三部門』三九、一九八七年）
功刀俊洋「一九二〇年代の軍部の思想動員――新潟県上越地方の事例」（『一橋論叢』九一―三、一九八四年）
同「満州事変期の地域「国防」団体――栃木県国防同盟会の事例」（『鹿児島大学教養部　社会科学雑誌』八、一九八五年）
黒沢文貴『大戦間期の日本陸軍』（みすず書房、二〇〇〇年）
桑山利和「日露戦争における軍人家族救護活動」（『三河地域史研究』七、一九八九年）
郡司淳「軍事救護法の成立と陸軍」（『日本史研究』三九七、一九九五年）
同「軍事救護法の受容をめぐる軍と兵士」（『歴史人類』二五、一九九七年）
現代史の会編『季刊　現代史第九号　日本軍国主義の組織的基盤　在郷軍人会と青年団』（同会、一九七八年）
纐纈厚「臨時軍事調査委員会の業務内容――『月報』を中心にして」（『政治経済史学』一七四、一九八〇年）

佐賀　朝「日中戦争期における軍事援護事業の展開」(『日本史研究』三八五、一九九四年)
佐々木尚毅「日露戦争以降における徴兵準備教育活動の展開」(『立教大学教育学科研究年報』三九、一九九五年)
佐々木隆爾「日本軍国主義の社会的基盤の形成」(『日本史研究』六八、一九六三年)
佐藤忠男「草の根の軍国主義」(『近代日本文化論10　戦争と軍隊』岩波書店、一九九九年)
鈴木麻雄「軍事扶助法に関する一考察」(『法学研究』六八―一、一九九五年)
T・フジタニ「近代日本における権力のテクノロジー――軍隊・「地方」・身体」(『思想』八四五、一九九四年)
田中伸尚・田中宏・波田永実『遺族と戦後』(岩波書店、一九九五年)
田中丸勝彦『さまよえる英霊たち　国のみたま、家のほとけ』(柏書房、二〇〇二年)
利谷信義「戦時体制と家族――国家総動員体制における家族政策と家族法」(『家族　政策と法6　近代日本の家族政策と法』東京大学出版会、一九八四年)
戸部良一『日本の近代9　逆説の軍隊』(中央公論社、一九九三年)
中島三千男「日露戦争『出征軍人来翰』の分析――「慰問状」の果たした役割と出征兵士の意識」(『歴史と民俗』一、一九八六年)
長浜　功『日本ファシズム教師論』(明石書店、一九八四年)
滑川道夫『日本作文綴り方教育史一　明治編』(厚徳社、一九七七年)
日本社会事業大学救貧制度研究会編『日本の救貧制度』(勁草書房、一九六〇年)
原田敬一『国民軍の神話　兵士になるということ』(吉川弘文館、二〇〇一年)
檜山幸夫編『近代日本の形成と日清戦争――戦争の社会史』(雄山閣出版、二〇〇一年)
藤井忠俊『兵たちの戦争　手紙・日記・体験記を読み解く』(朝日選書、二〇〇〇年)
藤原彰編『日本民衆の歴史9　戦争と民衆』(三省堂、一九七五年)

藤原　彰　『日本軍事史上巻　戦前編』（日本評論社、一九八七年）
同　『新版　天皇制と軍隊』（青木書店、一九九八年、旧版一九七八年）
松尾尊兊　『大正デモクラシー』（岩波書店〈同時代ライブラリー〉、一九九四年、初刊一九七四年）
松下芳男　『徴兵令制定史』（内外書房、一九四三年、五月書房より一九八一年増補版刊行）
同　『明治軍制史論』（有斐閣、一九五六年、国書刊行会より一九七一年改訂版刊行）
同　「日本軍隊と軍旗」（『日本軍事史説話』土屋書店、一九七五年）
宮本和明　「帝国在郷軍人会成立の社会的基盤」（『茨城近代史研究』一一、一九九六年）
本康宏史　『軍都の慰霊空間　国民統合と戦死者たち』（吉川弘文館、二〇〇二年）
山村睦夫　「帝国軍人援護会と日露戦時軍事援護活動」（『日本史研究』三五八、一九九二年）
山室建徳　「日露戦争の記憶——社会が行う〈現代史教育〉」（『帝京大学文学部紀要教育学』二六、二〇〇一年）
山本和重　「満州事変期の労働者統合——軍事救護問題について」（『大原社会問題研究所雑誌』三七二、一九八九年）
同　「旧和田村・旧高士村役場の兵事関係資料について」（『上越市史研究』二、一九九七年）
山本武利　『日本兵捕虜は何をしゃべったか』（文春新書、二〇〇一年）
由井正臣・藤原彰・吉田裕編　『軍隊・兵士』（日本近代思想大系四、岩波書店、一九八九年）
吉田久一　『現代社会事業史研究』（勁草書房、一九七九年）
同　「太平洋戦争下の軍事援護事業について」（『社会・人間・福祉』二、一九六九年）
吉田　裕　「第一次世界大戦と軍部」（『歴史学研究』四六〇、一九七八年）
同　「昭和恐慌前後の社会情勢と軍部」（『日本史研究』二一九、一九八〇年）
同　『徴兵制』（学習の友社、一九八一年）
同　「日本帝国主義のシベリア干渉戦争——前線と国内状況への関連で」（『歴史学研究』四九〇、一九八一年）

吉田　裕「日本の軍隊」（『岩波講座　日本通史第17巻　近代2』岩波書店、一九九四年）
吉見義明『草の根のファシズム』（東京大学出版会、一九八七年）

ま　行

や　行

ら　行

わ　行

た 行

な 行

は 行

さ　行

わ　行

II 事　　項

あ　行

か　行

な　行

は　行

ま　行

や　行

か　行

さ　行

た　行

索　　引

I 人　　名

あ　行

著者略歴

一九七一年　福岡県に生まれる
一九九八年　九州大学大学院比較社会文化研究科博士後期課程中退
現在　埼玉大学教養学部准教授、博士（比較社会文化）

〔主要論文〕

日本陸軍と〝先の戦争〟についての語り（『史学雑誌』一一二―八）　紙の忠魂碑（『国立歴史民俗博物館研究報告』一〇二）　日露戦後～太平洋戦争期における戦死者顕彰と地域（『日本史研究』五〇一）

近代日本の徴兵制と社会

二〇〇四年（平成十六）六月一日　第一刷発行
二〇一五年（平成二十七）五月十日　第二刷発行

著　者　一ノ瀬(いちのせ)俊也(としや)

発行者　吉　川　道　郎

発行所　株式会社 吉川弘文館
郵便番号一一三―〇〇三三
東京都文京区本郷七丁目二番八号
電話〇三―三八一三―九一五一〈代〉
振替口座〇〇一〇〇―五―二四四番
http://www.yoshikawa-k.co.jp/

印刷＝株式会社 ディグ
製本＝誠製本株式会社
装幀＝山崎　登

ISBN978-4-642-03764-8